建筑沉思录书系

建筑读思录

顾孟潮 著

中国建筑工业出版社

图书在版编目（CIP）数据

建筑读思录／顾孟潮著. —北京：中国建筑工业出版社，2017.4

（建筑沉思录书系）

ISBN 978-7-112-20613-1

Ⅰ.① 建… Ⅱ.① 顾… Ⅲ.① 建筑科学−研究 Ⅳ.① TU

中国版本图书馆CIP数据核字（2017）第063980号

本书系作者进入古稀之年后的读写记录，分园林、设计、哲学、思维以及其他五篇。文章推荐了作者研读过的国内外古今的园林、设计等经典著作和当代佳作几十种，并解读建筑名家的建筑哲学、思维特征，读起来颇有启示作用。

本书可供广大建筑师、城市规划师、城市设计师、风景园林师、建筑理论工作者、建筑文化爱好者以及高等院校建筑学、城市规划学、风景园林学等专业师生学习参考。

责任编辑：吴宇江　孙书妍
责任校对：焦　乐　李欣慰

建筑沉思录书系
建筑读思录
顾孟潮　著

*

中国建筑工业出版社出版、发行（北京海淀三里河路9号）

各地新华书店、建筑书店经销

北京锋尚制版有限公司制版

北京京华铭诚工贸有限公司印刷

*

开本：787×960毫米　1 / 16　印张：17¼　字数：314千字

2019年4月第一版　　2019年4月第一次印刷

定价：**49.00元**

ISBN 978-7-112-20613-1

（30228）

总序：献给世界读书日

该丛书分四册：《建筑读思录》、《建筑哲思录》、《建筑学思录》、《建筑品思录》，是要突显读、思、学、品这四个关键词。

四册内容各有侧重：《建筑读思录》为我进入古稀之年后的读写记录；《建筑哲思录》为我对钱学森建筑理论思想学习记录；《建筑学思录》则为我在《建筑学报》发表的一些小文结集；《建筑品思录》主要是应一些报刊撰写的专栏文字。

此书的初衷是想促使更多的读者朋友通过读书进入思想市场，让"思路管财路"——引导建筑经济市场走持续健康发展之路。

"读书少、调查研究思考少、对话少、创新的实践少"是我国建筑行业和建筑科学技术学科长期徘徊不前的重要原因。

2014年，我参加了世界读书日的活动，很震惊地发现，中国这个文明古国，如今已成为世界上平均每人读书最少的国家之一。而且，建筑界的科研机构之少在全国位于倒数第二。

鉴于建筑文化内涵的广泛性，建筑内外需要经常"充电"，要给自己扫盲，不能一直总钻在专业的井里，不知外面世界，建筑专业内外还有一个很大的知识海洋，作为建筑专业人员必须要给自己扫盲。

我们处于信息化时代！广泛汲取信息、提炼信息，这将成为我们获取知识的主要方式。

我赞成这句话："要从世界的角度看中国，不能从中国的角度看世界，没有一个国家是能够拒绝国际现代文化的。"

顾孟潮

2015年正月初三于北京

前言：重视"二手书"，写好"二手文"

所谓的"二手书"指的是图书报刊的评介、文摘、提要、关键词、录音、录像等，所谓的写"二手文"也是指的"二手书"这类信息产品的制作。其实，教材也是高水平的二手书、二手文。我们的教育水平上不去，教材水平不高是重要原因。

当今世界处于互联网时代，网络上又有了博克、微信、转发的"二手书"、"二手文"等新品种，这大大提高了人们学习和思考的效率，真是功德无量的事情。然而，人们司空见惯的事情，由来已久，就对这些"二手货"见多不怪，对他们的重要性和巨大贡献不再敏感也不再重视。不再思考"二"的重要，一味地强调原创的重要，其实"学"与"思"才是创新的坚实基础。

我越来越体会到："第二"决不比"第一"次要，没有永远的"第一"，有"第二"才能有第一，"二"是常态，是基础，是普及。人们的一生绝大多数时间是在读二手书，写二手文。提高二手书和二手文的质量是当务之急。在信息爆炸的互联网时代这属于普遍需要。

人们现在往往不可能，也没有那么多时间和精力，凡遇到难题每每去读原著、原文或者专门到现场目睹原始状态。求师、问路、查书刊报纸，包括现在的上网检索实际都是在读"二手书"。

"二"，如今几乎成了众所公认的贬义词。

笔者这里从题目开始就强调"二上加二"，这是为什么？

因为图书评介就属于二手书和二手文的写作，被普遍地当作"二手货"，长期以来被轻视甚至不屑一顾。

重视创新的人其一生是否可以用"学"与"思"这两个字概括？

孔子（公元前551—前479年）曾强调："学而不思则罔，思而不学则殆。"讲的就是"学"与"思"这两个字。这两个字的共同点均属于"二"。

"学"，指学习和接受、模仿与继承的意思。本身就是要求当好学习对象的学生，把前人的经验、理论和行为、方法作为自己学习的师长或参照。

"思"，老师的讲课、书上写的内容以及你调查得到的资料和传闻、逸事等，都是第一位的，供思考加工的依据，这里"思"尽管可能有所创造，也仍然属于第二位的。

目　录

/ 哲学篇 /

/ 思维篇 /

／其　他／

Chapter 1
/园林篇/

关于环境的艺术化

环境艺术乃是绿色的、创造和谐与持久的艺术与科学。

城市规划、城市设计、建筑设计、室内设计、城雕、壁画、建筑小品等都属于环境艺术范畴，因此，环境艺术与人们的生活、生产、工作、休闲的关系十分密切。随着人民生活水平、居住水平的提高，人们对各类环境艺术质量的要求越来越高。环境艺术的理念和实践，就是在这样的背景和基础上在中国崛起和发展的。

环境艺术（Enviromental Art）又被称为环境设计（Enviromental Design），是一个尚在发展的学科。关于它的学科研究对象和设计的理论、范畴，包括定义的界定目前没有比较统一的说法，八卷环境艺术丛书主编、著名环境艺术理论家理查德·P.多贝尔（Richard P.Dober）说过，环境艺术"作为一种艺术，它比建筑艺术更巨大，比规划更广泛，比工程更富有感情。这是一个重实效的艺术，早已被传统所瞩目的艺术。环境艺术的实践与人影响其周围环境功能的能力，赋予环境视觉次序的能力，以及提高人类居住环境质量和装饰水平的努力是紧密地联系在一起的"。

在多贝尔环境艺术定义的基础上，我理解环境艺术是一种场所艺术、关系艺术、对话艺术和生态艺术。环境艺术是人与周围的人类居住环境相互作用的艺术。

所谓场所艺术，是指作用于人的视角、听觉、触觉和心理、生理、物理等方面的诸多因素，形成"场所感"。形成"场所感"的关键问题是经营位置和有效地利用自然和人文的各种条件和手段（如光线、阴影、声音、地形、历史典故等），如氛围、活动范围、声、光、电、风、雨、云等。

所谓关系艺术，是指进行环境艺术设计时，必须恰当地处理各方面的关系：如人与环境的关系，环境诸因素之间的关系，因素内部组成之间的关系等。关系可以分成不同层次、不同的范畴：如人—建筑—环境；人—社会—自然；人—雕塑—背景……诸关系的核心是人。以尺度（或尺度感），即人们所具有的感受作为衡量关系处理得好坏、水平高低的标准。

对话艺术则体现在两个方面，一是环境所包括的"关系"无穷之多，它们必须有机地组合起来，彼此"对话"；另一方面，这是当代环境以人为主的民主特征。人们已经不满足于仅仅是物质的丰富和表层信息变化的享受。人们追求深层心理的满足、感情的交流和陶冶，追求美和美感的享受，人们普遍希望"对话"。

城市、建筑是环境艺术信息的主要载体和体现者，从这个意义上讲，从建筑诞生之日起，它便是作为人的环境出现的，它就是环境艺术，只不过人们真正认识到建筑作为环境艺术的性质比较晚。所以说，环境艺术观念的变迁与建筑观念的变迁是同步的。

建筑价值观的演变大致经历了6个阶段：

（1）实用建筑学阶段。追求适用、坚固、美观的建筑；

（2）艺术建筑学阶段。视建筑为"凝固的音乐"；

（3）机器建筑学阶段。视住宅为"住人的机器"；

（4）空间建筑学阶段。认识到"空间是建筑的主角"；

（5）环境建筑学阶段。认为建筑是环境的科学和艺术。

（6）生态建筑学阶段。21世纪，建筑价值观已开始进入第六阶段——生态建筑学阶段。人类经历了适应环境、利用环境、改造环境，以至发展到污染、破坏环境之后，随着人类文明程度的提高，才逐渐意识到要保护环境，恢复自然生态环境和历史人文环境。正是在这样的背景下，人们的当代环境艺术观念形成和发展起来了。

中国当代环境艺术的崛起和发展，是我国近年来极为重要的科学文化艺术成就。我国环境艺术作为学科和行业，是自1985年起步的。

1985年，中国建筑学会在北京召开了中青年建筑师座谈会。建筑作为环境艺术的性质这一命题在会上引起广泛重视，与会的建筑师重温了《华沙宣言》（1981年第14届世界建筑师大会上通过，主题为"建筑、人、环境"），撰文探讨有关我国境艺术问题。

1987年，《中国美术报》专门召开了以环境艺术为主题的座谈会，与会的专家开始筹建中国环境艺术学会。1988年，《环境艺术》创刊号问世。

1989年，中国环境艺术学会（筹）等举办"中国80年代优秀建筑艺术作品评选"，在海内外引起很大反响。

1992年10月8日，中国建设文协环境艺术委员会成立。

1995年1月，中国建设文协环境艺术委员会等主办的"中国当代环境艺术优秀作品（1984—1994）"评选结果公布。

2014年12月出版由苏丹编著的《中国环艺发展史掠影》。该书是清华大学美术学院CICA的科研项目"中国环境艺术发展史研究项目"的研究成果之一。其他两个研究成果：中国环艺文献展和"环艺的双重属性与未来可能性"研究会，在此书中均有介绍。

城市环境艺术的主角是建筑，是城市空间，是构成建筑与城市的空间材料、结构骨架、立意等，所以，规划师、建筑师在环境设计中的主导作用就显得格外重要。而现在有些重要的环境艺术项目，因为对规划师，建筑师的作用认识不够使这些项目完成得不够好。

我国虽然已有大量环境艺术的实践，但是，环境艺术作为一个行业和学科，在我国还没有公认的科学的行业标准、行业规范，更没有进行相应的学科理论建设。环境艺术处于"有行无学"、"有行无业"、尚未成熟的状态。

要提高我国整体的公共环境艺术水平，重要的是要从观念、理论上解决问题。

首先要树立正确的公共环境艺术理念。根据城市公共环境艺术本身的性质，广义上讲，城市公共环境艺术是"使城市环境艺术化"的工作；狭义上讲，城市公共环境艺术是"使环境中的每个对象（环境艺术作品）环境化"的设计。

其次，要有明确的环境艺术创作起点。有人问现代主义和后现代主义建筑大师菲利浦·约翰逊的建筑创作从哪里开始的呢？约翰逊答：从脚底板（footprint）开始。中国园林、中国建筑也十分重视脚底板的感觉。作为景观尺度层次来说，这是"零层次"，是接触的感觉。环境艺术创作从脚底板开始，也意味着从阅读大地、体验环境的需求和可能开始，从研究材料的优势和特点开始。

城市公共环境艺术的范畴十分广泛。既包括城市公共环境的城市空间、道路、广场、桥梁、建筑物、建筑群、园林、雕塑、壁画、纪念碑、建筑小品，又包括橱窗、广告、栏杆、花池、台阶等人造景观，既包括天空、地形、水面、河流、树木、草地等自然景观，又包括属于城市公共环境中起作用的但不是固定有形的东西，如人们的行为心理需求、习惯模式、人口的构成特点、生产、生活、文化、交际要求等人文因素。它是多种艺术组成的有机整体，而不是机械的合成。

环境艺术最大的特点是"环境的艺术化"和"艺术的环境化"。是环境和艺术的互动，这种互动处于最佳状态时的环境艺术作品，方是成功的环境艺术作品。

在科学的环境艺术的评价标准中，"以人为本"应该是第一标准。高水平的环境艺术作品，不能只满足于"艺术的环境化"，更要追求"环境的艺术化"，即不但要有"境意"，更要有"意境"，达到"精神家园"的层次。

——原载《中国园林》2015年第4期

值得重视与重温的《1995年世界公园大会宣言》

最近，北京向社会公布的第一批25处北京历史名园目录，包括天坛、香山、颐和园、北京植物园等（详见《新京报》3月11日A11版）。这一行动贯彻和体现了《1995年世界公园大会宣言》所指出的"一个公园必须继承该地域风景与文化。公园在整体上作为一种文明财富存在，靠的是它所在地方的自然、文化和历史方面的特色"。

这些历史名园再次证实它们作为"文明财富"的珍贵价值。

同时，这些历史名园也再次证实了该"宣言"科学判断在理论和实践上的正确性。

因此，笔者认为，在迈出这可喜的第一步时，重视与重温《1995年世界公园大会宣言》是十分必要的。

其全文共7条约700字（详见附文《1995年世界公园大会宣言》，译文刊于《钱学森建筑科学思想探微》第173页），这里引用的只是其第一条，笔者称其为"必须继承"原则。其他6条分别为："城市属于自然"原则、"面向21世纪"原则、"保护历史记忆"原则、"物理和社会双重实现"原则、"自然与文化交流"原则、"动员公众和专业人员"原则。

这个700字的宣言，可谓名副其实的"言简意赅"。细心的读者将会发现（2）~（7）这6条同样是十分有现实意义和理论指导价值的。因为它是全世界一流风景园林专家智慧的结晶（包括中国专家的贡献）所以，"宣言"最后充满自信地宣称"我们相信这次世界公园大会，通过来自全世界的演讲者的接触和讨论，将对于未来公园概念的诞生作出巨大贡献"。

关于中国专家对此宣言的贡献这里补充几句。记得，当时（1995年）作为建设部规划司副司长的陈晓丽女士应邀出席了此次世界公园大会，参与了宣言的拟定，并于离开东京的10月4日向大会主持人递交了"备忘录"供修改此次会议宣言时参阅。

她的"备忘录"说："早在两年前'山水城市'已经成为中国城市规划师和科学家们讨论的热点……在城市规划中我们已经把'Landscape City'译作'风景城市'。因此，我们在翻译'山水城市'时，通常采用音译的方法，译为'Shanshui City'。按照我国的地理特征和历史传统习惯，'山水'（Shanshui）表达的是我们对大自然的感受和艺术上抽象概括，这个抽象的概括是指自然景观一定要与城市更好地结合或融于其中。"

后来发布的宣言显然吸收了中国代表"备忘录"的意见，专门声明"'山水城市'（Shanshui City指有山有水的城市），与田园乡村联结成一个整体的城市，可以认为是亚洲式的一种花园城市"，体现了中国对此宣言的有益贡献。

附：《1995年世界公园大会宣言》

（1）一个公园必须继承该地域的地方风景与文化。公园在整体上作为一种文明财富存在，靠的是它所在地方的自然文化和历史方面的特色。

（2）城市都在自然之中。山区城市自然需要考虑绿廊和绿网。这种开敞的空间网络应当不仅是为了舒适而设，也是预防自然灾害保护城市生态环境所需要的。

（3）公园发展要建立在持续需要的现代城市规划理论的基础之上，虽然新的"公园城市"必须作为整体实现，更多的公园构思是面向21世纪城市文脉的。

（4）公园使我们联想到记忆中的场景。为了丰富作为一种"理想状态"的公园的内部形象，由于公众因素决定必须具有的不同特色，社区包含公园是非常必要的。

（5）为了创造一个多核社会（Society with multiple cores）新兴的花园城市文本的实现，是把城市的公园以及周围乡村地区的开敞空间联结起来，实现物理和社会的双重的联结。这种公园观念并非只是由西方国家发现的，而是在传统的日本土地利用体系中既有的观念。山水城市（Shanshui City指有山有水的城市），与周围乡村结成一个整体的城市，可以认为是亚洲文脉中一种花园城市观点。

（6）当我们回顾田园牧歌文脉时会发现，在信息社会中这一过程将加速。公园和乡村地区中的每一个人都将与他的家庭、朋友、自然与文化间的交流，将比任何时候都更为重要。

（7）按照"地球是一个公园，城市是一个花园"文本，面向21世纪的公园新观念必须动员社区，即动员公众因素和专业人员才能实现。我们相信这次世界公园大会，通过来自全世界的演讲者的接触和讨论，对于未来公园观念的诞生作出了巨大贡献。

注：该附件由作者翻译。

诗意栖居建筑学的入门教材

——《园冶读本》

"注释"用现代语说就是"解读"。注释如同翻译工作一样，是一件十分吃力又很难讨好的苦役，几乎没有什么经济效益。在目前人们普遍浮躁的环境下，肯于下这番苦功的人真是凤毛麟角，今见到王绍增教授的《园冶读本》，对《园冶》作出有创造性的注释，欣喜的同时不能不肃然起敬。

笔者爱不释手地学习研读此书后，感觉它有几个值得珍视的特色，值得向同好者推荐。

（1）首先，传授了读懂《园冶》的基本方法〔这是作者前后历经半个世纪（1963—2013年）刻苦研读摸索出来的宝贵经验〕：

在搞清文字含义的基础上，结合造园实践，用通读（整句、整段、整节的反复通读）和入境（通过尽量体会原作者写作当时的处境和心境来理解原著）阅读法，融会贯通地进行理解。

这里的所谓"入境式阅读法"是王教授的创造性的提法。它十分符合学习阅读建筑学类图书的实际需要。因为，作为学习具有环境科学和环境艺术（也是体验的艺术）特性的建筑学，特别需要能够现场体验和感悟，也就是特别需要这里的"入境式阅读法"，否则会如坠五里雾中，很难读得进去，更难有所领悟。

（2）作者知难而进，采用中国传统的类似如《古文观止》的注释方法，以逐字逐句逐段，同时就地让"古文与白话文对照"的方式出现。这需要作者同时具有古汉语和白话文的真功夫和过硬功夫，还要有建筑学园林学等相应的专业素养。让人担心的是，这如同让中英对照的译文同时摆在读者面前，经受考验，稍有失误，就会成为行家里手的眼中钉、肉中刺，绝对混不过去。

（3）追求读本有"以一当三"的效果。采用的中国传统上对古文的插注法，如同使人们听同声翻译，有利于融会贯通地理解和思考。又便于读者有3种读此书的方法：只读大字就是原著；只读小字就是译文；大小字通读，就是学习古文。足见作者对读者负责的良苦用心。

（4）多种方式、多角度搭建沟通古文和今文的桥梁。如注释中对视听感受理解的延伸发挥和细致描述，有助于读者加深对原文内涵的理解（包括原理、规律、关键词、原则等）。为了读者的方便，对一些容易读错音或难解的生僻字和事典加了尾注。对原著较长章节，试分了段落。对于那些观点结论性判断句特意用宋体字标出，提示其重要性。如第10页"图说"节的"大观不足，小筑允宜"，第12页"相地"节的"相地合宜，构园得体"，第15页"城市地"节的"得闲即谐，随兴携游"等判断句皆用宋体字标出。

（5）注释文有烘云托月之功。使读者进一步体会到原文的丰富内涵且言简意赅。真正理解《园冶》中大量的描写景色和生活的文字，根本不是有些研究者所谓的是为了用大量的对意象的描写回避对空间意匠和手法的具体阐述，而是因为在园林创作过程中，计成的构思和方法就是在这样的过程中形成的，他的说法为："花殊不谢，景摘偏新；因借无由，触情俱是。"园林的形体和空间，只不过是活跃在其中的花、草、树、木、虫、鱼、鸟、兽直到人类——各类姹紫嫣红的生命现象的载体和背景。

（6）作者独具慧眼地紧紧抓住了《园冶》全书的生命美学这个灵魂。他强调说，这种美学理念，和现在的风景园林界流行的基于固定视点造型的美学理念相较，差距何其大也。我们现在的风景园林教育，是不是有些过于偏重非生命的元素，过于关注塑造形体和空间构图而冷淡了对生命的热爱？（第7页）作者呼吁："中国的风景园林师应该回归到二者平衡对待的态度上来，就像《园冶》中计成通过大量对风景的描写实际上实现了对二者的平衡叙述一样。"

笔者对此颇有同感。认为城镇、建筑、园林各界人士，需要特别关注一下中国源远流长的生命美学传统！

《园冶》一书是中国优秀的生命美学传统的生动写照。

"诗意地栖居"在中国并不是什么稀罕事。中国自古以来是诗的国度，诗的民族，几千年来，出现了许多诗的城市、诗的建筑、诗情画意的园林。历史上许多中国人很早就在"诗意地栖居"。如今，我们有了现代化的经济基础，更加需要这种诗的建筑、诗的城镇和诗的园林。正是从这个意义上讲，笔者认为《园冶》和《园冶读本》堪称"诗意栖居建筑学的入门教材"。

以前（1987年）笔者曾经把建筑学观念的历史变迁总结为几个阶段（实用建筑学、艺术建筑学、机器建筑学、空间建筑学、环境建筑学），提出"21世纪是生态建筑学时代"（见《自然科学基金》创刊号或《建筑哲学概论》第56～58页）。经过对《园冶》和《园冶读本》的研读，进一步体会到，中国是有着诗意栖居传统的国家和民族，未来的城镇、建筑、园林的发展正是应当走向诗意栖居建筑学阶段！这样的阶段，既考虑了自然生态，也涵盖了社会人文艺术生态和使命。对《园冶》这部经典著作，也应从诗意栖居建筑学角度重新评价，而不能只限于园林造景角度等操作层次看待。

2013年11月21日，在南京召开了高层次的"中国当代建筑发展战略国际学术研讨会"，会上，程泰宁院士作了题为"希望、挑战、策略"的主旨演讲（见《建筑时报》2013年12月2日5版"设计"），他切中要害地指出："价值判断失衡""跨文化对话失语""体制和制度失范"这三个方面已经成为制约中国当代建筑进一步发展的重要因素。

这使我联想到，《园冶》中充满了许多正确的价值判断，而且跨文化的对话也十分成功，其中关于规划设计"能主之人"的论述也有着现实的参考借鉴意义的情况。

程泰宁院士继续谈到路径和策略时，强调理论建构的重要性，而且试问：

能否把建筑视为万事万物不可分割的一个元素的中国哲学认知，作为我们的"建筑观"，从而建构一种既强调分析，又强调综合的有机整体自然和谐"认识论"；

建构一种理性和非理性之间进行转换复合的方法论；

建构一种既重形式之美，更重视情感、意境、心境之美的美学理想？

令人高兴的是，上述这些问题都可以在《园冶》中得到不同程度的解答。

还有一个与《园冶》有关的可喜信息：《新建筑》2013年5期第123～126页，刊载了范文昀先生的学术论文《解体〈园冶〉——"兴造论"与"园说"》。

范文昀先生对2个篇章结构的呈现，进行了秩序化和观念化的处理，作了扎实的语句定性分析与定量分析。他的结论是：包括以上2个篇章在内，共获得141语句，其中名题句12条，判定句17条，事理句66条，事理—情景句44条，文本目的句2条。不难看出，与建筑学密切相关的事理句占据最多。从语句结构和性质的角度他得出和王教授同样的结论，《园冶》绝非是"不足轻重的描述"，而蕴含着丰富的建筑学事理内容。这可以作为《园冶读本》观点的佐证和补充。

作者特别指出，《园冶》有一种"当下可能全新的建筑思想：内含生命的自然构筑行为"，这恰恰与笔者和王教授所认同的理念属于不谋而合的遥相呼应。笔者现在称之为"诗意栖居建筑学理论"，不知同道以为当否？请教。

——原载《中国园林》2014年第4期

由必然王国走进自由王国

——重读"人与自然——从比较园林史看建筑发展趋势"

近日重读冯纪忠教授1989年10月在杭州"当今世界建筑创作趋势"国际讲座和12月上海学会年会上的演讲整理稿——"人与自然——从比较园林史看建筑发展趋势",对于中国园林在世界上的地位问题,有了进一步的认识。

冯纪忠教授的演讲从园林设计哲学的高度,纵横捭阖地论述和解读了中外园林的发展脉络和特征。冯纪忠教授把中国园林发展历程概括为5个时期:

(1)重形时期(春秋至两晋,约公元前769—316年),此时为铺陈自然如数家珍时期,再现自然以满足占有欲,其外部特征是象征、模拟、缩景;

(2)重情时期(两晋至唐,约公元316—800年),山水园时期,以自然为情感载体,顺应自然以寻求寄托和乐趣,其外部特征是交融、移情,尊重和发掘自然美;

(3)重理时期(唐至北宋,约公元700—1100年),画意园时期,以自然为探索对象,师法自然,摹写情景,手法上强化自然美、组织序列、行于其间;

(4)重神时期(北宋至元,约公元1000—1200年),野趣园时期,反映自然,追求野趣,入微入神,表现为掇山理水,点缀山河,思于其间;

(5)重意时期(元至清,约公元1300—1840年),创造自然,以写胸中块垒,抒发灵性,表现为解体重组,安排自然,人工和自然一体化。

难能可贵的是,冯纪忠教授从园林和建筑设计主体与客体的哲学角度,对中国园林发展史作出如上定性和定量的分析,笔者认为,这使园林学理论向科学化前进了一大步。

冯纪忠教授认为,前三个时期近3000年时间,设计哲学上围绕着"自然"这个客体转,只有到了第四个时期才达到了主客体的统一,而到了第五个时期——重意时期达到创造自然,以写胸中块垒的层次。这是非常了不起的见解,写出了中国的园林设计创作由必然王国进入自由王国的层次。

冯教授对其如此分期解释说,他同意卡西雷尔(Ernst Cassirer)的《人论》中的观点,我们不能把艺术的东西根据政治来断代。比如,唐的诗文书画和宋的诗文书画，文可以断在晚唐，诗可以断在五代，画可以断在南宋。所以，载体不同，结构不同，不能"一一对仗"。这是非常重要的观念，而我们的各类艺术史研究却常常作与政治"一一对仗"的论述，不求甚解。这也是冯纪忠教授园林史分期与众不同且更为深刻之处。

冯教授以其如上的园林史分期的背景，对中西园林作历史性比较，十分生动地评述了中、日、英园林发展历程的异同，回答了本文提出的中国园林的世界史地位这个问题。

他说：层面以重"意"为最高，日本、英国的园林都不及中国……层面中以重意的"意"是指主体意向，而意境属于审美范畴，则是无层面不有，无层次不在的。所谓境界则又是指对应的经主体意识强化或再现的客体。

中国的园林发展是循序渐进的，自然的"形、情、理、神、意"，就像老人脸上的皱纹，一层一层上去，刻着悲欢离合、喜怒哀乐的痕迹，不知老之将至啊！

日本的园林原本是外来的，一开始有点像文身，脸上画花脸，纹路不是自己的。所以继之以"理"。道理讲通了，佛教传入后结合禅宗，于是从"情"走到情理形神交融。

英国的园林发展很迟，17世纪末才开始，大致分三个时期。三个时期可能分别称为山水园、画意园、野趣园更明确。英国在150年内，走过了"情"、"理"、"神"三个层次，生命力极强。

但是，中国对于风景的生成和主客体相互作用的认识确实早：早在公元10世纪左右，郭熙强调的审美对象"山水"，不是抽象的音、形、色的组合，也不是静止的完整的比例、和谐，是生动的自然形象，不同于概念化、类型化的山水。他已经触及主体——人的生动。清代已经提出"三合四衡"，涉及主客体的结构了。

冯教授以明代李日华（14世纪中叶）论画为例，讲李日华把客体分为三个层次："身之所容，目之所瞩，意之所游。"他的话用今天的话来说，就是三个层次的环境和景观，是客体。他只说了客体。客体被主体接收了，接而受之了，就在感觉上生成风景，即景色（身之所容）、景象（目之所瞩）、意象或风情（意之所游）。（或可理解为物境、形境、意境。）

关于中西园林的不足，冯教授如是说：

析"理"，在中国过去不是没有，可惜没有接下去。主客体互动，主客体的结构都接触到了，但是，没有达到科学化的水平。这方面必须向西方学习，补上一课。这是值得我们注意的。

西方的理性主义缺乏直觉整体把握事物的一面,同时也缺乏对自然的"情"。如拉维莱特(La Villette)公园设计本应是自然和人工物的结合,自然在公园设计中变成几个叠合片中的一片,但设计者却还生怕人掉在自然中丢失自己,因此打上方格,在交点摆上红色雕塑。这样能够"心凝神释,与万化冥合"吗?

在演讲即将结束时,冯纪忠教授语重心长地说:

> 现在西方将从发掘老庄、参悟禅理,逐渐走向明清性灵。今天,东西方算是"殊途同归"了。我们一是要对"理"加把劲,二是不能放松整体把握"情"。因为"情"淡则"意"竭。

遗憾的是,20多年来,冯纪忠教授这篇颇有深意的讲话并未得到国人的足够重视。特此建议关心"中国是世界园林之母"话题的园林界和建筑界的朋友们能认真读一读它。

——原载《中国建设报》2012年2月6日建筑文化版

纪念《园冶》问世380周年

——从中国园林是"世界园林之母"说起

今天的座谈会很有深意：2011年是明代中国古代园林艺术经典著作《园冶》问世380周年。

中国不仅有领先世界水平的园林艺术实践，而且有着举世公认的园林艺术理论的经典著作——（明）计成（1582—？）于1631年完成的三卷本《园冶》。

《园冶》又名《园牧》，明崇祯时吴江著名的造园师计成总结唐宋至明以来的造园经验写成。三卷书中含有兴造论、园说、相地、立基、栏杆、墙垣、铺地、掇山、选石、借景等篇。对于造园的理论及园林的勘查、规划、设计、选料、施工等全工程各个阶段都有详细的阐述，在那个阶段可谓最全也是当时最高水平的论述。

所谓"造园学"学科的"造园"二字的运用即始于《园冶》。

遗憾的是，《园冶》这样经典的园林学理论专著，在中国长期未能得到应有的研究和重视。300年后，陈植和朱启钤先生重新发现《园冶》一书并对推动此书的研究出版贡献极大。《园冶》三卷本在中国直到1931年，经过陈植先生整合后方始与世人见面。

50年后的1981年，陈植先生的《园冶注释》由中国建筑工业出版社出版，全书19.4万字，这也是值得纪念的事。

《园冶》是中国古代园林艺术理论与实践达到世界高峰的里程碑，它对中国园林艺术实践和园林学的发展仍然具有不可忽视的崇高的学术理论价值，《园冶》的园林美学理论和其产生的丰富的园林艺术实践，是中国园林登上"世界园林之母"的基础和起点。

因此，我们今天的座谈会有很深的意义。

回顾历史，几个世纪以来，中国园林艺术以其独特的魅力、精湛的造诣，在世界园林发展史上有着崇高的位置和广泛深远的影响。它不仅对亚洲的日本、朝鲜、越南等国有源流性的影响，而且对欧洲、美洲等国的园林发展发挥着推动中外文化交流的巨大作用。

不久前我去荷兰，在这个巧夺天工的花园国家里，我看到人工和自然如此和谐，他们把自然景观中的水面、古树和人工培养的郁金香丰富多彩的品种结合起来，又有古老的荷兰风车、木船、秋千点景，形成有形、有色、有意境的园林艺术，我感到这里就潜存着中国园林的影响。我在法国凡尔赛宫廷花园中还发现有中国的叠石和石雕狮子。

世界园林史还记载着：

> 18世纪以来，日本、英国、德国、法国、瑞典等国均不断有介绍中国园林的理论专著问世。
>
> 20世纪80年代以来，世界多国争先恐后聘请中国造园艺术家建造中国园林。如，美国纽约的"明轩"、加拿大温哥华的"逸园"、澳大利亚悉尼的"中国园"、德国慕尼黑的"芳华园"、日本札幌的"沈芳园"等。
>
> 日本的"枯山水"园林源于中国，故又被称为"唐山水"。
>
> 英国园林在中国园林的影响下产生了中国式的园林"邱园"，随后又发展成英中式风格的园林。
>
> 德国园林学家称中国园林艺术为"一切造园艺术的模范"。

从《园冶》的诞生算起，380年过去了，展望未来，我们不能满足于现已取得的成绩，更不能停留在不少粗制滥造的仿古园林的泥沼中。新时期的中国风景园林科学需要新的园林艺术实践和园林学理论上的创新。从这个意义上说，金学智先生这部《风景园林品题美学——品题系列的研究、鉴赏和设计》，是探索园林学理论创新可喜的兆头。

——原载《中国园林》2011年第10期

《园冶》理论研究与实践30年

——纪念计成诞辰430周年

当世界首部园林学理论专著《园冶》问世380年（左右）、作者计成诞辰430年之际，风景园林学在中国成为一级学科之时，我们在此相聚，重读《园冶》宝典，回顾中国当代《园冶》理论研究与实践30年，共探其理论的深远意义，显得十分有必要。

从1981年陈植先生注释的（明）计成原著《园冶》的著作——《园冶注释》的出版，至风景园林学在中国成为一级学科，整整30年过去了。这30年是中国当代对《园冶》理论与实践扎扎实实研究的30年，也是值得认真总结的30年。

一、四个阶段

为了叙述的方便，这里将《园冶》理论与实践研究的30年划分为解读模仿（1981—1987年）、建构理论（1988—1992年）、山水城市的构想（1992—2005年）和深度探索《园冶》内涵（2006—2011年）四个阶段。

1. 解读模仿阶段

此阶段以陈植先生注释的（明）计成原著《园冶》的著作——《园冶注释》的出版为标志，它开拓了中国当代《园冶》研究的新局面。

关于《园冶注释》，陈从周在该书的跋文中有这样几句话。他认为"陈植先生的功劳无异使原著获得再生"，"经陈教授评加注释，开卷豁然，是大有益于学术研究的"。陈跋对阮大铖称《园冶》"实是千古不朽的学说"表示赞同。

从此，这本400年前问世的"千古不朽的学说"引发了井喷式的中国园林理论与实践的热潮。随着《园冶》被再发现和再认知热潮的掀起，相继出现了一批高水平的理论研究论文和众多的仿古典园林的精品。《中国园林》也于1985年创刊，开始是季刊。

《园冶》理论"春风又绿江南岸"，使《苏州古典园林》一书及相关的园林遗产重新得到人们的珍视。《园冶》还被翻译成英、日、德文版本，在国外得到传播，同时在世界园林史上出现了第二次"中国园林热"。在国外，先后建了"明轩"、"退思园"、

"寄兴园"、"苏州园林"、"兰苏园"等；英国的"燕秀园"、德国的"中国园"、荷兰的"名胜宫"、加拿大的"逸园"都获得世人盛赞；"芳华园"在慕尼黑国际园艺博览会上获大金质奖章，展览后被保留下来。1995年，马耳他设计建造了8000平方米的"中国园"。

2. 建构园林学理论阶段

此阶段以汪菊渊先生的"园林学"论述和冯纪忠先生的"人与自然——从比较园林史看建筑发展趋势"演讲为重要标志。

汪菊渊先生的"园林学"论述是《中国大百科全书（建筑、园林、城市规划）》的园林学的开篇之作，某种程度上具有奠基意义。文章从五个方面论述了园林学的性质和范围、园林发展简史、园林学在西方的发展、园林学研究的内容（历史、艺术、植物、工程、建筑）。

该卷关于《园冶》的词条说，《园冶》"是关于中国传统园林知识的专著，是实践的总结，也是理论的概括。书中主旨是要'相地合宜，构园得体'，要'巧于因借，精在体宜'，要做到'虽由人作，宛自天开'"。并对《园冶》内容作了扼要的介绍，此文代表了当时国内对《园冶》和计成的认知水平。

这一时期还有2项学术成果值得重视。一项是冯纪忠先生指出"中国园林在元代—清代（约1300—1840年）进入重意时期——创造自然，以写胸中块垒，抒发灵性，表现为解体重组，安排自然，人工和自然一体化"。笔者认为，这一观点对于解读《园冶》所提出的园林设计哲学内涵具有启发性；另一项重要学术成果是钱学森先生1983年对于中国园林艺术的界定。钱学森认为中国园林艺术是Landscape、Gardening和Horticulture 三方面的综合。他把中国园林艺术分成六个层次（微观的盆景、小型园林的窗景、庭院园林、宫苑园林、风景名胜区、风景游览区），这是从《园冶》理论得到启发后，对于园林学术语作定性和定量分析的思考结果。

3. 建设山水城市理论的构想阶段

此阶段以孙筱祥教授《居城市须要有山水之乐》和钱学森先生《社会主义中国应该建山水城市》两篇论文的发表为标志。

孙筱祥从中国园林史角度说明中国园林自古以来追求山水之乐，同时也考证了古代有的城市便是山水城市。钱学森先生则提出"要发扬中国园林建筑，特别是皇帝的大规模园林，如颐和园、承德避暑山庄等，把整个城市建成一座超大型园林，我称之为'山水城市'"。并建议召开"山水城市讨论会"，在会上作了题为"社会主义中国应该建山水城市"的书面发言。

4．深度探索《园冶》理论内涵阶段

此阶段以张薇教授《园冶文化论》一书的出版为标志。陈俊愉先生在该书代序中指出"张薇作了如此全面、深入、细致的剖析和研究，确是一个'古著开新花'的创新成果，是一篇有一定划时代意义的古著新论"。随后有多种《园冶》研究的专著问世，如：《园冶图说》(赵农注释)、《园冶园林美学研究》(李世葵著)、《园冶》(李世葵、刘金鹏编著)以及《中国园林美学》(金学智著)、《中国园林艺术概论》(曹林娣著)、《园林与建筑第一辑》(童明、董豫赣、葛明编)、《新自然观视野下的风景园林学》(沈实现著)等。

这里的所谓四个阶段的划分只是大致的划分。

二、创新三例

《园冶》理论研究与实践的30年来取得了可喜的成果，这里举出3个各有特色的实例——北京香山饭店园林、广州白天鹅宾馆园林、上海新外滩风景带，从中我们能感受到中国园林"古树新花"盛开的情景。

1．北京香山饭店园林

香山饭店园林1982年随香山饭店完成。饭店是2~3层建筑，建筑面积35000平方米，占地16000平方米。设计者是贝聿铭、刘少宗、檀馨等。

设计中体现了《园冶》中的"相地""立基"理论，确定在庭园设计中遵循"杂树参天，地形不大动，顺其自然，因高就低，叠山理水"的原则。采取"以山为骨骼，以水为灵魂"的手法，发挥了香山风景深、幽、古、博的借景优势，将远山自然借入园中，增加了景深和层次，最终创造出能够突出北方园林和饭店专用庭园的特点，并与建筑物十分协调的具有高古素雅格调的园林景观。主庭院保留了数十株古松柏和1400平方米的流华池，使园林景色和建筑物相映生辉。大小13个庭园高低错落，11处景点景色各异，均有不同程度的创新。它体现了以《园冶》为代表的中国古典园林遗产长久的生命力。作为现代化的园林饭店，这一作品是成功的尝试。

计成说："三分匠、七分主人"，"非主人也，能主之人也"。贝聿铭自幼生长在中国南方，历史文化名城苏州。设计之初，他与其他园林设计师讨论时，明确提出他的想法：①主庭园最好有水池；②较小庭园适合从室内外望，有些可以有江南园林风格；③植物配置要成片；④整个庭院要自然素雅。这些想法与合作者一拍即合，一个

多月便把设计方案定了下来，这些说明贝聿铭对江南民居和中国古典园林情有独钟，并有深刻的理解。

2．广州白天鹅宾馆园林

白天鹅宾馆1983年建成于广州沙面，地上33层，地下1层，建筑面积10万平方米，其园林环境设计对设计者来说，是全新的课题。根据珠江河道整治规划，筑堤填滩36000平方米，宾馆用地28500平方米。公园用地7500平方米，与沙面原有绿地连成一片。白天鹅宾馆园林设计的难点还在于，这里先有成片的欧洲古典风格建筑，又是羊城八景之一的"白鹅潭"所在地。设计师佘畯南、莫伯治让高33层的饭店呈腰鼓形的简洁体形，亭亭玉立在小岛上，通体的纯白突出了斜角性阳台的阴影变化效果，使其既有现代建筑之美，又像雕塑一样镶嵌在珠江碧波和沙面榕林之上，与环境融为一体。

白天鹅宾馆室内中庭（Atrium）的艺术处理赋予其室内空间设计岭南风光格调，更是让人难以忘怀。以"故乡水"为主题的中庭是室内空间序列的高潮。金瓦亭位于石岩高处，瀑布从亭侧山涧分三级下泻的潺潺水声引起海外游子思亲之情，并与南面"莺歌厅"的鸟声相呼应，把居住在闹市中的人们带到大自然的深谷中去，形与神交织在一起，体现了传统庭园空间突出意境的独特手法。宾馆群房3层，设高10米，长80米的玻璃帷幕，全面敞向江面，让旅客最大限度地享受江面风光，临流览胜，坐观百舸争流。体现了《园冶》所述的"刹宇隐于环窗，仿佛片图小李"。

3．上海新外滩风景带

上海新外滩风景带于1993年完成，位于上海黄浦江外滩中山东一路东侧，是防汛、交通、环境的综合改造工程。该工程建造了长1050米的沿江空厢，使其防汛能力提高到千年一遇的高潮位。

新外滩风景带的规划设计既富时代气息，又渗透着上海独特的历史文化内涵。以黄浦江水与外滩"万国博物场风貌"为本，运用对景、观景、借景的手法，作整体协调的系列设计，考虑了方圆的旋律、起伏的韵律，与水相连，同建筑对话，白天的阳光与夜晚灯光的艺术效果，创造出一个令人流连忘返的环境。

设计中结合防洪墙构筑物的三个不同标高层次，作竖向设计，创造三层景点：这三个层次的错落，打破了沿江"城墙"单调的感觉。

这里设计了陈毅广场、时代步伐广场、雕塑墙、"为了明天"、"海上明珠"、"大地主人"广场六个景点，形成了新外滩风景带。新外滩现已成为一些重大活动的举办地，也已成为大家所喜爱的城市景观。

事实说明了《园冶》这一经典著作的持久生命力，在新的历史条件下，它更能启发设计者的灵感，从而从事园林创新的实践。

三、四点启示

（1）对《园冶》及中国古代园林设计师的理论和实践的研究与借鉴，需要从当时的历史文化背景去理解和把握，特别是从设计哲学的高度学习那些历久不衰的内涵。

（2）《园冶》一书的丰富内涵尚有进一步深入研究的价值。计成等中国古代园林设计师的理论和实践对于今天的城市规划设计、城市园林设计、建筑设计甚至地下建筑、水电工程等设计仍然有着不可忽视的借鉴价值。

（3）近年来参加《园冶》研究的队伍不断壮大。不但有了人文社会科学界的专家，还有像钱学森这样的大科学家，贝聿铭等建筑大师和业余爱好者、画家等，组成了浩荡的队伍。这一现象使我们的眼界和思维空间大大拓展。对于《园冶》这类博大精深的经典著作，值得像研究《红楼梦》那样，进行多学科、多代人、多角度锲而不舍的研究与实践。

（4）亟须建立园林学的现代科学技术和艺术体系。这个园林学体系是现代建筑科学技术体系的支柱之一。笔者认为，建筑学、城市规划学、风景园林学过去一直被认为是建筑科学的三大支柱学科，现在三者虽然都已成为一级学科，但是绝不能孤立发展。因为建筑学、城市规划学、风景园林学三者本质上是一致的，同属于"环境的科学和艺术"。画地为牢，不利于学科今后的发展，也不符合当今学科综合性发展的趋势。我甚至认为，在土地资源稀缺的今天，地下建筑学正在向建筑科学的支柱学科迈进，不知各位意下如何？

——原载《中国园林》2012年第12期

中西园林设计哲学的历史回响

——读《园冶》和《世界园林史》有感

　　明末崇祯四年（1631年），集诗人、画家与园林设计师于一身的计成，完成了世界公认的最早的园林学理论专著《园冶》。

　　今年是《园冶》问世380年。

　　为了加深对这部著名的中国古典园林理论经典著作的历史价值和现实意义的理解，我在研读《园冶》原著的同时，又先后研读了与《园冶》有关的其他专著，如《园冶注释》（陈植著）、《园冶图说》（赵农著）、《园冶文化论》（张薇著）、《园冶园林美学研究》（李世葵著）《中国园林美学》（金学智著）以及《建筑理论史》（［德］汉诺—沃尔特·克鲁夫特著，王贵祥译）和有关的论文，林林总总不下数十种。

　　《园冶》主张的"虽由人作，宛似天开"等内容，显示了极强的生态意识（或称生态觉悟），主张"天人合一"，主张人与自然的平等的伙伴关系，决不仅只是冷眼旁观地欣赏如画式的自然美和人工美，而是实现"人在画中"行、走、坐、卧、游览、观赏、交往等，让人的眼耳鼻舌身心全频道地享受园林环境。包括享受水声、风声、鸟声、梵音、琴瑟、冷暖、五色、四季的变化、大小、动静、种植、叠石、铺地、装折等，均在园林设计者的关注之中。

　　如，《园冶》的"园说"在仅仅480字的短文中，便讲了园林设计的"五宜原则"：宜借景，宜合用，宜因境，宜裁出旧套（创新），宜小筑。这些原则完全可以与400多年后西方园林设计的几条原则交相辉映。从这里也让我们感到《园冶》的园林设计哲学的全面、深刻和它的不朽之处。

　　当我读了《世界园林史》（［英］Tom Turner著，林箐等译），我被其深深地震撼了！可以说这部雄跨4000年历史长河的巨著与传承了380年的造园理论经典著作《园冶》，堪称世界园林史上的双璧。两书共同的特点是，它们都极其难能可贵地从设计哲学的高度，即从园林设计指导思想的角度对园林作深刻扼要的论述，启发园林设计者的创新，而不是仅仅限于对旧有实例和旧有设计手法的罗列与描述。

1731年英国集诗人、作家和园林设计师蒲柏（[英] Alexander Pope，1688—1744年）在给伯灵顿勋爵的信中，留下了可以指导园林设计的著名诗句：

去建设，去种植，任何你想要的东西，
去竖立圆柱，或者设置拱券，
去隆起土地，或者挖掘洞室，
总之，永远不要忘记自然。
总之，要求教于"场所的神灵"，
它告诉水面应该上升还是下降……
它结合理想的树林，在阴影中改变阴影，
它现在打破了或引导着未来的线条，
它像你的种植一样作画，像你的工作一样设计。

这些诗句，仿佛是对《园冶》的理论精髓"境仿瀛壶，天然图画"，"虽由人作，宛似天开"，"巧于因借，精在体宜"的18世纪的解读，提倡"永远不要忘记自然"和"要求教于'场所的神灵'"这个根本，以及要"因地制宜"，要"从心不从法"的设计思路。

1986年，《世界园林史》作者汤姆·特纳（Tom Turner）根据18至19世纪之交，3位英国绅士——普赖斯爵士（Sirr Uvedal Price）、奈特（Richard Payne Knight）和雷普顿（Hamphry Repton），以"实用、坚固和愉悦"为中心话题的关于园林理论的一场争论，在其书中引申出评价园林设计的几条原则：

在艺术领域和自然领域之间有一个完美的过渡。
住宅附近的前景区域应当是艺术的领域。
外来的引种植物应当用于住宅附近，而不是用在庄园的其他地方。
整体的布局应当基于自然的构图，就像运动量伟大的风景画作品所描述的一样。
设计应当在气候、材料和设计传统方面呼应当地的特征。

在三位乡绅争论之中，描述园林景色将美丽（Beautiful）、雄伟（Sublime）、如画

（Picturesque）三个词的开头字母大写。按照伯克（Edmnd Burke）的解释：

> "美丽"意味着平滑、流畅、如同一位美丽的女子的身躯一般。
>
> "雄伟"意味着粗犷和令人敬畏，如同汹涌的大海或乘坐马车沿着崎岖的小径翻过阿尔卑斯山时看到的景色。
>
> "如画"是一个中间词，用于形容具备美丽又具备雄伟要素的景象。

《世界园林史》作者汤姆·特纳认为，园林中每一部分都可以包含不只一种特点，但是"美丽"应当在前景中占主导地位，"如画"应当在中景中占主导地位，而"雄伟"应当在背景中占主导地位。这又与《园冶》的作者计成的观点有不谋而合之处，因为前景近处是人们接触质感和细微观察的地方，"美丽"是必须做到的，中景和背景则主要是人们观赏和游览其中的对象，"如画"和"雄伟"就显得十分重要了。

笔者认为，《世界园林史》所介绍的西方园林设计的几个原则以及3个园林美学词汇，让人感到他们似乎更加重视和强调欣赏"如画"式园林风格。而中国园林设计所追求的丰富内涵和多元化远远不止于"如画"。

这里，值得特别提到的是，《世界园林史》作者汤姆·特纳有关Landscape Achitecture的卓见与对策，他说（该书第29页）：

> "现在，Landscape Achitecture是一个被国际认同的代表这些技能的行业名称。它的采用致使园林设计和Landscape Achitecture相分离，这给两者都带来重大的损害。……在我的工作所在地格林尼治大学，我们通过设置Landscape Achitecture和花园设计两个平行的学位，试图在教育层面上弥补这种裂痕。前者侧重于开放空间和公共项目，后者侧重于围合空间和私人项目。技术和理论是公共的。"

特纳先生的观点，与钱学森先生关于"园林艺术是我国创立的独特艺术部门"的论述中的观点，可谓"英雄所见略同"。钱学森先生说："要明确园林和园林艺术是更高一层的概念，Landscape，Gardening，Hoticulture都不等同于中国的园林，中国的园林是它们3个方面的综合，而且是经过扬弃，达到更高一级的艺术产物。"显然，钱先生是不同意用Landscape Achitecture代替园林设计。现在格林尼治大学的做法已经前进了一步，是否可以把Landscape Achitecture和园林设计两者之间的"分则两伤"变成"合则两利"呢？笔者建议，可否把Gardening升格为Gardenlogy——即造园学呢？让其内涵包括Landscape，Gardening，Hoticulture三个方面，实现真正的"合则两利"。

《园冶》与《世界园林史》，它们显示着中外园林发展殊途同归的历史足迹，这种历史的巧合令人欢欣鼓舞，这将成为中外园林设计哲学的历史回响。

——原载《重庆建筑》2012年第5期

《园冶》读要

《园冶》全文不长，如果不算附图，包括题词、冶叙、自序和正文全部仅一万四千余字。但是，《园冶》380年的传承历史表明，其确系千古不朽之作。

古人云"半部《论语》可以治天下。"明代人言计成："乃今日之'国能'即他日之'规矩'，安知（《园冶》）不与《考工记》并脍炙乎！"

关于《论语》的话显然是夸张溢美之词，而笔者认为，明代人郑元勋对计成和他的造园学理论专著《园冶》的评价则是名副其实的。

甚至可以预言，如果你是一位建筑师或园林设计师，如果在你求学时未读《园冶》将来一定会感到遗憾，如果当你中年时读到它就会感到"相见恨晚"，如果晚年你才读到它则会感到"终生的遗憾"！因为，即使用今天的眼光看，《园冶》的园林设计哲学观念——环境意识和生态意识之强，绝不亚于当代的环境建筑学和生态建筑学观念。如果不信，不妨重读《园冶》的要点。

日前，我在北京图书馆的文献阅览室，遇见了位建筑学博士同行，我问他，可知道计成其人？他答"不知道"，然后却补充说"我精力有限"。看来，他是把《园冶》、计成作为"可读或可不读"之等闲书视之，我感到十分遗憾！这一遭遇也是促成我写此文的动力之一。

不少研究《园冶》的学者认为，《园冶》一书的理论精髓集中体现在四句话中。这四句话为："境仿瀛壶，天然图画"，"虽由人作，宛自天开"，"巧于因借，精在体宜"，"从雅遵时，令人欣赏"。

我想从现有的四本书关于《园冶》这4句话的注释和释文读起，然后再谈笔者的看法。

四本书是：陈植著《园冶注释》（1988年版），赵农著《园冶图说》（2010年版），张薇著《园冶文化论》（2006年版），李世葵著《园冶园林美学研究》（2010年版）。为行文方便，以下提到这些书时，分别简称"陈著"、"赵著"、"张著"和"李著"。

一、关于"境仿瀛壶，天然图画"的注释

《园冶》含这句话的原文：陈著第79页"屋宇"——凡家宅住房，五间三间，循次第而造……送鹤声之自来。境仿瀛壶，天然图画，意尽林泉之癖，乐余园圃之间。

1. 陈著

注释：瀛壶——为仙人所居。《列子·汤问》："渤海之东有壑焉，其中有五山，一曰：'岱屿'，二曰'员峤'，三曰'方壶'，四曰'瀛洲'，五曰'蓬莱'，其山高下周旋三万里，仙圣之所往来。"

释文：仿佛仙人境界，不啻天然图画。

2. 赵著

《园冶》含这句话的原文：赵著第103页"屋宇"。

注释：瀛壶——传说中的仙人居住的地方，亦称方壶、瀛洲。又与"壶中"意思相关。唐代李白《梦游天姥吟留别》："海客瀛洲，烟涛微茫信难求。"

林泉——林木泉水之间亦称山水，宋代山水画家郭熙有画作《林泉高致》。

3. 张著

《园冶》含这句话的原文：见陈著第79页"屋宇"。

注释："境仿瀛壶，天然图画"为古典造园技艺要旨（150~156页），列在"《园冶》造园本体论"一章中，约4000字，引章摘句多处，但未说明出处。

4. 李著

《园冶》含这句话的原文：见陈著第79页"屋宇"

释文：以"境仿瀛壶，天然图画"为总题，分五个小节论述：园冶与如画美学观、如画美学观的根源、造园与文人画意、造园与文人画里、造园与文人画境。53~131页共8万余字，占全书的1/4多，称之为《园冶》的"如画"特征。

二、关于"虽由人作，宛自天开"的注释

《园冶》含这句话的原文：见陈著第51页"园说""凡结林园，无分城郭，地偏为胜，开林择剪蓬蒿……障锦山屏，列千寻之耸翠，虽由人作，宛自天开。"

1. 陈著

注释：这些虽由人力所兴作，看来很像天工所开辟（52页）。

2．赵著

《园冶》含这句话的原文：见赵著第48页"园说"。

注释："虽由人作，宛自天开"是计成的名言，意即虽然是设计家的人力营造，但是如同天然形成的一般。

3．张著

未说明《园冶》含这句话的原文的出处，但将此言列为其书的第三章：《园冶》本体论（115~126页），约8000字。

注释："虽由人作，宛自天开"——中国式园林的基本风格（117页）。

4．李著

对此重要的论点没有文字注释和说明，将其列为"自然"理想独立成为一章。

释文：论述其哲学基础（儒、道、禅）、艺术传统（天人合一）、历史演变（秦、汉园林、唐……）、"天开"之美（山水的自然美、植物的自然美、建筑的自然美、景观风格多样）。

三、关于"巧于因借，精在体宜"的注释

《园冶》含这句话的原文：见陈著第47页"兴造论"："世之兴造，专主鸠匠，独不闻三分匠，七分主人之谚乎？非主人也，能主之人也。……第园筑之主，犹须什九，而用匠什一，何也？园林巧于'因'、'借'，精在'体'、'宜'，愈非主人所能自主者，须求得人，当要节用。"

1．陈著

释文：因为造园结构妙在因地借景，得体适用，更不是匠人所能为力……（48页）

注释：因借——作因缘假借解，即因地制宜借景取胜之意。

2．赵著

对此重要的论点没有文字注释和说明。

3．张著

未说明《园冶》含这句话的原文的出处，但将此言列为其书的第三章：《园冶》本体论中的一节"造园创作基本理念"（126~131页），约5000字。

4．李著

未说明《园冶》含这句话的原文的出处，但将此言列为其书的第四章：造园精义：巧于因借，精在体宜（205~233页），约3万言。释文：分"巧于因借"和"精在

体宜"两节论述。

四、关于"从雅遵时，令人欣赏"的注释

《园冶》卷三含这句话的原文：见陈著第184页"墙垣"："凡园之围墙，多于版筑，或于石砌，或编篱棘……各有所制。'从雅遵时，令人欣赏'，园林之佳境也。"

1. 陈著

释文：总以式样雅致合时，令人欣赏，才是庭园的优美环境。

2. 赵著

对此重要的论点没有文字注释和说明。

3. 张著

对此重要的论点没有文字注释和说明。

4. 李著

未说明《园冶》含这句话的原文的出处，但将此言列为其书的第三章："雅"为格调：从雅遵时，令人欣赏（132~203页），约7万言。

释文：分雅格溯源、雅格表现（上）、雅格表现（下）三节论述。

五、关于《园冶》解读的一些想法

通过以上对四本书有关四句话的注释和释文情况的介绍，我们对目前国内学界研究、解读《园冶》的大体情况已有个基本概念。笔者有以下几点看法与同好者研讨。

1. 对目前研究、解读《园冶》情况的基本评价

总的来说，自1981年陈植先生著的《园冶注释》一书掀开了中国研究《园冶》的新篇章，30年来取得的成绩不小，进入21世纪更有了突飞猛进的发展，出现了从园林设计、文化、哲学、美学等不同角度探讨《园冶》丰富内涵的学术专著。本文列举的四本书有一定的代表性。但从四本书对《园冶》四句话的解读情况，又发现一些问题。即注释和释文（解读）的重要性、科学性和准确性问题，对此谈一点自己的看法。

2.《园冶》注释和释文（解读）的重要性

注释和释文（解读）对于学习和理解距今近四百年的古代园林学经典著作的重要性是不言而喻的。这里以一个实例说明它。

日本曾将《园冶》的书名改为《夺天工》和《木经全书》，这乃是对《园冶》的

一种"解读"，但这是一种误读，起了很坏的误导作用，成为《园冶》继续被埋没多年的重要原因。这个历史教训我们应当引以为戒。《夺天工》和《木经全书》与《园冶》的真义简直是南辕北辙，从某种意义上讲，日本也深受其害，日本的枯山水园林大概可以算是典型的"夺天工"之作，颇类似于中国的大盆景。

3．注释和释文（解读）的科学性和准确性问题

从上述四书四例的情况，我们大致可以形成这样一个印象：作者处理注释和释文（解读）时随意性往往很大，没有固定的标准。因此，出现的差错、误读、误导、偏离原著原意的情况不少，极其需要学界对（解读）的科学性和准确性问题取得公认的标准。仍然以对此四句话的注释和释文为例，进行探讨。

（1）关于"境仿瀛壶，天然图画"的注释。

陈著注释：瀛壶——为仙人所居……

赵著注释：瀛壶与陈著类似。

张著注释："境仿瀛壶，天然图画"为古典造园技艺要旨，作为"《园冶》造园本体论"一章有约四千字释文（解读）。

李著：则把这句话列为第二章"如画特征"，分5个小节，形成约8万字的释文（解读）。

（2）关于"虽由人作，宛自天开"的注释。

陈著是把这句话由半文言变成白话。

赵著把"人作"解读为"设计家的人力营造"。

张著说这句话是指"中国式园林的基本风格"，有8000字的释文（解读）。李著：则把这句话列为"自然"理想独立成为一章，论述其哲学基础、艺术传统、历史演变、"天开"之美，有了洋洋5万字的释文（解读）。

（3）关于"巧于因借，精在体宜"的注释。

陈著注释：因借——作因缘假借解，即因地制宜借景取胜之意。释文：因为造园结构妙在因地借景，得体适用，更不是匠人所能为力……

赵著对此重要的论点则没有文字注释和说明。

张著将此言列为其书的第三章《园冶》本体论中的一节"造园创作基本理念"，有约5000字的释文（解读）。

李著将此言列为其书的第四章造园精义：巧于因借，精在体宜，分"巧于因借"和"精在体宜"两节，有约3万言释文（解读）。

（4）关于"从雅遵时，令人欣赏"的注释。

陈著释文：总以式样雅致合时，令人欣赏，才是庭园的优美环境。

赵著：对此重要的论点没有文字注释和说明。

张著：同样，对此重要的论点没有文字注释和说明。

李著：将此言列为其书的第三章——"雅"为格调：从雅遵时，令人欣赏，有约7万言。释文：分雅格溯源、雅格表现（上）、雅格表现（下）三节，有约7万言释文（解读）。

读以上的四本书关于这四句话的注释和释文后，可以看到四位作者同样是处理同一句话，注释和释文随意性很大。现在暂且不论其注释的对错优劣，仅说其共同点或不足之处：在仅仅把某一句话作为论述的起点和终点，不顾这句话的上下文以及紧密相关的语言环境，这种当作名人语录的解读，甚至加以肆意发挥的做法便需要探讨。

因为，就事论事地讲或发挥一句话，常常会做出"断章取义的结论"，十分有害。前面举过的将《园冶》的书名改为《夺天工》和《木经全书》的实例就十分典型。

为此，有必要重新思考为什么需要作注释和释文的起点问题。

我体会做好注释和释文的前提是，首先应当在认真研究原文的基础上，对需要注释和释文的对象做好"五W"，即"五定"——定对象（词、词组、句子、事件、人物、背景等相关内容）；定位置（在上下文中的位置和范围、它在全文中的重要程度等）；定来源（考古、考今、考历史源头或今天的使用习惯等）；定性质（回答为什么的问题）；定数量（定注释的重点、数量、尺度、深度等）。

归根结底一句话，为保证注释和释文（解读）的科学性和准确性，笔者的一点建议是，特别要重视回归原文上下文、回归原文整体、回归原文内涵，决不能仅仅根据某一句话便下很广义的结论，更不应该恣意发挥乃至纵横千里之外。

顺便说一下，当此文业已完成时，见到中华书局2011年8月出版的《园冶》（［明］计成著，李世葵、刘金鹏编著），该书比上述各书在注释和释文工作方面有了很大的改进，令人高兴，特在此表示祝贺。

——原载《中国建筑文化遗产5》天津大学出版社2012年版

中国当代环境艺术理论研究30年

——答清华大学美术学院来访者问

建筑学是为人类建立生活环境的综合艺术和科学。建筑师的责任是要把已有的和新建的、自然的和人造的因素结合起来，并且通过设计符合人类尺度的空间来提高城市面貌的质量。建筑师应保护和发展社会的遗产，为社会创造新的形式并保持文化发展的连续性。

——引自"建筑师华沙宣言"（1981年国际建筑师协会第14次世界建筑师大会）

一、关于环境艺术文献展

华沙宣言这段话讲得多么好啊！ 好就好在它有时代的高度和哲学的深度。环境艺术文献展回顾30年来中国当代环境艺术理论研究情况，有必要从建筑哲学的角度切入，才能把"华沙宣言"的历史价值和中国当代环境艺术30年来的理论和实践的成败得失看得更清楚。

苏丹教授（清华大学美术学院副院长）搞文献展的思路和做法是别具慧眼的，我很赞赏。我不能苟同那种认为现在是"图像时代"，文字就无足轻重的观点。图像和文字是互补的，前者是多义性的，没有文字的定格，图像往往被人们误读，变成取其糟粕丢掉精华。

中国当代环境艺术是从20世纪80年代起步的，现已进入"而立之年"，举办环境艺术文献展是很有意义的事。过去一些环境艺术作品展常常成为过眼烟云，缺乏深度和社会影响。

什么是文献？

现代汉语词典的解释为，文献是有历史价值或参考价值的图书资料。

文献的英语是：document；literature，即文件、证书、记录、事件、文献、著作等。

从哲学的角度看文献是什么？

文献是历史的足迹，巨人的肩膀，是成功之母的失败，又是失败之母的成功。

从建筑哲学角度看，"建筑师华沙宣言"一语中的道出了建筑学的本质和存在价值——为人类建立生活环境的综合艺术和科学。它开辟了环境建筑哲学的新时代和环境艺术哲学的新时代。正是在"建筑师华沙宣言"的启发之下，中国20世纪80年代初才开始逐渐把建筑设计、室内外环境设计等看作环境艺术设计，在建筑哲学理念和设计理念上才有了大幅度的提升。

重温"建筑师华沙宣言"等有关环境艺术的历史文献，对于普及环境艺术理念，提高环境艺术实践水平的作用是显而易见的。一时环境艺术在中国已经成了过热的行业，全国各地成立了许多环境艺术系、环境艺术设计单位。由于过速的增长，以及一些人热衷于追求设计的商业价值，对环境艺术理论的研究反而停滞了。希望本次环境艺术文献展和同期召开的学术研讨会有助于扭转这种状况。

二、30年前的环境艺术在中国

今天虽然是讲中国当代环境艺术，但是当代环境艺术并非空穴来风，环境艺术的理论和实践是源远流长的。自古以来，就有人类敬畏环境、适应环境、利用环境和改造环境，建立人工环境的理论与实践。历史上中国的环境艺术理论和实践更达到了世界领先水平。

中国的园林艺术被称为"世界园林之母"，北京古城的建设被称为"古代城市设计的杰作"。讲环境艺术，我不能不提到明代计成的《园冶》这部园林艺术经典著作，它被公认为是园林艺术理论的第一部杰作（去年2011年是《园冶》问世380年，今年是计成诞辰430年）。因此，中国发展环境艺术理论和实践有着深厚的根基和优秀的传统，在回顾30年时，这是不可忽视的主题之一。

历史悠久的北京本是一个人与自然和谐、生态平衡成型的城市。但是，2012年的"7·21"北京特大暴雨成灾严重受害，使我们更加怀念北京原有的护城河和遍布全城的水系湖泊。如果这些还存在，"7·21"特大暴雨就不会猖狂到难以招架的地步。更加令人痛心的是，京港澳高速公路就修在古河道上，能不遭灾才是怪事呢，设计者的环境意识不知道哪里去了！且不说死多少人，光车辆就让水淹了几万辆。这一严酷的事实提示我们要重视环境艺术设计的历史文献。

多年来，我们的环境艺术理论与实践的最大问题在于，"环境艺术"四个字中，只重视"艺术"这两个字。而且，对于艺术的理解也仅仅停留在"art"水平，只有美术、工艺的概念，只从形式美角度考虑"养眼""美观"，而缺乏对"环境效益""环境生态""环境意境"等方面的考量。

这些在我们的老祖宗那里不断在提高和完善着。如提出了"虽由人作，宛似天开"，要达到"三忘"境界——"令居之者忘老，寓之者忘归，游之者忘倦。"这标准比宜居更加高级。"华沙宣言"再次提示我们建立环境建筑学观念、环境艺术哲学观念，新时代就新在"环境"二字。

当代人类一定要有环境觉悟，再不应该"自我感觉过度良好了，再不要随心所欲地改造原有环境"。环境艺术、环境设计必须遵循"保存、保护、发展"的理念进行。环境艺术、环境设计没有"零起点"。

三、关于环境艺术文献的大事记

下面我讲一些值得环境艺术文献展列入大事记的线索。

（1）1981年，国际建筑师协会第14次世界建筑师大会提出了"建筑师华沙宣言"。

（2）1982年，《中华人民共和国文物保护法》颁布。

（3）1983年，钱学森发表《园林艺术是我国创立的独特艺术部门》。

（4）1984年，贝聿铭设计的北京香山饭店完成，引起国内外广泛关注和讨论，对于传播环境建筑哲学理念起了示范作用。

（5）1985年，《中国美术报》创刊，辟有建筑艺术和环境艺术专版，为研讨宣传环境艺术提供了平台，团结了一批有志于环境艺术理论和实践的各界人士。

（6）1985年，中国建筑学会召开"中青年建筑师座谈会"，会上对于"建筑师华沙宣言"有了更为深刻的认识。

（7）1986年8月，中国当代建筑文化沙龙成立。这个全国性建筑理论民间学术组织凝聚了一批对于当代中国建筑文化有责任心的同仁（包括建筑师、美术家、哲学家、媒体工作者等），以"新时期、环境、后现代"主题为学术活动的重点。

（8）1987年6月，"城市环境美的创造"学术研讨会在天津举行。国内一些知名的美学家、建筑师、规划师、美术家、艺术评论家等会聚天津畅谈环境艺术主题。在会议顾问李泽厚先生的引导下，把环境艺术和技术美学的研讨结合起来。会后，将会上35篇论文汇集成《城市环境美的创造》一书，作为美学丛书的一册，1989年7月由中国社会科学院出版社出版。

（9）1988年6月，综合性学术丛刊《环境艺术》创刊。该刊以城市环境艺术与功能研究为重点，建设部城市建设研究院主办，中国城市经济出版社出版。

（10）1989年6月23日，由中国艺术研究院、中国当代建筑文化沙龙、中国环境艺术学会（筹）举办的"中国80年代建筑艺术优秀作品评选"结果揭晓，中国国际展览中心等10项入选。

（11）1989年10月，上海同济大学冯纪忠教授在杭州"当今世界建筑创作趋势"国际讲座和12月上海建筑学会年会上作题为"人与自然——从比较园林史看建筑发展趋势"的演讲，使与会者对中国园林在世界上的地位问题有了进一步的认识。

（12）1990年，中建文化艺术协会环境艺术委员会成立，会长周干峙，副会长顾孟潮、张绮曼、马国馨，秘书长王明贤。曾多次组织环境艺术的艺术活动，特别是"90年代中国环境艺术优秀作品评选"影响较大。

（13）1990年7月31日，钱学森致吴良镛信提出创立"山水城市"概念，1992年10月2日致顾孟潮信提出"把整个城市建成一座超大型园林即山水城市的问题"。随后，1993年2月27日，钱学森在山水城市座谈会上，作了"社会主义中国应该建山水城市"为题的书面发言。

（14）1992年8月，《奔向21世纪的中国城市》陈为邦、顾孟潮主编，山西经济出版社出版。

（15）1993年10月，《建筑师学术、职业信息手册》中国建筑学会手册编委会编，河南科学技术出版社出版。

（16）1996年6月，钱学森会见建筑界人士，提出把建筑科学作为现代科学技术体系的第11个大部门列入，并强调"建筑科学的关键在环境"。

（17）1999年6月，《山水城市与建筑科学》鲍世行、顾孟潮主编，中国建筑工业出版社出版。

（18）1997年，《环境艺术设计资料集［1］》张绮曼等主编，中国建筑工业出版社出版。

（19）2000年，《环境艺术设计资料集［2］》张绮曼等主编，中国建筑工业出版社出版。

（20）2001年7月9日，中央电视台10频道开设了"百家讲坛"，对普及建筑文化、环境艺术起了很好的作用。在"百家讲坛"顾孟潮作了"中国当代环境艺术"的演讲，郑曙阳讲了"环境艺术设计"。这些演讲后来收入《百家讲坛》丛书，书名为《建筑不是房子》。2002年4月7日上海《文汇报》第3版节选了顾孟潮的讲演，以"以环境的艺术化和艺术的环境化"为题刊出。

（21）2006年6月，《建筑不是房子》（中央电视台《百家讲坛》系列丛书）中国人民大学出版社出版。

（22）2009年5月，《钱学森建筑科学思想探微》鲍世行、顾孟潮编著，中国建筑工业出版社出版。

（23）2011年10月，《建筑哲学概论》顾孟潮著，中国建筑工业出版社出版。

四、简略回答清华大学美术学院来访者问

问：您当初是怎样走上环境艺术设计这条道路的？（个人学术经历）

答：我走上环境艺术设计之路经历了从不自觉到比较有意识的过程。从小在青岛和北京长大，就热爱青岛和北京的环境，从幼儿园开始就喜欢建筑积木和画画，在小学、中学时期，名画家和齐白石弟子培养了我对艺术的爱好，受苏联小说《远离莫斯科的地方》里的建筑师阿克塞形象的影响，后来就决定考建筑系学建筑。大学5年和毕业后从事建筑设计实践及理论研究多年还意识不到建筑的本质是综合的环境科学与环境艺术，直到我读了"建筑师华沙宣言"才幡然醒悟，开始明确了环境艺术意识。特别是研究了贝聿铭的香山饭店的设计哲学，现场体验了方泽坛的设计之后，对环境艺术的特点和内涵有了更深刻的理性认识。

问：在那个年代环境艺术领域的发展状况和所呈现出的面貌是怎样的？

答：前面讲了，我国古代便已达到相当高的环境艺术设计水平，但是后来或很长时间却停留在艺术建筑学阶段或前现代阶段闭关自守，所谓的"适用、经济，在可能的条件下注意美观"，理论和实践上都十分贫乏。20世纪60～70年代的城市、建筑室内外环境的设计仍然停留在形式上、样式、风格等美术观念上。到20世纪80年代初不多的设计师才有明确的环境艺术及环境科学的理念和思路，有了一些高水平的环境艺术设计作品问世。但是，又30年过去了，这种状况似乎改进不很大，仍然可以说我国"环境艺术在十字路口，还没有走上正道"，仍然在沿着美术、工艺美术或构图作建筑设计的老习惯向前滑行。既不重视对现实环境的调查研究，也不重视环境艺术设计后的使用评价和理论研究，就是千方百计赚钱。因此，丑陋建筑在全国各地如乱草丛生，不合格的环境艺术设计不计其数，随处可见。

问：您个人认为环境艺术设计未来的发展方向将会怎样？

答：对此，我寄希望于四个"加强"——加强理论研究，加强跨界合作，加强艺术评论，加强环境意识和生态意识。需要大力普及环境艺术理念，形成对话合作的基

础，实现超专业、跨行业的总体、整体上的合作，建立科学的评价体系，推出真正优秀的环境艺术设计作品和环境艺术理论、评论著作。整理继承和发扬中外古今的环境艺术理论、作品、经验。希望这次环境艺术文献展是好的转折点！

问：最后，请用一句话简要概括什么是环境艺术设计。

答：我认为，环境艺术设计的最大特点在于"两化"——环境的艺术化和艺术的环境化。但是必须明确，这里说的"艺术"不是单纯的art（工艺、美术、艺术），而是environmental art（环境艺术），这里的内涵要大得多，包括丰富的环境科学、环境艺术、环境生态等内容。

最后，我要重复一下我很赞同的8卷《环境艺术丛书》主编多贝尔关于环境艺术的话，他说：环境艺术也被称为环境设计。环境艺术作为一种艺术，它比建筑艺术更巨大，比城市规划更广泛，比工程更富有感情，这是一个重实效的艺术。环境艺术实践与人影响环境的能力，赋予环境视觉次序的努力，以及提高环境质量和装饰水平的能力是密切相关的。

这段话是我从影印（盗版）外文书上翻译过来的，现已流传得很广，几乎与环境艺术沾边的人都知道这段话。但是，十分遗憾的是，至今我还没有见过原书全貌，也未见过相关的汉译，很担心谬误流传。我询问过在美国的朋友，也未找到原书，希望环境艺术界的同仁能对此再下点功夫，如找到原书定会受益匪浅。

以上，便是我应清华大学美术学院副院长苏丹教授要求为环境艺术展提供的一些线索。

——原载《重庆建筑》2012年第10期

中国古代园林学的一部奇书

——从《园冶》谈中国园林对世界园林的贡献

一、体味《园冶》的环境艺术价值

[明]计成的《园冶》真是一本奇书，它不仅仅是园林学的开山之作，而且是当时园林艺术、技术、手法、经验等的集其大成的百科全书式的应用手册，而且还有着极高的文化、美学、建筑学、园林学、文学艺术等多种价值。不同的读者从不同的角度切入都会得到自己的收获。

如金学智先生《〈园冶〉的文学解读》一文（见《苏园品韵录》323～342页）认为：作为艺术之冠的文学，多方渗透于《园冶》一书，其结果则是既升华了该书的理性内涵，又提高了该书的艺术品位，从而对之后的文人写意园的历史发展，产生了深远的诗学影响。《园冶》是"一部值得悉心品赏的不朽文学名著"。

作为专业读者，我则从园林艺术设计是环境艺术设计与环境艺术实践的角度切入，体会到《园冶》的环境艺术设计理论经典著作的价值。

什么是环境艺术？

环境艺术作为一种艺术，它比建筑艺术更巨大，比规划更广泛，比工程更富有感情。这是一种重实效的艺术，早已被传统所瞩目的艺术。环境艺术的实践与人影响周围环境功能的能力，赋予环境视觉次序的能力以及提高人类居住环境质量和装饰的能力是紧密联系在一起的。

这是美国环境艺术理论家多贝尔20世纪70年代为环境艺术下的定义。当我们用这个定义审视《园冶》的设计哲学、理论、技术手法时，便会体味到，中国园林艺术的精髓恰恰是环境艺术理论和环境艺术实践的集成。

环境艺术设计与实践追求的最终目标是什么？

著名的城市设计专家诺伯特—舒尔茨提出的"城市意象"，我国建筑学家梁思成提出的"建筑意"，都是对环境艺术综合效果提出的高层次的目标，追求相应意境。高水平的环境艺术作品（包括园林设计作品），不能不在满足了"艺术的环境化"的前提下，追求"环境的艺术化"，即不但有"境意"，更要有"意境"达到"精神家园"的层次（见《建筑哲学概论》第192页）。《园冶》所倡导的中国古典园林杰作，基本上都是同时实现"艺术的环境化"和"环境的艺术化"的典型。

环境艺术的特点是什么？

环境艺术是人与周围的人类居住环境相互作用的艺术。环境艺术是一种生态艺术、关系艺术、对话艺术和场所艺术（见《建筑哲学概论》第189页），园林艺术完全属于具有这些特点的环境艺术。

距今390年前的计成，在其《园冶》中当然不可能使用这类专业术语，但该书却以不同的语言，异曲同工地论述了环境设计中会遇到的所有关键问题。这里略举几例。

《园冶》卷一开宗明义的"兴造论"的480字，开门见山地强调造园活动中，主持园林设计的人是灵魂，最为重要——"第园筑之主，犹须什九，而用匠什一，何也？园林巧于'因'、'借'，精在'体'、'宜'，愈非匠作可为，亦非主人所能自主者，须求得人，当要节用。"（见《园冶》，中华书局，2011年版，第20页）。

遗憾的是，这一强调设计和设计人重要的忠告，380年后的今天国人尚未认真贯彻，城市、园林、建筑等出现了那么多的山寨版的复制品，那么多的丑陋建筑、园林，甚至整个城市都缺乏很好的设计。

《园冶》卷一的第二篇"园说"也只有480字，强调"虽由人作，宛自天开"。这是典型的生态设计思路，是说明园林设计艺术是生态艺术、关系艺术、对话艺术、场所艺术的古代说法。这篇论述环境艺术设计最终目标的结论中，提出了很高的"五宜"目标——宜借景，宜合用，宜因境而成，宜裁除旧套，宜小筑。这岂止园林设计应当如此，这完全是对宜居环境，包括城市、居住小区、街道等环境共同的标准。这对如今的大拆大建随处可见，造成许多不可挽回的后果的现象，应当是一副清醒剂。

《园冶》卷一的第三篇"相地"也只有300来字，它强调的是造园选址对"相地合宜，构园得体"的重要性。国人在选址上的教训就数不胜数，特别是，曾经贯彻"靠山、近水、扎大营"的方针，不知把多少工厂放到远离原料产地、交通要道、市场的大山里，造成的人力、物力、财力和时间的浪费多大呀！

另外，关于《园冶》中用了那么多文学艺术语言也是有它的道理的。决非像有些人说的，是"故弄玄虚"或者"为使造园绝技秘而不宣"，恰恰是因为园林环境艺术设计的特点，常常要"因境而成""裁除旧套"和需要"从心不从法"等需要。并且，书中四六体骈偶的句式，读起来朗朗上口，言简意赅，又有传神写意之妙。试读"兴造论"对"巧于'因''借'，精在'体''宜'"的阐释：

"因者，随基势高下，体形之端正，碍木删丫，泉流石注，互相借资；宜亭斯亭，宜榭斯榭……斯谓'精而合宜'者也。'借'者：园虽别内外，得景则无拘远近，晴峦耸秀，绀宇凌空；极目所至，俗则屏之，嘉则收之……斯所谓'巧而得体'者也。"

难得金先生在《苏园品韵录》一书中用了10页，分5小节，即：骈偶为主，骈散相间；化理为象，寓神于形；铺排事典，援古证今；叠字连绵，累累为珠；吟咏情志，赋体诗心。共上万个字对《园冶》作文学艺术的解读。

二、中国古代伟大的造园科学家和艺术家

计成是谁？生于万历十年（1582年）的计成，是我国古代伟大的造园科学家和艺术家。如果说中国园林是世界园林之母的话，那么计成应该是名副其实的"中国古典园林之父"，也可称为是"东方园林之父"，在世界3大园林分支中，东方园林与西亚园林、欧洲园林的先祖并驾齐驱。

计成的主要著作是《园冶》，本书完成于明崇祯四年（1627年），出版于崇祯七年（1631年）。造园学学科的"造园"二字即始于《园冶》一书。

可以这样认为，在很大程度上因为《园冶》的问世，因为《园冶》造园理论、思想、手法、技巧的指引，中国园林才有众多后人丰富高超的艺术实践活动成就。因此，纪念计成，研究《园冶》这部经典著作，对于培养中国科学艺术领域未来的领军人物，对于使中国由"制造大国"变成"创新大国"的观念转变，也有着十分现实的意义。

计成是怎样走过自己的人生之路的呢？有人说，计成是厚积薄发、大器晚成的典型，这不无道理。

计成，字无否，号否道人，原籍松陵（今江苏苏州市吴江）同里镇。同里是我国人文荟萃，杰出人物辈出，文化气氛浓郁，勤学苦读成风的物华天宝之地。

计成41岁（1623年）以前，主要是学习文化、绘画和旅行，对于他献身的事业来讲，这是学习、积累、模仿的阶段。定居镇江以后，他开始从事造园活动。

他的主要造园作品有：为江苏武进县人吴玄营造的"东第园"，此园在15亩用地范围内，仿效宋代司马光（1019—1086年，宋代政治家、史学家）的独乐园，此后营造的汪士衡的"寤园"；为郑元勋（1598—1644年，安徽歙县人，进士，诗话才子，与计成为至交）营造的"影园"，为阮大铖造的"石巢园"等是其代表作。

计成此3处园林作品中以影园的影响最大。这是因为：

（1）名人效应的作用——当时政治上、书画界声名显赫的董其昌（1555—1636年）称赞其"以园之柳影、水影、山影而名之也"，还亲笔题额"影园"二字。

（2）有关影园至今留下的历史文献最多，传播甚广，据张薇博士介绍《影园瑶华集》和《影园诗稿》共收入数百首诗文，均对影园景致极尽推崇，从而使其名扬四海、流芳百世。

如：陈肇曾的诗：

> 一水萦回草树繁，行人呼作小桃园。
> 藏烟宿鹭荷千顷，叫月穿鹂柳万屯。
> 种得好花通是圃，生来古木榜为门。
> 广陵绝胜知何处，不说迷楼说影园。

（3）当然，最重要的原因是，影园的造园艺术已经达到造园成就的高峰，它是在计成《园冶》这部造园学经典著作完成后的杰作。

据今人扬州园林处专家吴肇钊先生介绍，影园的成就突出表现在巧于因借、以简寓繁、以少胜多、情景相融、意趣横生等方面。"影园"是计成规划设计并亲自指挥施工的园林作品。该园从选址到总布局、山水经营、植物种植等艺术水平都很高，并且他建议按原样复原。

值得称道的是计成大师德艺双馨。古往今来关心造园的人，特别是关注计成和《园冶》研究的历代专家，对计成的人品众口一词。

重新发现并全力推崇《园冶》，为其注释作出极大贡献的陈植先生，他对计成的评语："计氏工诗，能文善画，好游，好文学、美术、游历，各家特性，集于一身，摩诘诗中有画、画中有诗，而计氏诗、文、画、园可'四绝'。关于造园所作所为，以其有独具只眼，不同凡响。"

今年是《园冶》问世380周年，明年是《园冶》作者计成诞辰430周年。这两者都值得隆重纪念，遂促成此系列文章。

——原载《重庆建筑》2012年第12期

从中国园林是世界园林之母说起

一、纪念钱学森诞辰100周年

今年是当代科学家钱学森先生诞辰100周年。

钱学森先生不仅是一位杰出的科学家，他又是一位百科全书式的思想家。他在多个领域有突出的贡献，本文重点探讨钱学森先生对于园林学有其独到的理论贡献。

钱学森先生对中国园林和中国古建筑情有独钟、持之以恒地关注与研究。

钱学森先生对于中国园林艺术的关注热爱与研究几乎贯穿他的一生。谈到他对中国古代建筑（包括园林）感兴趣，他说，"这说来话长：我自3岁到北京，直到高中毕业离开，1914—1929年，在旧北京呆过15年。中山公园、颐和园、故宫以至明陵都是旧游之地。日常也进出宣武门。北京的胡同更是家居之所，所以对北京的旧建筑很习惯，从而产生感情。"

20世纪70年代钱学森先生游过苏州园林，与同济大学园林学专家陈从周教授有书信交往，更加深了他对中国建筑文化的认识。

早在20世纪50年代，钱学森先生在《人民日报》发表了《不到园林怎知春色如许——谈园林学》的文章，后来又发表了《再谈园林学》等文章。

钱学森先生在园林学方面的主要观念非常明确。

作为科学家钱学森先生从现代科学技术体系的独特角度看待中国园林艺术。

他认为，中国园林艺术很大程度上是属于"前科学"范畴，他主张要建立"园林学"的学科系统。为推动园林学的学科发展，钱学森先生支持中国园林学会这个学术组织的建立，而且十分关心园林学会的学术交流活动。

关于园林艺术的定位，钱学森先生认为园林艺术是中国创立的独特的艺术部门。他说，要明确园林艺术是更高一层的概念，landscape（景观）、Gardening（园艺）、Horticulture（园技）都不等于中国的园林，中国的"园林"，是他们这3个方面的综合，而且是经过扬弃达到更高一级的艺术产物。

在园林的分类和层次上钱学森也有自己的见解。

以往的园林学在园林的分类上，或是按照所在地域把中国园林分成为北方园林、江南园林、巴蜀园林，或是按照园林的使用性质把园林分成为皇家园林、私家园林、寺庙园林、陵寝园林等。

钱学森先生却从科学定量分析的角度，把中国园林概括为6个层次，即：

盆景园林——微型园林。

窗景园林——在室内看出去有"高山流水"之意的景观，整体也只有几米大小。

庭院园林——如苏州、扬州的庭院，小的几十米，大的一二百米范围。

宫苑园林——如北京的北海、圆明园等规模比较大。

风景名胜区——像太湖、黄山那样的风景区，观赏尺度是几十公里。

风景游览区——像美国的所谓国家公园。

这是钱学森先生有别于其他园林学家的独到之处、独到见解。他说，从第一层次的园林到第六层次的园林，从大自然的缩影到大自然的名山大川，空间尺度跨过了六个数量级，但也有共性。从科学理论上讲，都是园林学，都统一于园林艺术的理论中。

钱学森先生对不同层次景观的观赏方式的特征还进行了分析。如，他认为：

第一层次的盆景园林艺术的景观尺度是几十厘米，观赏特征是神游；

第二层次窗景园林艺术的景观尺度是几米，观赏特征是站起来、移步换景；

第三层次庭院园林艺术的景观尺度是几米至几百米，观赏特征是漫步、闲庭信步；

……

第六层次风景游览区的景观尺度则是几百公里，观赏特征是不但设公路，更有直升机等。

钱学森先生建议"城市的总体设计"要"把中国古代园林建筑的方法借鉴过来，让高楼也有台阶，中间布置些高层露天树木花卉，不要让高楼中人，向外一望，只见一片灰黄……把古代帝王享受的建筑、园林，让现代中国的居民百姓也享受到。这也是苏扬一家一户园林的建筑的扩大，是皇家园林的提高"。

钱学森先生有关把整个城市建成一座超大型园林——山水城市的未来城市发展模式的构想，在国内外引起极大反响。

2010年出版的《世界园林史》（中文版）作者汤姆·特纳（Tom Turner）有关Landscape Achitecture 的卓见与对策，他说（该书第29页）：

"现在，Landscape Achitecture是一个被国际认同的代表这些技能的行业名称。

它的采用致使园林设计和Landscape Achitecture相分离，这给两者都带来重大的损害。……在我的工作所在地格林尼治大学，我们通过设置Landscape Achitecture和花园设计两个平行的学位，试图在教育层面上弥补这种裂痕。前者侧重于开放空间和公共项目，后者侧重于围合空间和私人项目。技术和理论是公众的。"

笔者把钱学森先生对于园林学的理论贡献归纳为：

（1）界定了中国园林艺术的概念；

（2）提出了中国园林是与建筑学有同等地位的一门美术学科；

（3）提出了定性、定量研究园林学，分析园林空间的方法；

（4）论证了中国园林是中国创立的独特的艺术部门；

（5）界定了建筑学与园林学两个学科的类似与区别；

（6）提出了把整个城市建成一座超大型园林——山水城市的未来城市发展模式。

钱学森先生关于园林学理论的贡献，是中国园林学理论史上的丰碑。那么，钱学森先生有关园林学的论述，则是把园林学纳入现代科学技术体系的杠杆，是对当代中国园林学理论建设作出的里程碑贡献。

2. 体味《园冶》的环境艺术价值

［明］计成的《园冶》真是一本奇书，它不仅仅是园林学的开山之作，还是当时园林艺术、技术、手法、经验等的集其大成的百科全书式的应用手册，而且还有着极高的文化、美学、建筑学、园林学、文学艺术等多种价值。不同的读者从不同的角度切入都会得到自己的收获。

如金学智先生《〈园冶〉的文学解读》一文（见《苏园品韵录》323～342页）认为：作为艺术之冠的文学，多方渗透于《园冶》一书，其结果则是既升华了该书的理性内涵，又提高了该书的艺术品位，从而对尔后的文人写意园的历史发展，产生了深远的诗学影响。《园冶》是"一部值得悉心品赏的不朽文学名著"。

作为专业读者，我则从园林艺术设计是环境艺术设计与环境艺术实践的角度切入，体会到《园冶》作为环境艺术设计理论经典著作的价值。

什么是环境艺术？

环境艺术作为一种艺术，它比建筑艺术更巨大，比规划更广泛，比工程更富有感情。这是一种重实效的艺术，早已被传统所瞩目的艺术。环境艺术的实践与人影响周围环境功能的能力，赋予环境视觉次序的能力以及提高人类居住环境质量和装饰的能

力是紧密联系在一起的。（Richard P.dober语，见拙著《建筑哲学概论》第189页）

这是美国环境艺术理论家多贝尔20世纪70年代为环境艺术下的定义，当我们用这个定义审视《园冶》的设计哲学、理论、技术手法时，便会体味到，中国园林艺术的精髓恰恰是环境艺术理论和环境艺术实践的集成。

环境艺术设计与实践追求的最终目标是什么？

著名的城市设计专家诺伯特—舒尔茨提出的"城市意象"，我国建筑学家梁思成提出的"建筑意"，都是对环境艺术综合效果提出的高层次的目标，追求相应意境。高水平的环境艺术作品（包括园林设计作品），不能不在满足了"艺术的环境化"的前提下，追求"环境的艺术化"，即不但有"境意"更要有"意境"，达到"精神家园"的层次。（见《建筑哲学概论》第192页）《园冶》所倡导的中国古典园林杰作，基本上都是同时实现"艺术的环境化"和"环境的艺术化"的典型。

环境艺术的特点是什么？

环境艺术是人与周围的人类居住环境相互作用的艺术。环境艺术是一种生态艺术、关系艺术、对话艺术和场所艺术。（见《建筑哲学概论》第189页）园林艺术完全属于具有这些特点的环境艺术。

距今390年前的计成，在其《园冶》中当然不可能使用这类专业术语，但该书却以不同的语言，异曲同工地论述了环境设计中会遇到的所有关键问题。这里略举几例。

《园冶》卷一开宗明义的"兴造论"的480字，开门见山地强调造园活动中，主持园林设计的人是灵魂，最为重要："第园筑之主，犹须什九，而用匠什一，何也？园林巧于'因''借'，精在'体''宜'，愈非匠作可为，亦非主人所能自主者，须求得人，当要节用。"（见《园冶》，中华书局2011年版，第20页）

遗憾的是，这一强调设计和设计人重要的忠告，380年后的今天国人尚未认真贯彻，城市、园林、建筑等出现了那么多的山寨版的复制品，那么多的丑陋建筑、园林甚至整个城市都缺乏很好的设计。

《园冶》卷一的第二篇"园说"也只有480字，强调"虽由人作，宛自天开"。这是典型的生态设计思路，是说明园林设计艺术是生态艺术、关系艺术、对话艺术、场所艺术古代说法。这篇论述环境艺术设计最终目标的结论中，提出了很高的"五宜"目标——宜借景，宜合用，宜因境而成，宜裁除旧套，宜小筑。这岂止园林设计应当如此，这完全是对宜居环境，包括城市、居住小区、街道等环境共同的标准。这对如今的大拆大建随处可见，造成许多不可挽回的后果的现象，应当是一副清醒剂。

《园冶》卷一的第三篇"相地"也只有300来字，它强调的是造园选址对"相地合宜，构园得体"的重要性。国人在选址上的教训就数不胜数，特别是，曾经贯彻"靠山、近水、扎大营"的方针，不知把多少工厂放到远离原料产地、交通要道，远离市场的大山里，造成的人力、物力、财力和时间的浪费多大呀！

另外，关于《园冶》中用了那么多文学艺术语言也是有它的道理的。决非像有些人说的，是"故弄玄虚"或者"为使造园绝技秘而不宣"，恰恰是因为园林环境艺术设计的特点，常常要"因境而成"、"裁除旧套"和需要"从心不从法"等需要。并且，书中四六体骈偶的句式，读起来朗朗上口，言简意赅，又有传神写意之妙。试读"兴造论"对"巧于'因''借'，精在'体''宜'"的阐释：

> "因者，随基势高下，体形之端正，碍木删丫，泉流石注，互相借资；宜亭斯亭，宜榭斯榭……斯谓"精而合宜"者也。'借'者：园虽别内外，得景则无拘远近，晴峦耸秀，绀宇凌空；极目所至，俗则屏之，嘉则收之……斯所谓'巧而得体'者也。"

难得金先生在《苏园品韵录》一书中用了10页，分5小节，即：骈偶为主，骈散相间；化理为象，寓神于形；铺排事典，援古证今；叠字连绵，累累为珠；吟咏情志，赋体诗心。共上万个字对《园冶》作文学艺术的解读。

——原载《建筑与环境》2011年第6期

《园冶》所展示的设计思维特征

　　城市规划、园林设计、建筑设计均是设计师思想生成思维产品的过程，是设计师对设计对象（城市、园林或建筑等）的设想、计划、构思、构图以及使这些变成建成建筑或园林的过程。而不是只讨论设计的手法、风格、形式美等表层问题。

　　明代《园冶》作者计成的设计思维特征，说明这一问题的重要性。

　　《园冶》是一部国际园林界公认最早的世界园林史上奠基的学术专著。全书具有独特的中国思维特征。

　　"兴造论"以因、借、体、宜、主、费这"6字真言"，概括了作者的造园设计思维哲学理念。是《园冶》一书的总纲。该篇仅用460字，极为精炼地阐明园林设计哲学的核心理念和方法论。

　　为突现"能主之人"（即能主持设计的人）"的重要性，兴造论采用了"五问五答"的结构。

　　问：独不闻三分匠、七分主人之谚乎？

　　译文：当今兴造诸事全凭工匠作主，难道没听过"三分匠，七分主人"的谚语吗？

　　问：古公输巧、陆云精艺，其人岂执斧斤者哉？

　　译文：精通技艺的古人鲁班、陆云怎么会是只能干体力活的人呢？

　　问：假如基地偏缺……为进多少？

　　译文：当地基不规整时，何必强求方正，要受三间、五间进数的限制呢？

　　问：第园筑之主，犹须什九，而用匠什一，何也？

　　译文：所谓"七分主人"在造园师哪里变成九分，匠人的作用仅占一分，这道理是什么？

　　问：即有后起之输、云，何传于世？

　　译文：既是有鲁班、陆云一样的后起之秀，没有理论著作如何传世？

　　这五问及其五答，均围绕着"能主之人"这个核心，强调"主"这个字的首要性。将"以人为本"、"使用的人"、"能主之人"（即能主持设计的人）提到首要高度。另外的"体、宜、因、借、费"五个字中的哪一个字，都离不开"能主之人"。

《园冶》全书3卷共14500字。这里对《园冶》7个章节内容在思维走向上的位置和特征作些分析。

我以为《园冶》7个章节的设计思维特征有如下几点：

（1）兴造论（460字）：提炼出言简意赅的"六字真言"——"体、宜、因、借、主、费"这是在强调要"入境"。

（2）图说（460字）：是进入"物境"（游四时、山水、室内外）、"画境"、"悟境"的过程，其结论是"随宜合用""因境而成""裁出旧套""小筑允宜"——这460个字已决定设计思路的走向并开始立意（除旧、小筑）。

（3）相地（300字）：具体考量"物境"的方向、高低，实现"涉门成趣""得景随形"。

（4）立基（240字）：具体决定"物境"的布局、内容、细部做法（如整地、理水、堆山、编篱、房廊等），把握"平芜眺远""乔岳瞻遥""高阜可培""低方宜挖"等原则。

（5）屋宇（320字）：进入"意境"、"仙境"阶段，力求达到房屋内外环境"境仿瀛湖，天然图画，意尽林泉之癖，乐余园圃之间"的意境。

（6）装折（300字）：要求细部处理，最终要做到"构合时宜，式征清赏"（构图能合乎时代的特点使用要求，样式又不流于俗套）。

（7）借景（560字）：强调"借景"是创造"意境""仙境"的"最要者"（关键环节）。强调要"因借无由，触景俱是"，"构园无格，借景有因"，达到"虽由人作，宛自天开"的境界，其思路——"远借、仰借、俯借、应时而借"。

从以上7个章节的分析可以看到，《园冶》从入境思维到出境思维的全过程，《园冶》的思维特征就不言自明了。笔者用32个字概括：

哲思引路、循序渐进、以实带虚、以古鉴今、裁除旧套、文图并重、删繁就简、深入浅出。

《园冶》的理论精华还集中体现在书中反复出现的"体、宜、因、借、主、费"这"六字，故称其为"六字真言"。

不少人往往将"体、宜、因、借"四个字仅仅看成是具体设计手法、技巧的论述，这是对《园冶》的误读。

关于"体、宜、因、借"这四个字，在设计思维中的作用，计成在"兴造论"中用129个字说明：

> "因"者：随基势之高下，体形之端正，碍木删亚，泉流石注，互相借资；宜亭斯亭，宜榭斯榭不妨偏径，顿致婉转，斯所谓"精而合宜"者也。
>
> "借"者：园虽别内外，得景则无拘远近，晴峦耸秀，绀宇凌空，极目所至，俗则屏之，佳则收之，不分町疃，尽为烟景，斯所谓"巧而得体"者也。

计成强调，"因"与"宜"、"借"与"体"都是因果关系，"因"要达到"精而合宜"，"借"要做到"巧而得体"。"因""借"是思维的起点，"体""宜"是思维及操作的目的和追求的结果。

"费"强调的是，在重视前五个字同时，不要"惜费"：也可理解为该出手时即出手，不能怕"耗时、费力、费工、费材料……"。

在随后的章节中也可以体会到这六个字的价值。

"园说"中，讲"景到随机"——是因景而为"在涧修兰芷"。设计中要做到"虽由人作，宛自天开"——也是因果链。结尾"大观不足，小筑允宜"又是因果关系。

"相地"中的"得景随形"——指出形随景（因景定形）需灵活处理，要"相地合宜，构园得体"。

"立基"中，"定厅堂为主，先乎取景，妙在朝南"——指出前因，明确先要做的事。

"屋宇"中的"方向随宜"，指出为符合设计构思"要"探奇"与"常套俱裁"。

"装折"中的"如端方中须寻曲折，到曲折处还定端方，相间得宜"是对装折合宜的经验之谈。强调"构合时宜，式征清赏"。

"借景"中，开门见山强调"构园无格，借景有因"，重述"因"与"借"的因果关系以及构园无格，即要因、借、体、宜，要"随"。"随"和"因"是意同字异的表达。最后的"应时而借"处的"应"和"因"也是意同字异的表达。

"六字真言"具有中国思维特征、是当今说的学术理论哲思警语。

我们应该如何思维？

借鉴《园冶》的思想，建筑师设计师的科学思维走向，可以分为三个大台阶，即有效思维，创造思维、超越思维。

《园冶》的设计思维和写作的三个境界——有效思维、创造思维、超越思维。

《园冶》的设计的"有效思维"，首先体现在它的"入境式思维"。在入境后则边勘查，边体验，边思考立意，开始进行"有效思维"，而"立基"、"屋宇"、"装折"等体验、思考、借景、立意，经过创造思维进入跨越思维，完成园林艺术杰作。

所谓的"跨越思维"用《园冶》的话说就是在设计和建造物境过程中追求意境的形成，达到明代学者文震亨提出的"三忘境界"——使居之者忘老，寓之者忘归，游之者忘倦，达到这样"超越思维"境界。

计成无论在园林设计、《园冶》写作和解读他所最喜欢的关仝、荆浩大作时，都是从"有效思维"的"入境"开始。

可以说，《园冶》思路是经历了物境（基地境、山水境、四时境、室内外景）、画境、悟境、意境、仙境（名人境），"五境"，最后，到"哲境"（出境）的过程。"6字真言"应该是最后完成的哲学层次思考的结论。

"潜园"画中游——《画谈潜园》读纪

　　潜园是坐落在德国鲁尔大学植物园内的一座中国古典园林式的庭园，建成于1990年。该园的设计构思充满了《桃花源记》中诗意栖居的理想，既有优美的文学意境，又有现代感的庭园艺术，充分体现了中国文化和中国哲学的美。

一、《画谈潜园》与我的缘分

　　《画谈潜园》为潜园设计者张振山教授所著，该书所述均系作者亲力亲为，它是真实的，也是珍贵的。

　　潜园也是我的故知。当年曾从文字和照片上欣赏过它既脱古又创新的倩影，几年前我去欧洲时还想去探望它，却因故失之交臂，深感遗憾。

　　前几天竟意外地收到张教授惠赠的《画谈潜园》。

　　我看到25年即四分之一世纪后的潜园保护良好，非常具有活力，完全不像国内有些也是25龄建筑物那垂垂老矣的样子。

　　而且，25年来德国朋友对潜园的热情一直不减当年，他们又再次邀请张振山教授赴德筹划潜园的二期工程。

　　书中旁征博引、图文并茂、深入浅出地融入了许多有趣的故事，这一切大大提高了《画谈潜园》的可读性、可视性。

二、立意恰当是成败的关键

　　德国建筑大师科劳斯·科斯通先生一语点破，道出了潜园设计成功的奥秘，他说：

　　　　"这个地道的中国古典园林中，很自然地融入了一些德国元素，使我更有了亲切感！"

　　　　"在一个小小天地中，能借助诗意寄情于过去的历史空间，我体会这应该是中国园林的美，中国文化、中国哲学的美。"

设计成功的出路取决于恰当的思路。在鲁尔大学高楼林立、众多现代建筑群之中，只有"一亩三分地"（37米×25米）的潜园以何为题立意是设计成败的关键。

潜园巧妙地借助了文学经典《桃花源记》中形象丰富的文化内涵和具有普世价值的美学力量。这一立意不仅为设计提供了思想依据，增添了故事性，而且给使用者更深层次的美的享受。用"潜园"二字命名，也名副其实。

而使用者——鲁尔大学东亚系，是中外汉学家聚集的场所。他们通汉语，善诗词，懂戏曲，张教授也因此有"他乡遇故知"的感觉，在知音众多的文化环境之中，此立意得以实现。其实，设计和建造过程内外的争论也不少，如建议摆上中国石狮子、金鱼缸或在20米白墙上做花窗等，设计师认为这些不符合《桃花源记》也就作罢了。试想，如果在国内很可能则是另一种结局。

还值得一提的是，德国施工公司对建筑艺术作品一丝不苟、严格认真的精神。在进行石头基础施工时，他们竟然将手绘的石头组合的图纸，按照1:1的实际尺寸放大，由工厂逐块切割，逐个编号，再运到现场"对号入座"。

因此，25年来潜园不仅成为周边城市居民经常造访的旅游点，也是青年学生散步与交谈的理想场地，是德国学术活动和艺术聚会的"香格里拉"，潜园真正被德国民众视为珍宝！

三、园冶理论和手法对潜园的影响

《园冶》是我国造园名著之一，系明崇祯时苏州吴江计成总结造园经验写成，共3卷。其中兴造论、园说、相地、借景等篇，对于造园的理论和技术，都有详细阐述，被公认为世界园林史上第一部园林学理论专著。

潜园的设计成功，再一次证实了以《园冶》为代表的中国古典园林设计者的设计理论和设计手法具有长久的生命力。

园林和建筑一样，归根到底是表现一种文化，是运用工程技术，以艺术手段来演示的一种文化现象，而两者相比，其文化属性园林更甚。

《画谈潜园》或许可以作为《园冶读本》的补充读物。如果说《园冶读本》是诗意栖居的入门教材，那么是否也可以说，《画谈潜园》是中国传统优秀园林现代版的一个例子呢？这一实践经历了25年的检验，它确实提供了许多可以借鉴的宝贵经验。

书中多处可以见其踪迹。

"即兴小景"一节中，作者深有体会讲，园林不单要靠设计，也需要靠"经营"。

经营的好方可"点石成金"。缘此，他不同意把这里的主人仅仅解读为"设计人"，他认为"设计人只能算半个主人"。中国园林自古以来，使用者在长期享用的过程中反复斟酌，不断改动，日臻完善，逐渐形成了享誉中外的园林瑰宝。这是一个长期的过程，设计人岂能包揽全局？

"亦石亦画"一节中，作者认为，这里表达出一种语言，会给人远近不同的感受。游人至此看到的是山石与粉墙的相互交错，建筑与自然的彼此汇融。借助《园冶》中的话："峭壁山者，靠壁理也，借以粉壁为纸，以石为绘也。"

"妙在因借"一节中，作者谈到，《园冶》首创"因借"理念和手法是世界园林史上的一大贡献。《园冶》一书出于明代，但此前在先人的诗歌中都有借景的含意和雏形，如陶渊明的"采菊东篱下，悠然见南山"，李白的"举杯邀明月，对影成三人"等。《园冶》总结前人的诗歌和造园实践形成的设计理论更应称其为"妙。"

四、设计师在建筑实践中应成为合格的编剧和导游

潜园的设计以《桃花源记》为依据的蓝本，这一路线图，大大减轻了设计师的负担，使设计有了出路。

全园总的结构布局分三部分：

（1）中间部分是园林的主体，小院之内占地1亩（约666.7平方米），园内以水面居中，游廊、厅舍与自然山岩参差围合，环水面而建；

（2）主院以南是入口的前奏，它由进厅、大门、长墙组合而成。这部分是园林内外的过渡景观；

（3）主院北侧是二期，待建，拟辟为中国茶室。

作者的导游目录依次是：

序曲——20米长的大墙和水池西北端影壁。

入口——从东入口通过石板桥到达潜园正门，步入进厅。

升堂入室——看到进厅的匾额和楹联。

拐入游廊——可以见到屋舍俨然、主厅参差、砖雕似古。

进入幽境——看到即兴小景和野渡。

从"草棚风雨"开始，设计师进入"编剧"人角色，对景点细部和构思手法等都进行了解读。这里我们更容易理解设计者多处创新的深意，如"草棚风雨"追求表达北方园林的雄野，显示出两种不同文化交融后达到认同的过程，如"亦石亦画"现场

即兴的创新，又如"风月亭记"讲因柱子直径粗细的确定导致出现五角亭，形成挺拔俊秀的建筑造型，"学术乐园"显示了使用者乐在其中的盛况。

　　总之，在设计师是称职的编剧和导游的情况下，方能使园主和游人得到眼、耳、鼻、舌、身、心——"全频道"享用。

　　最后我要说的是，张振山教授的书体现了他令人尊敬的为人处事风格，他尊重合作者，这也是他能够和各类各方人才精诚合作的原因。

——原载《中国园林》2014年第7期

钱学森与中国园林学理论

——纪念钱学森诞辰100周年

今年是当代科学家钱学森先生诞辰100周年。钱学森先生不仅是一位杰出的科学家，他还是一位百科全书式的思想家。他在多个领域有突出的贡献，本文重点探讨钱学森先生对于园林学独到的理论贡献。

钱学森先生对中国园林和中国古建筑情有独钟并持之以恒地关注与研究。钱学森先生对于中国园林艺术的关注热爱与研究几乎贯穿了他的一生。谈到他对中国古代建筑（包括园林）的兴趣，他说："这说来话长，我自3岁到北京，直到高中毕业离开，从1914年到1929年，在旧北京呆过15年。中山公园、颐和园、故宫以至明陵都是旧游之地。日常也进出宣武门。北京的胡同更是家居之所，所以对北京的旧建筑很习惯，从而产生感情。"

早在20世纪50年代，钱学森先生在《人民日报》发表了《不到园林怎知春色如许——谈园林学》的文章，后来又发表了《再谈园林学》等文章。

20世纪70年代钱学森先生游过苏州园林，与同济大学园林学专家陈从周教授有书信交往，更加深了他对中国建筑文化的认识。

钱学森先生在园林学方面的主要观点非常明确。作为科学家的钱学森先生从现代科学技术体系的独特角度看待中国园林艺术。他认为，中国园林艺术很大程度上是属于"前科学"范畴，他主张要建立"园林学"的学科系统。为推动园林学的学科发展，钱学森先生支持中国园林学会这个学术组织的建立，而且十分关心园林学会的学术交流活动。

关于园林艺术的定位，钱学森先生认为园林艺术是中国创立的独特的艺术部门。在园林的分类和层次上钱学森有自己的见解。以往的园林学在园林的分类上，或是按照所在地域把中国园林分成为北方园林、江南园林、巴蜀园林，或是按照园林的使用性质把园林分成为皇家园林、私家园林、寺庙园林、陵寝园林等。钱学森先生却从科学定量分析的角度，把中国园林概括为六个层次，即：

（1）盆景园林——微型园林。

（2）窗景园林——在室内看出去有"高山流水"之意的景观，整体也只有几米大小。

（3）庭院园林——如苏州、扬州的庭院，小的几十米，大的一二百米。

（4）宫苑园林——如北京的北海、圆明园等，规模比较大。

（5）风景名胜区——像太湖、黄山那样的风景区，观赏尺度是几十公里；

（6）风景游览区——像美国的国家公园。

这是钱学森先生有别于其他园林学家的独到之处、独到见解。他说，从第一层次的园林到第六层次的园林，从大自然的缩影到大自然的名山大川，空间尺度跨过了6个数量级，同时也有共性。从科学理论上讲，都是园林学，都统一于园林艺术的理论中。

钱学森先生对不同层次景观的观赏方式的特征还进行了分析。他认为：

第一层次的盆景园林艺术的景观尺度是几十厘米，观赏特征是神游；

第二层次的窗景园林艺术的景观尺度是几米，观赏特征是站起来、移步换景；

第三层次的庭院园林艺术的景观尺度是几米到几百米，观赏特征是漫步、闲庭信步

……

第六层次风景游览区的景观尺度则是几百公里，观赏特征是不但设公路，更有直升机等。

钱学森先生建议，"城市的总体设计"要"把中国古代园林建筑的方法借鉴过来，让高楼也有台阶，中间布置些高层露天树木花卉，不要让高楼中人，向外一望只见一片灰黄……把古代帝王享受的建筑、园林，让现代中国的居民百姓也享受到。这也是苏扬一家一户园林建筑的扩大，是皇家园林的提高。"

钱学森先生有关把整个城市建成一座超大型园林——山水城市的未来城市发展模式的构想，在国内外引起极大反响。

2010年出版的《世界园林史》（中文版）作者汤姆·特纳（Tom Turner）有关于风景园林的卓见与对策，他说："现在，风景园林是一个被国际认同的代表这些技能的行业名称。它的采用致使园林设计和风景园林相分离，这给两者都带来重大的损害……在我的工作所在地格林尼治大学，我们通过设置风景园林和花园设计两个平行的学位，试图在教育层面上弥补这种裂痕。前者侧重于开放空间和公共项目，后者侧重于围合空间和私人项目。技术和理论是公共的。"

特纳先生的这段话，让笔者想起1983年钱学森先生有关"园林艺术是我国创立的独特艺术部门"的论述中所强调的内容，他说：要明确园林和园林艺术是更高一层的概念，景观、园艺、园技都不等同于中国的园林，中国的"园林"是它们三个方面的综合，而且是经过扬弃，达到更高一级的艺术产物。

笔者把钱学森先生对于园林学的理论贡献归纳为：

（1）界定了中国园林艺术的概念；

（2）提出了中国园林是与建筑学有同等地位的一门美术学科；

（3）提出了定性、定量研究园林学、分析园林空间的方法；

（4）论证了中国园林是中国创立的独特的艺术部门；

（5）界定了建筑学与园林学两个学科的类似与区别；

（6）提出了把整个城市建成一座超大型园林——山水城市的未来城市发展模式。

钱学森先生关于园林学理论的贡献，是中国园林学理论史上的丰碑。那么，钱学森先生有关园林学的论述，则是把园林学纳入现代科学技术体系的杠杆，是对当代中国园林学理论建设作出的里程碑贡献。

——原载《中国建设报》2011年11月21日

试析孟氏六边形借景理法

最需要传承和创新的中国优秀的园林艺术文化传统是《园冶》所表述的设计哲理和设计思维，即对天地人和谐美好境界、诗意栖居境界的不懈追求，不仅在于具体的设计手法、材料、技术、模式等方面的传承和创新。

最能体现中国建筑文化精神的是中国园林，它具有"华夏意匠"的群体建筑精神。在世界上，中国建筑因为群体合成水平之高而异彩纷呈。

最能体现中国园林文化成就的就是"借景"。它是中国园林设计构成中的灵魂。它是最能体现中国人习惯、生活，即追求"诗意栖居"的华夏意匠。中国未来建筑的道路应当走中国的路，与欧美不同。如高层建筑要到美国去看，而基本的东西要看中国习惯、生活。

孟氏六边形借景理法是孟氏园林学术思想的精华之一。它让我们眼睛一亮，思路贯通。明白学"借景"的本意在于学会"凭借什么造景"，即学习造景理法。正如孟兆祯院士辛卯冬日诗中所言："相地借景彰地道，人与天调美若仙。"

一、孟氏六边形借景理法对《园冶》借景理论的发展

《园冶》是世界园林史上第一部系统总结造园经验的理论专著，为园林学理论的形成作出了奠基式的贡献，而书中的借景理论更独具中国特色，其"远借"、"邻借"、"俯借"、"应时而借"等借景手法就曾被古今中外造园者广泛运用。

然而，由于400多年的时空距离，今人阅读时往往感到其文字艰涩难懂，而且由于其表达叙述方式与当前的园林设计教材迥异，也使今人往往对其"物情所逗，目寄心期，似意在笔先"等丰富深刻的内容不能充分理解和重视，这些严重影响了《园冶》研究的进展速度和研究深度。

孟院士的借景理法理论，我将其称之为"孟氏六边形借景理法"，它的雏形来源于《园冶》。难能可贵的是，孟院士在对《园冶》相关的论述进行了由表及里、由浅入深的探索后，孟院士结合自己多年从事园林设计的实践经验，从中提炼出"立意""相地""问名""借景""布局""理微""余韵"7个术语关键词，建立了孟氏中

国园林设计理法序列。这7个关键词中，"借景"和"相地"是"园冶"书中原有的词，其他几个关键词为孟院士的提炼和发展。

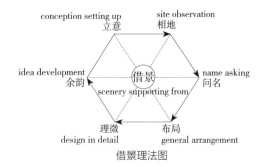

借景理法图

从孟院士绘制的借景理法图中看到，图中既体现了计成"夫借景，林园之最要者也"的原有精神，又发展为将"借景"（scenery supporting from）这一关键词的位置加以变化，即将"借景"设置在六边形中心位置，形成了以"借景"为中心的放射性正六边形借景理法图。

这一改变在借景理论中具有非凡的意义，我将其试析如下。

该六边形的六个交点的意义分别是：

"立意"（conception），体现"意在笔先"的原则；

"相地"（site observation），体现"目寄心期"地开发风景新源；

"问名"（name asking）、"布局"（general arrangement）、"理微"（design in detail）、"余韵"（idea development），体现在"物情所逗，目寄心期，似意在笔先"的大背景下，逐步达到借景立意的目标和境界。

这几个术语概念的关键词——"立意""相地""问名""布局""理微""余韵"是前后动态相连的状态，它形象地反映出借景设计的全过程。"巧于因借，精在体宜"，在这句话里，"因、借、体、宜"四个字的互为因果关系在图中已显示清楚。

标示出"理微""余韵"与作为中心的"借景"呼应，是为了让人明白"理微""余韵"在造园设计全程中的重要性，以及它们与"借景"互为因果的关系，隐含着"主""费"二字与"借景"也有着互为因果的关系。该图全面地反映出《园冶》六字真言（体、宜、因、借、人、费）的内涵。"孟氏借景理法"源于《园冶》，高于《园冶》，是孟院士对中国园林学的重要贡献。

二、孟氏六边形借景理法的理论意义

我将它归纳为以下四点：

（1）发展与深化了《园冶》的借景理论，准确地显示出造园设计全程中"借景"与"立意""相地""问名""布局""理微""余韵"这6个环节之间互为因果的互动关系。

不仅把《园冶》中所谓"巧于因借，精在体宜"这句话里"因、借、体、宜"

四个字的互为因果的关系显示清楚，而且还增添了"理微""余韵"环节与"借景"的相互呼应关系，因为用的是现代学术语言，使人们更容易走近《园冶》的借景理论。

（2）在标明"立意""相地""问名""余韵""布局""理微"与"借景"互为因果关系时，也隐含着"主""费"二字与"借景"互为因果的关系。该理法全面地反映出《园冶》"六字真言"，直观地说明了为什么计成强调"夫借景，林园之最要者也"！这也是笔者称其为园心雕龙之作的原因。

（3）建立了中国园林设计理法的术语观念体系和借景设计链。

（4）再次突显了借景在园林设计里的中心重要地位。

三、孟氏六边形借景理法与思维范畴

孟氏六边形借景理法的借景三大特点与思维范畴之关系，我将其归纳为：①"借景随机"——有效思维；②"借景无由，触情皆是"——创造思维；③"臆绝灵奇"是借景最高境界——跨越思维。

"随机""触情""意绝"这三者均属于思维范畴，它们分别属于有效思维、创造思维和跨越思维不同的三大台阶。

"随机""触情""意绝"三大特点的借景手法，正是中国园林能成为独秀于世界园林的"园林之母"的重要原因，这也是中国园林设计选定"入境式"设计的决定因素——设计者必须参与策划、规划、设计、施工、使用、管理的全过程，才可能达到"意绝灵奇"的境界。

国外建筑设计大师也都是十分重视设计"入境"，如美国现代和后现代建筑大师菲利浦·约翰逊在回答人们问他的建筑创作从哪里开始时，他回答：footprint——从脚底板开始！这不就是《园冶》所说的"相地"开始吗？

孟院士的六边形借景理法中强调"随机""触情""臆绝"这三大特点，突显出其本土化、个性化和共享化特色，在中国园林设计中十分值得重视。

——原载《风景园林》2014年第3期

夏昌世与《园冶》
——重读《园林述要》和《岭南庭园》

笔者日前重读夏先生夏昌世教授的两部大作——《园林述要》《岭南庭园》，受益良多，遂成此文，纪念前辈的重要贡献。

夏昌世者何人？

广州人，1905年5月生于华侨工程师家庭。1928年于德国建筑学毕业后即在德国建筑公司任职。1932年于德国获艺术史博士学位后归国。先后在南京铁道部、交通部任职，在国立艺专、同济大学、中央大学、重庆大学、中山大学任教授，1952年始任华南工学院教授。1973年移居德国弗赖堡。1994年在弗赖堡仙逝。生前主要设计作品有广州文化公园水产馆、鼎湖山教工休养所和华南工学院、中山医学院等。中山医学院获中国建筑学会40周年颁布的优秀建筑创作奖。著作《岭南庭园》、《园林述要》和有关建筑设计、建筑理论、园林设计理论等多篇论文。

《园冶》是一本奇书。为我国明代学者、园林家计成所著，被世人认为是园林学最早的理论著作，而且是当时园林艺术、技术、手法、经验等的集大成的百科全书式的应用手册，有着极高的文学艺术、美学、建筑学、园林学等价值。不同的读者从不同的角度切入，都会得到自己的收获。夏先生作为建筑学家和园林学家熟读《园冶》原著，并对体现《园冶》设计思想和手法的古典园林深入调查，多有他独特的体验和精辟的见解，加之能运用现代科学语言阐述，让读者对《园冶》设计思想和手法加深理解和实践。

一、《园林述要》——《园冶》现代版续编

《园林述要》是夏公可以传世的著作。笔者无缘当面向夏公请教，但在《园林述要》的学习中受益匪浅，感觉此书颇有《园冶》现代版续编的意味，通过此文与同好

交流共勉，共赏此书精华并学习夏先生的治学精神与方法。

该书8章。依次是造园既往概略，园林的类型，园林布局，景物与视觉及空间过渡，设景组景的意匠、南北造园风格及其特点，《园冶》及南巡对造园的影响、南巡及仿制各园，并附有42处名园图录和32种文献举略。从章节安排上可以体会到作者力求全面，并兼顾形成少而精的内容结构。

此书中第7章有一段夏公论《园冶》的话："造园一词见之文献，也以该书（指《园冶》）为最早。""但仍是当日的条件问题；盖园林规划全由主人决定却不通诀窍；而实际操作则为工匠，虽胸有丘壑，惜不识一丁，难为文以传。若非计成、李渔等人精通其技，能诗善画又富于实践经验、著书立说，则悠久的园林造诣将失传，而更无从谈发扬了！"夏老对计成《园冶》承前启后作用的赞扬和对传统园林造诣失传的担忧溢于言表。

夏公认为，"米万钟的勺园处理与《园冶》的立论无甚二致"，故援引《园冶》的理论阐述勺园各景区的布置情况，分析入口景区、内门景区、池塘主景区，后园景区色空天。无疑，这种案例解读有助于读者加深对园冶理论的理解，也可以视为对园冶理论精华的继承和弘扬之举。

该书不愧"述要"二字，如此丰富的内容仅用170页篇幅。难能可贵的是，此书有以下几个特点：

（1）雅俗共赏，好懂易读。内涵丰富的园林学理论手法，经夏老深入浅出的论述和个案实例的分析，既有可读性又有可视性。

（2）灵活运用《园冶》的设计理念和手法分析实例。有助于人们对《园冶》这部园林学经典著作正确理解。如第28页，论及园林布局时，不仅引《园冶》关于立基的论述"凡布置庭园，先定厅堂位置，注意取景，以向南为宜……"的先乎取景的布局主张，还补充沈复"大中见小、小中见大、虚中有实、实中有虚、或藏或露、或浅或深"的手法，又加上李渔主张按"丈山尺树、寸马豆人"山水画要诀，做到主题突出、主次分明效果，都属画龙点睛之笔，给人印象十分深刻。

（3）专设"南北造园风格及其特点"一章。这是该书厚积薄发的突出亮点。早在20世纪30年代，夏昌世先生就曾与梁思成、刘敦桢、卢奉璋先生一起，考察江南一带的私家园林。20世纪50—60年代继续深入调查研究，并率先开展了岭南庭园的研究工作，还有研究风景园林专著问世的优势，使此章论述具有相当的权威性和启发性。

《园冶》强调"构园无格"，并非不重视风格问题。是主张"相地合宜，构园得体"的风格、"因境而成，裁出旧套"的风格、"境仿瀛壶，天然图画"的风格、"借景有因"的风格。"趋雅避俗"的风格。总之，没有定格，不能"千篇一律"而要"丰富多彩"多元化风格。为体现《园冶》的风格精神，书中先后以江南园6例——留园、壶园、鹤园、苏州圃园、退思园、瘦西湖，北方园林4例——北京1处、潍坊1处、大明湖、趵突泉，岭南四大名园和潮州一些小园——群星草堂、余荫山房、清晖园、可园及潮阳城西萧宅的西园、西塘、雁山园等7个夏公深入调查过的岭南庭园进行分析。这在其他园林著作中是难得见到的内容。

（4）最大特点是，在继承《园冶》精华，吸收历代园林艺术营养基础上，拓展了风景园林学的领域。在理论和具体设计手法等方面多有对《园冶》理论发展和超越之处。

如第81页，对西湖的论述"西湖景色为自然山水与人工相结合的景观，驰名遐迩，成为风景区的典型，其影响所及，相率模仿，或命名者全国有30多处。"作者已经不满足于《园冶》所论及的私家园林，而是放眼西湖这样的"大园林""大景观"！将西湖这样的"大园林"列入夏公园林艺术中的风景区层次。在这一点上，他的观点与钱学森先生不谋而合，而且还要早近20年。

总之，历史30多个春秋完成的《园林述要》一书，由于夏公精准和深入浅出的功力，确实能使我们学习《园冶》经典的难度化解不少。既加深对《园冶》原著理论的理解，又能看到中国传统园林发展的脉络和精彩之处。其突出贡献在于：传承、发扬和发展了以《园冶》和计成、李渔等为代表的中国古典园林学理论和实践的精华。笔者称之为《园冶》"现代版续编"或许不为过誉之词吧？

二、岭南庭园——私家园林的范例

恩格斯曾讲过："私有制是文化积累和传承的基础。"

西谚有云："私人住宅风能进、雨能进，国王不能进"，中国也有让人们"安居乐业"的传统。正因为属于私宅和私家园林，中国古代这些优秀的园林文化艺术遗产才积累和传承下来。

国学大师饶宗颐教授老家是位于潮州的私家园林莼园。该园是饶老的父亲修建。饶老的父亲是当地有名学者，著有《天啸楼文集》七卷。据说为了设计建造这个花园，他还亲自到苏州去考察，学习苏州园林的设计手法。饶老在他的回忆文章"家学师承与自修"中，满怀深情回忆道，正是这个家宅的藏书楼和花园，为他提供了学习的资源和环境，他之有所成正是从这里起步的。

当今国内误读中国传统园林优秀遗产的人大有人在。这也正是计成和《园冶》不为国人知晓，甚至不为园林师、建筑师、室内设计师和有关的领导及管理人员知晓，我们许多珍贵的故居和私家园林遗产往往被一扫而光的原因。到该觉悟的时刻了。

《岭南庭园》一书是在《园冶》启发下，对现存的岭南私家园林进行深入调查研究多年形成的珍贵学术成果。

《园冶》是一部什么样的书呢？计成又是谁呢？

今年是中国杰出的园林学大师［明］计成诞辰430年，去年，是计成的园林学经典著作《园冶》问世380年，该书称为世界园林史上第一部园林学理论专著，引起国内外众多人士对中国古代园林重新发现和创新审视。

为纪念计成诞辰430周年，中国园林学会、武汉大学等多家联合，召开了中国首届纪念计成诞辰430周年的国际学术研讨会，吸引了国内外众多专业内外的人士，到会研讨计成对世界园林理论和实践的贡献，取得丰硕的成果。

《园冶》正是计成总结古代园林理论和实践基础上提炼出来的14500字，其内容丰富、水平之高，非常耐读是世界公认的。380年过去了，《园冶》的许多理论、观念仍然可以与现代科学理念接轨，有现实意义。

我研读《岭南庭园》感到，这是一部可以作为私家园林示范的好书，它不仅有学术理论价值，又有大量实例和图照，对于解读《园冶》理论、说明传统园林设计建造手法、普及园林科学艺术知识均有积极作用，甚至可以作为案头书供园林师、建筑师、室内设计师学习参考。

作者在多年调查研究的基础上对岭南庭园作了如下的界定：

"岭南庭园规模比较小，而且多数是和居住建筑结合在一起。庭园的功能以适应生活起居要求为主，适当地结合一些水石花木，增加内庭的自然气氛和提高它的观赏价值。因为一般说来，庭园的空间是建筑空间为主，山、池、树、石等景物，只是从属于建筑的，假使将建筑抹去，园景就会失去构图的依据，水石花木也就不成为'景'了。……将居室的空间和自然的空间结合为一体是庭园布局的目的。"

鉴于岭南庭园的这些特点，该书9章中，用5章论述庭园，用3章篇幅论建筑与建筑装饰，其余2章论水石景和庭木花草，内容结构十分合理。它弥补了许多建筑书或园林书没有必要的跨界论述，常常是自说自话，把完整的庭园或园林设计和建筑割裂开来的缺点。使读者更能整体上把握理解园林。

特别要提到的是，这部书是三代岭南学者锲而不舍接力式的学术著作。夏昌世（1905—1996年）、莫伯治（1913—2003年）、曾昭奋（1935—）共同合作完成的，当时在德国完稿的夏老已91岁高龄，为了共同的事业，这种代际锲而不舍、精诚合作的精神实在令人感动。当年，莫伯治也是耄耋之龄，撰此文也属笔者对在私家园林史上有贡献的莫老的追念。

注：本文此次是经编辑部认真核对后，将夏老的生年更正为1905年，特此表示感谢。

——原载《南方建筑》2013年第5期

Chapter 2

/设计篇/

入境式设计

——关于设计型思考的对话

前两天在马岩松的新书《山水城市》新闻发布会上，有一位青年建筑师提出这样的问题：怎样做好设计？这是个"设计型思考"的问题，我曾以此为题写过一篇短文（详见《中国建设报》2013年7月1日第4版）。所以将这篇列入对话系列。

当时我给了四个答案：①footprint；②做文人；③与业主交朋友；④入境式设计。由于会上时间有限，只能点到为止。遂后根据回忆写成此文。

一、footprint

从脚底板（footprint）开始。这是美国被誉为现代主义和后现代主义建筑设计大师的菲利普·约翰逊（Philip Johnson，1906—2005）的答案。

约翰逊认为，建筑设计创作要从脚底板开始。即从脚底板的感觉和思考进入设计师角色。在未来环境的行径中，认真体会使用你设计的未来空间的主人是谁，他的心理需要、行为需要是什么样的，他是男人、女人、残疾人，他是乘车还是步行，了解主人此时此刻的种种需要，所以说从脚底板开始是非常重要的。脚底板的感觉是零的层次，是接触的感觉，不是视觉层次。设计师从脚底板进入未来的环境后，还要看你有没有感觉？有没有感情？有没有想法？……这是第一重要的：如果你没有感觉、感情和想法，无论如何做不好设计，也不可能使你的设计有生命力、吸引力，很有可能最终完成的只是模仿制作的山寨版产品。

二、做文人

这是2012年荣获建筑界"诺贝尔奖"——普利茨克建筑奖的，中国年轻建筑师王澍的答案。

他认为，要做好设计，先要做人，做文人。要读书，包括非建筑专业的书，提高自己的素质和鉴赏能力，才能正确地选择和吸收那些你真正需要的东西，才能有正确的目标。否则，可能读了很多没有用的书，许多低水平的失效的书，素质和水平不可能真正提高。

三、与业主交朋友

这是1983年普利茨克建筑奖的华裔美国建筑师贝聿铭（1917—）的答案。

他很高明，他重视在接受某个设计项目之前和该项目的业主交朋友。通过交朋友他知道业主真正需要的是什么，和自己有否共同语言，如果讲3句话就不投机，那这个项目不能接，因为没有希望做好。另外，他在决定接受这个设计项目之前，会认真对有关条件作调查研究，然后才作决定接与不接这个设计项目。大家知道，他在接巴黎卢浮宫博物馆项目前竟然调查研究了4个月，一直做到知彼知己之后才作出接受决定。做北京香山饭店项目之前，他曾多次调研，有一次是冒着大雪到香山顶上现场考察，并且为此做了很大的模型，以便保证设计方案的准确性。

四、从文学走近建筑

菲利普·约翰逊是从文学走近建筑的典型。而且，他是从建筑评论起家，后来才逐渐成为建筑设计大师的。

最初，菲利普在哈佛大学学哲学，自从读了密斯·凡德罗、勒·柯布西耶和沃尔特·格罗皮乌斯等建筑大师的相关文章之后，固执地转了专业，33岁获得哈佛大学建筑学学士学位。后来同建筑史家H.R.希契科克游历欧洲，结识了许多现代派建筑师。1932年任纽约市现代艺术博物馆建筑部主任，同年与希契科克合作《国际风格》一书，并举办展览，向美国介绍现代主义建筑。后来，才陆续设计了许多有影响的设计，被誉为跨越现代与后现代两代的建筑师和理论家。

对此我也深有些体会。上中学时，读了苏联小说《远离莫斯科的地方》，我成了小说主角青年建筑师阿里克塞和老工程师托波列夫的"粉丝"，这对我日后选择建筑师职业起了很大作用。再者，我读到那些描述亭台楼阁的文字很入迷。而且天天出入北京八中的斜校门，体会到建筑是有生命的，可以与人对话的。这一切吸引着我最后进入建筑行业。

中年以后，就更体会到，文学家、诗人往往有些对于建筑与园林的理解，会比我们建筑师、园林师更深刻，古今中外这类事例很多。他们不是仅仅从技术细节着眼，而是从社会性、人性、诗意、艺术的角度切入，对建筑的文化艺术内涵和复杂性体会得更深刻。这也是建筑师要加强文化艺术修养的原因。

五、入境式设计

所谓"入境式设计"不是指20世纪五六十年代所说的仓促的"现场设计"。这里指380年前，明代（1634年）问世的《园冶》，这部世界第一本园林理论著作的作者——园林设计师计成（1582—？）的答案。

计成的书中虽然没有"入境式"这三个字，但他在《园冶》中是这么写的，按照这样的思路描述他造园的经历，从造园全过程的顺序依次展开。

全书14000字似乎没有多少理论、概念和设计原理的长篇大论，几乎全是描述，但简练扼要地传授了许多有长久生命力的经典内容。十分具体地描述他所见的山水、林木、屋舍、春夏秋冬四季的变化，花鸟虫鱼的生存状态，然后才说，要从相地开始，要借景……这一切是为什么？就是要引人入境、入胜。就看你对这些有没有感觉，有没有感情，能不能由情生境，由意借景。当你读《园冶》读出味道来时做好设计就有希望了。

如论及"借景"时，书中对园内外的四季变化作了具体而生动的描绘，从春天的"春流、兰芽、燕子、轻风、料峭"到"红衣新浴、碧玉轻敲、山容霭霭"的夏景描绘，以及对秋景"梧叶忽惊秋落、悠悠桂子、篱残菊晚"意境写照，直至"却卧雪庐高士、寒雁数声残月、六花呈瑞"寒冬人景互动的情感抒发。

显然，《园冶》作者这些描绘用心良苦，绝非闲笔和卖弄，而是在引导读者建立"入境"的意识和感觉。

王绍增教授提示我们读《园冶》要采取"入境式"阅读法，这是一语破的见解。因此笔者认为王教授的《园冶》解读本是诗意栖居的入门教材，特向各位推荐。

笔者认为，"入境式设计"指的是：设计者全心全意投入使用者需求的各种环境和不同境界的设计思路与设计方法。其特点是，设计者设身处地、千方百计地为使用者（如同为自己一样），设计出满足一切物质、心理、精神方面需求的可以诗意栖居的建筑、园林、城乡环境。其设计不仅有着丰富变化的形式，而且在环境质量、生态品质、社会、经济效益水平上均属上乘。

实际上，前四个答案也都是教我们如何走进建筑、园林环境和其主人的思路及途径，当有了此番调查研究的真实感受之后，设计方法的问题就会迎刃而解。

六、跨界的idea

特别需要提示的是，按品质分设计方案等级可以分两大类：一类是匠作层次；另一类是主人中意的层次（当然，这里所指绝非没有文化素质的业主或项目主持人）。按计成的说法，以10分制计，匠作此次最多得3分，主人层次则占7分，是决定成败的要素。所谓"世之兴造，专主鸠匠，独不闻'三分匠七分主人'之谚乎？非主人也，能主之人也"——即作为环境科学和艺术的建筑学、园林学的综合性设计，要满足各类主人的要求，需要各方面达到很高的层次，不仅要有建筑、园林、规划设计等专业知识。也就是说，不仅有入境的需要，常常还有跨界的需求。

最近读到阮昊（1975— ）"跨界是为了更好地守界"的提法很受启发。他作为"零壹城市"设计集体的带头人，很有全局观念和时代感，他指出，我们已经进入"人人都是创新设计之源"的时代。他在设计事务所里推广"众筹idea模式"。这又是一个与年轻朋友十分贴近的做好设计的模式！

他认为，设计的灵感和创意不是一蹴而就的，需要一个创新体系激发，采取"众筹idea模式"是受互联网思维启发。"对于年轻的团体，我们创意的过程是自下而上的，每个人都可以成为创意源，多人互动的碰撞对于创新的提升是指数级的。重要的一点是，设计师的每一个idea必须能用一句话来概括，就像广告语一样概括你的产品和想法，创新点在哪里，这句话一定要击中要害，引起业主的共鸣，并且具有革命性和排他性，不然就不是一个很好的设计。所以，我们经常说：'Go creative or go home.'必须有创造力，不然就卷铺盖回家。"

建筑设计是万人一杆枪的事业

前不久，周榕写过一篇名为《设计是一个阴谋》的文章，指出当今设计界存在的一些问题，引起了我的思考。

周榕提倡设计者应当重视建筑的使用功能，要得"意"忘"形"，不要只在建筑形式上做文章。他批评有些设计者搞"阴谋"，甚至搞"合谋"，把设计视为一己的"专利"，闭门造车不说，还强求人家"按图施工"等，我觉得他确实指出了当前设计界存在的一些问题。只是讲"设计是一个阴谋"，"是在现代化的历史趋势中产生的合谋"等提法值得斟酌。

首先，建筑设计本质上是"阳谋事业"。建筑设计需要分析社会、经济、美学、个人爱好、生活习惯、实施技术、材料条件等数不清的众多复杂的问题。而且要科学合理地处理这些复杂的矛盾，建筑设计人必须学会"多谋善断"。因为，建筑师面对如此众多复杂的问题，常常会感到自己的无知，几乎每遇到一个新的设计项目，都必须一边工作一边学习新东西，研究新情况，解决新问题，一时是无法把开发者、使用者、管理者，以及各种专业（水暖电气、结构、工程预算等）工作者提出的种种要求综合统一到建筑设计成果中。这里说的是"多谋"是"阳谋"不是"阴谋"，是"预谋"即要有预见性，是"合谋"如何为使用者、开发者、管理者、施工者更好地服务，不宜笼统地用"阴谋"二字贬低这一过程。

人们历来有"设计是灵魂"，"规划设计是龙头"，"设计是文件"等说法，就是针对过去不重视设计就开始施工或者边设计边施工，任意改变经过精心设计的图纸等无知蛮干的做法而言的说法。

历史地讲，设计成为一种专业分离出来是一种进步。至于讲中国古代建筑不知设计者是何人，不等于不需要设计，更不能认为当时的设计均是"工匠"设计的结果。那是中国长期封建社会，作为知识分子的设计人地位不高，不受重视的表现。不尊重知识，不尊重人才，恰恰是中国建筑长期落后于发达国家的重要原因。

建筑设计是"万人一杆枪"的事业。设计师的甘苦只有设计师自己心知肚明。面对众多的"上帝业主"——开发者、领导者、使用者、施工者、材料商以及当时当地的各种主客观条件，做好一个项目的设计绝不是容易的事，绝不仅是在室内绘图计算等工作，大量的精力和时间要用到协调各方、各专业出现的问题，和各类人打交道上，不只是建筑艺术问题，许许多多社会艺术问题亟待解决。因此，一个好的设计作品从酝酿到完工，常常要涉及成百上千上万人，确实是"百年大计"功德无量的事。

　　这里讲建筑设计是"万人一杆枪"的事业，是借用杰出科学家钱学森先生形象的比喻。钱老说导弹航天是"万人一杆枪"的科学技术事业，所以他不愿接受"导弹之父"或"航天之父"的称呼。城市规划、建筑设计何尝不是"万人一杆枪"的事业呢？设计师只是设计一枪和扣动扳机的人，必须精心设计，精心施工，不可轻视规划设计图纸上的一点一线，那都是成千上万纳税人的心血！

——原载《中国建设报》2010年11月15日

设计型思考

人生难得做个好梦，好梦要圆，是需要设计和建造的。

改革开放30年后，人们对于设计重要性的认识不断进步，提出要从"中国制造"升华到"中国设计"的新境界，以增加我国经济的活力和国际竞争力，更加重视设计创新，甚至提出深化改革需要顶层设计的概念。最近，建筑界又一次对建筑设计方针进行认真讨论，让人高兴。

但是，面对设计时代的来临，仍然让人一筹莫展的是，如何回答下列问题：什么是圆梦的设计？如何设计？如何思考？如何才能在设计上有所创新？

对此，台湾建筑界学术权威人士汉宝德先生创造了一个关键词：设计型思考，而且以此为题目写成一本书。读过《设计型思考》后，我感觉这是一部从失败说起，从找碴儿说起，从思考说起，授人以渔，给人启示，充满哲学智慧和实践经验，值得设计界内外人士认真研读的好书。

回顾半个世纪以来，我学习建筑学的历程，一直是填鸭式教学生操作或死背硬记套用旧例的书居多，所缺乏的正是这类启发学生思考，能把学生早日引进建筑科学和艺术大门，讲述设计哲学的书。该书荟萃了许多有关设计思考的哲言警句和作者的宝贵经验，这里略举一二，与读者共同品味、赏析。

关于什么是设计和"设计型思考"，书中释义："设计是把问题弄清楚，设法予以解决而已；在生活艺术中，创造的活动称为设计，是一种感性与理性结合的反应；设计还是文明进步的基本力量。设计型思考是系统思考的方法，是以创意为中心的理性思考的过程，是现代人达成梦想的手段。创造性思考需要一个理性架构来撑持，才能完成设计任务。"

关于设计者，书中阐述：设计类工作成败分明，必须承担责任，设计要有担当、有识见；做不好也有承担责任的心理准备。今天的政府首长不是每天用功读书、学问渊博高深的人，而是不折不扣的设计家，是随时准备满足民众期许的人。在许多场合中，中国人是天生的设计师。创造性行为一开始，就是把不相干的事情扯在一起使它发生关系，产生意义，并达到目的……如果把文化中的创新能力导入正轨，不要向

'山寨版'模式发展，未来在和平竞争的世界上，我们的优势几乎是必然的。

关于设计思考的起点和途径；书中表示："设计型思考的起点是改善现况，丢开过去，所以先要找过去的碴儿，也就是对现况不满。设计就是不能认命。由于我们认命的生命观，使我们放弃了对现况不满的态度，失去了发掘问题的敏感度。设计是创造行为，而计划是有系统的做事方法，这两种行动是相辅相成的。计划与设计原是一体的，以计划为手段，达到设计的目的。"

关于设计成果，书中提出："真正的设计作业，不一定产生具体的形状，不一定有图样，其目的是寻找方法去解决特定的难题。设计型思考的一个重要环节有评估的观念在心里。随时拿出来比对，才能把设计做好，这是设计的特色，也是一班人应该学习的。"

"此书为首部国人打造的'设计型思考'"，《设计型思考》一书以台湾本土案例为借鉴，透视问题，真诚面对了建筑设计的问题核心。

——原载《中国建设报》2013年7月1日第4版

乔布斯为建筑带来新视角

作为一个极具创造力的企业领袖，史蒂夫·乔布斯（Steve Jobs，1955—2011年）独树一帜，他将创造力与技术相结合，使个人电脑、动画电影、音乐、移动电话、平板电脑以及数字出版等六大产业发生了颠覆性变革。

史蒂夫·乔布斯改变的是我们看待世界时所用的工具，但是，我们都明白，真正决定改变我们看待世界方式的，是他背后的价值观。乔布斯说："最永久的发明创造都是艺术和科学的嫁接。"他对建筑的看法也是这样，乔布斯的价值观为建筑带来新的视角。

难道不是吗？

乔布斯对建筑情有独钟，他不但经常评论建筑，而且一有机会就投入建筑设计。他还是个高中生时就开始批评校园构成的杂乱，他说："家园中学是由一个著名的监狱建筑师设计的，他们想把学校建得坚不可摧。"

和周围的房子一样，他的家是由开发商约瑟夫·埃奇勒建造的。和大多数在埃奇勒建造的房屋中长大的孩子不同，乔布斯喜欢"面向大众的简洁现代主义设计"这个概念。埃奇勒受弗兰克·劳埃德·赖特"适合美国普通百姓的简单现代之家"观点的启发，建造的都是廉价的房屋。乔布斯对埃奇勒建造的房屋十分欣赏，因为这些房屋激发了乔布斯为大众制造设计精美产品的热情。乔布斯说："我喜欢把很棒的设计和简便的功能融入产品中，而且不会太贵。"

后来乔布斯又接触到包豪斯"运动干净、实用"的设计理念以及格罗皮乌斯、密斯·凡·德·罗"艺术和应用工业设计之间不应设有区别"，"上帝就在细节之中"和"少就是多"等等设计观点，逐渐形成了自己的设计观念。

乔布斯后来和许多著名建筑师都成了好朋友（如林樱、福斯特等）。他酷爱建筑，甚至就餐都要选择由密斯·凡·德·罗和菲利普·约翰逊设计的被他称为"优雅与力量并存，恍若人间天堂"的四季餐厅。

乔布斯站在人性和科技的交叉点上，把创意艺术的现实和工程技术结合起来。在多次产品会上，他都展示一个简单的页面：上面有一个路标，标志着"人文"和"科技的十字路口——他所处的位置"。

他坚信,苹果公司的一个巨大优势是各类资源的整合,从设计、硬件、软件,直到内容。他希望公司所有部门能够并行合作。他把这称为"深度合作和并行工程"。

他赞同他的副手斯卡利说的"营销活动销售的不仅仅是一种产品,而是一种生活方式和乐观的人生态度"。他进一步问斯卡利:"你是想卖一辈子糖水呢,还是想抓住机会来改变世界?"在乔的激励下,斯卡利放弃了在"百事新时代"优厚的待遇,与乔布斯合作先后创造出艺术与科技的交会处成长的最茁壮的公司——皮克斯公司、苹果公司。

乔布斯推销他的新产品时都要宣传他的设计观念,在设计观念上乔布斯认为,设计不光是要求产品的外观,而且必须反映产品的精髓。

乔布斯要求产品要有真正意义上的简洁,他说:"只要不是必需的部件,我们都会想办法去掉",他强调"为了达到这一目标需要设计师、产品开发人员、工程师以及制作团队的通力合作。我们一次次返回到最初,不断问自己:我们需要那个部分吗?"他们追求的是"如何让产品看起来纯粹且浑然天成",他们坚信——了不起的设计师能够激发工程师做出超人的壮举。

"乔布斯很聪明吗?不,是格外聪明。应该说,他是个天才。他的奇思妙想都是本能的,不可预见的,有时是充满魔力的。"《史蒂夫·乔布斯传》的作者这样评价传主。是的,他的成功更多是靠他团队成员的聪明才智。乔布斯有善于集思广益,整合最精华的东西成为一个整体的设计方法。

虽然乔布斯天性独裁专制,也从不信奉共识,但他却着力在公司营造出一种合作文化。他喜欢开集思会、头脑风暴会,他欢迎向他提出挑战的人,设有向乔布斯挑战的专项奖励。他每周一开高管会议,每周三下午开营销战略会议,此外还有无数的产品评论会,坚持让所有参会者一起讨论问题,利用各方优势,听取不同部门的观点。

乔布斯常说"别关注正确,关注成功"。他的话对我们深有启发。创新绝不能让所谓正确挡路。他对批评有独特的见解,他认为,批评往往是突破的开端。批评是理论创新、思路创新,这些属于源头创新,而不是"微创新",我们不能止步或者满足于微创新。

人们往往把习惯当作正确。印度谚语说的在人生的头30年里,你培养习惯,在后30年,习惯塑造你,就是说的这种现象——当你误把习惯当作正确时,你的创新能力便会消失殆尽了。

乔布斯的每一项创新建设几乎都是从批评开始的。这是他长久以来反主流文化的习惯做法。他认为，批评与建设没有可比性，不能随意地讲批评和建设哪一个更容易。怀疑和批判是建筑评论创新的灵魂，往往是建筑评论的创新为建筑设计的创新打开新的视野、新的思路。

乔布斯直接参与的建筑设计案例主要有以下三项：

一、皮克斯新大楼

从整体设计理念到建材和建造方式这些最细枝末节的地方，乔布斯关注皮克斯新大楼的每一个方面。皮克斯总裁埃德温·卡特穆尔评价："乔布斯坚信，设计对路的建筑设计会对文化起到积极的作用。乔布斯控制着大楼的建造，就像导演操控电影的每一个场景。"

按照乔布斯思路设计的这栋庞大的建筑物围绕着中庭，为员工们的"偶遇"创造机会。这样设计是因为乔布斯非常推崇"偶遇"面对面的交谈和"计划外的合作"。他认为创意产生于自发的谈话之中。

皮克斯公司的联合创始人、创新主力约翰·拉塞特对此回忆道："史蒂夫的理论从第一天就见效了。我接连遇见一些几个月都没碰见的人。我还从来没见过哪座大楼的设计如此鼓励合作和激发创意。"

二、苹果公司新园区

乔布斯积聚了150英亩土地，投身到苹果公司新园区的设计建设中，他把这看成一个传世的项目，融入了他对设计的激情和创建传世公司的热情。他邀请了他认为世界上最好的建筑公司——诺曼·福斯特爵士的公司。2011年6月，这座共4层，300万平方英尺（27.9万平方米），可容纳12000名员工的建筑终于规划完成。当那简洁的、未来主义的正圆形的建筑的透视图出现在屏幕上时，乔布斯非常满意，他说："它就像一艘飞船降落了，我想我们搞不好会造出一座世界上最棒的写字楼。"

三、苹果公司零售店

苹果公司零售店的设计过程最能说明乔布斯的设计理念、思路和工作方法。2001年1月开始启动苹果公司零售店。乔布斯带领着他选定的销售规划的副总裁、设计师罗恩·约翰逊，去了有140家商铺的斯坦福购物中心，讨论着购物中心的布局。

乔布斯谈论的要点有10条：

（1）苹果公司零售店只能有一个入口，这能够更好地控制顾客体验（而刚刚看到的艾迪堡商铺过于狭长）。

（2）最好的情况是让顾客一进来就能了解店铺的整体布局。

（3）零售店应该开在繁华街区的购物中心里——那种街区客流量大——无论租金有多贵，我们不能让顾客驱车10英里去看我们的产品，而是要走10步以内。

（4）一家好公司要学会"灌输"——它必须揭示所能传递它的价值和重要性，从包装到营销。

（5）零售店将成为品牌最强有力的实体表达。

（6）他们决定要建立一个以"少"为特色的商店，简约、通透，给人们提供很多试用品的位置。商店风格将沿袭苹果产品的特点：有趣、简单、时髦、有创意，在时尚与令人生畏之间拿捏的刚刚好。

（7）不可把产品放进百货商店，因为我们必须控制自己的产品，从生产制作到最终销售。

（8）从2001年1月以来的6个月里，每周二整个上午他们都在那里进行风暴会议，在模拟商店里，一边来回走动，一边完善他们的零售理念。

（9）乔布斯同意德雷克斯勒对已近完工的模拟商店的批评："空间太琐碎，还不够干净，还有太多让人分心的建筑结构和色彩。"他强调让顾客一进入零售区域，只需要看一眼，就了解这里的流程。约翰逊只好同意重新设计布局。

（10）董事会认为，看到苹果零售店将零售和品牌之间的关系提到一个新的高度，同时确保消费者不会把苹果电脑看成戴尔或康柏那样的大众化商品。

2001年5月19日，第一家苹果零售店在弗吉尼亚州的高端购物中心泰森角（Tyson's corner）开业了。苹果零售店每周的客流量已经达到5400人。这一年，苹果店的收入达到12亿美元，并因为突破10亿美元量级创下了零售业的新纪录。

2006年曼哈顿第五大道的零售店开业，这家新开张的店面，把乔布斯的很多创意激情集结到了一起：立方体、标志性楼梯、玻璃，并且把简约发挥到极致，被称作"真正的乔布斯店"。每天营业24小时，全年无休。

2010财年的净销售总额98亿美元。

2011年全世界已经有317家苹果零售店，最大的店在伦敦和东京。每家店的每周平均客流量17600人，每家店的平均收入是3400万美元。

在超越微软15个月后，苹果于2011年8月收盘时，超越"百年老店"美孚石油，成为全球市值最高的公司，达3570亿美元，其时苹果每股363块美元。……截至6月底，苹果拥有的现金和有价证券达到762亿美元。而美国财政部发布报告称，美国政府运营现金余额只有738亿美元。苹果现金持有量超过美国政府。

美国《福布斯》双周刊埃里克·杰克逊的文章中，把史蒂夫·乔布斯最可宝贵的经验概述为10个关键词：嫁接、信任、勇敢、轨迹、倾听、期待、成功、人才、求知、可能。

这10个关键词初看起来似乎是老生常谈，但当我们用乔布斯的人生轨迹解读它们时，就会真正体会到它们丰富深刻的内涵。这10个关键词既是经验又是哲学，它们是乔布斯成功的轨迹。

什么叫成功？

即使有一天iPhone、iPad进了历史博物馆，乔布斯的价值观仍然会有其存在价值！人们是不会忘记乔布斯的！

——原载《重庆建筑》2012年第3期

从建筑之树说起

在北京香山饭店召开的第一届建筑史学国际研讨会开幕式上，中国建筑学会建筑历史学会会长杨鸿勋致辞时提到了1896年英国学者弗莱彻主编的《比较建筑史》一书中的建筑之树，并认为应向国际学术界纠正长达百年的误解。

什么是建筑之树呢？

这要从头说起。一百多年前，在西方建筑学者的眼里，中国和日本的建筑不过是早期文明的一个次要的分支而已。在19世纪初至20世纪初的欧洲人心目中，世界的中心和科技历史的主流在欧洲，自然视世界建筑的中心和历史的主流也是西方建筑。因此，在西方人撰写的建筑史中，称西方建筑为历史传统的正宗，把东方建筑称为非历史传统的，这说明当时欧洲人对东方建筑科学文化艺术的无知。对于这种无知，从20世纪20年代的梁思成到日本的伊东忠太等东方建筑史学者均有驳斥和纠正。其实无知并不可怕，科学本身便是从无知变为有知的过程。问题的严重性在于无知的偏见传播很广，甚至不少东方人（包括中国人）也毫不怀疑地接受这种无知的看法，成为中国民族建筑科学文化的虚无主义者。因此重提建筑之树也有了极大的意义。

这棵建筑之树至今仍然有其科学认识的价值。其梳理了当时人们（主要是欧洲人）对世界建筑科学文化的认识程度与观念形态。大概由于中日等国建筑学者的异议，这幅建筑之树插图被《比较建筑史》的后继编者撤掉了。这虽有点遗憾，但好在我们仍然可以在李允鉌的《华夏意匠》一书中看到它，而且我赞赏李允鉌对其客观、科学的描述和解

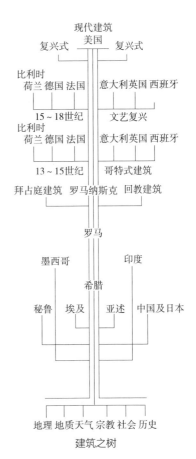

建筑之树

读："在建筑学术和建筑历史的研究或者著述上大体上流行着这样一种分类方法：将世界建筑分成两大部分，一部分称为西方建筑，以欧洲建筑为中心，将埃及和西方古代的建筑作为历史的前期，现代建筑看作发展的结果。另一部分称为东方建筑，其中分为中国建筑、印度建筑和回教建筑。"

我之所以不赞成在建筑史著作中撤掉此图的做法，也不同意全部否定建筑之树的价值，是因为，历史就是历史。1896年中国闭关自守，既不了解世界，也不面向世界。弗莱彻等人能肯定中国建筑在建筑之树上有一定地位已属难能可贵，不可能要求那时的西方建筑史学家对中国建筑有更为深刻全面的认识。

近版的《比较建筑史》虽然拿掉了这幅图，但现在的西方人对中国建筑的看法有多大改进，仍然很值得思考。从这本《比较建筑史》中和许多西方建筑学者的评论中仍可以看到，轻视和低估中国古建筑的观念和行为并不少见。这甚至影响了中国许多年轻的建筑工作者。他们对于古代言必称希腊、罗马，对于现代言必称欧洲、美国，热衷于照抄照搬西方建筑理论、建筑设计和城市规划的理论和方法，使我们的城市和建筑不仅丧失特色，出现特色危机，而且失去了优秀的传统，为舶来的二流货、三流货甚至不入流的货色所充斥。

吴良镛院士在香山建筑史学会上，分析了造成忽视中国建筑优秀传统的3个障碍，认为："一是对中国传统建筑艺术作品的丰富性和它们卓越的艺术成就还缺乏了解；二是对其中深蕴的文化内涵还缺乏深入的探究；三是对西方的研究也不够系统，不能与中国研究结合起来。"

他举出，中国明末计成的《园冶》作为一本理论巨著，可与意大利文艺复兴时期阿尔伯蒂（Alberti）的《建筑十论》媲美；1932年梁思成、林徽因提出的建筑意（Architectursque）问题比诺伯格-舒尔茨（Norberg-Schulz）提出的场所精神（semus loci）要早几十年等历史事实，呼吁人们重视自己的优秀传统。

建筑之树的另一价值在于，它明确表达了建筑之树要想顺利成长，并结出丰硕的果实，必须深深植根于地理、地质、天气、宗教、社会、历史的土壤之中。这无疑是正确的。然而，到说明建筑之树的果实时，这幅图的绘制者又回到把建筑只当作艺术来对待，仍然用美术风格史的简单化、标签化的方法研究对待建筑，只强调建筑形式的风格特征，从而表现了编者的历史局限性。他们在这一点上，不仅是对中国和日本如此，对自己的成果也是如此。在这里，地理、地质、天气、宗教、社会、历史等这些人文、科学因素的影响和作用全看不清楚了，似乎建筑师作为艺术家决定着建筑发展的方向，这是极大的误导。因此可以说在这本出版百年，增补修订了20余版的建筑史书中，需要重新认识的绝不仅仅是这幅建筑之树的图解。

从《比较建筑史》对待中国建筑的描述来看，在1989年的第19版里，收入1949年以后建造的中国当代建筑43座，并列举了这些建筑的设计者：张镈、张家德、张开济、戴念慈、龚德顺、林乐义、葛如亮、梁思成、杨廷宝、华揽洪、冯纪忠、宋秀棠、黄玉林、哈雄文、魏敦山、莫伯治。其中最年轻的是上海游泳馆设计人魏敦山。43座建筑中有北京25座、上海、广州各4座。这标志着我国当代建筑科学文化正在走向世界，也表明弗莱彻的后继编者力求更全面准确地反映世界各国的建筑成就。这也说明只要我们创出新水平、新成就，迟早是会被世界上有识之士认识并承认的。

重提建筑之树，还使我想起1996年中国建筑界发生的三件令人深思的事。

一是召开全国高等院校科技工作会议时，主管部门不通知建设口，原因是认为建筑业没有什么高科技。

二是费孝通先生回忆1947年梁思成曾请他为清华大学建筑系开社会学课，后来没开成，他为此感到终生遗憾，并强调应响应梁思成的召唤，因为他发现我国目前城镇建设中大量存在着社会学问题。

三是钱学森提出建立建筑科学技术大部门的问题，他认为，应当把建筑科学提高到与自然科学、社会科学等并驾齐驱的层次来认识和对待。

需要正视的是，尽管近年来国际上对人居环境、城市化、持续发展等一系列建筑问题空前关注，而在我国，建筑业应有的支柱产业地位，建筑科学应达到的支柱学科地位远未实现。以上所举的3件事很说明问题。因为，现实告诉我们，亟须响应梁思成的召唤，更加关注建筑社会学的内容，提高全社会的建筑科学、建筑文化水平；响应钱学森的倡导，努力建立现代建筑科学技术体系。总之，加强建筑学科建设是一项迫切任务。目前，我们没能搞清支柱产业、支柱学科的确切含义，至今还在争论不休：有的讲是房地产业，有的讲是建筑业（仅指建筑施工）……我认为，应当建立完整的大建筑业才是国民经济支柱产业的概念，具体到房地产、建筑施工等细节，仅仅是区别哪一部分更活跃、更关键的问题，不存在是与不是支柱产业的问题。

国际中国建筑史学会的应运而生和香山宣言的问世，也许是一个好兆头吧！

——原载《中华建筑报》2012年5月15日第15版

小城镇规划中的大思路

——写在《小城镇规划设计丛书》首发之际

小城镇建设是我国社会主义建设的重要组成部分。"十二五"期间，我国的城镇化率将突破50%。值此小城镇快速发展之际，《小城镇规划设计丛书》适时问世，这对于我国小城镇的科学发展可谓一大贡献。

思路是构思小城镇规划设计的起点，大思路是指导思想，是决定规划设计成败和水准的首要问题。小城镇规划中的大思路是指对小城镇现状和未来、局部和全局关系的调查研究后形成的基本思路。

长期以来，国内城镇规划设计、建设存在的普遍问题是"财路管思路"有多少钱办多少事，只从局部入手，缺乏对城镇整体现状与未来全局的系统思考。其后果是造成了一些"骑虎难下"的后遗症，如引进污染严重的项目，拆除了珍贵的历史文物，盲目占据了大片土地资源等。因此，正确的做法应该是"思路管财路"。

城镇规划要贯彻落实科学发展观，必须同时重视建筑科学的三个层次：基础理论层次、技术科学层次和应用工程技术层次。《小城镇规划设计丛书》虽然是一部科学技术普及性质的丛书，但是，它不仅仅注意到"怎么做"这类操作层次问题，还力图使读者懂得"为什么要这样做"的道理，讲述需要这样做的基础理论和科学技术根据。该书力求让读者明白，书中提供的做法并不是一成不变、包治百病的"万灵药"，读者必须因时制宜、因地制宜、因城镇性质和发展动力的不同采取不同的做法，避免生搬硬套的错误。

其实，小城镇规划重视建筑科学的三个层次就是重视大思路问题。因为，小城镇规划不仅仅是建筑问题，还是社会问题、城市学问题、环境生态问题、历史文化问题等。因此，先要明确所在城镇的性质、类型结构、发展方向等全局和整体结构问题，而后才能确定风格、手法、用料等细节问题。

在现有的小城镇规划中，不乏成功的案例。例如江西省上饶市婺源县，这个"八分半山一分田，半分水路和庄园"的山区小县，没有能源、土地资源和骄人的特产。但是，婺源有古色古香的徽派古村落，是一代名儒朱熹的故里。由于作为旅游城市的规划定位正确，如今，那里一年的旅游总收入达23亿元人民币，有力促进了县域经济文化的发展。又如浙江省东阳市旁边的横店镇，那里仅影视拍摄基地就建设了30多处，据说每年全国的影视作品中有1/4是在横店拍摄的，横店已经成了中国的"好莱坞"，成了闻名中外的影视旅游胜地。以上两处小城镇的成功发展都得益于规划设计思路定位符合科学发展观。

——原载《中国建设报》2012年6月26日第3版

值得记取的节能设计格言

——30年前一次会议的启示

　　30年前（1981年10月31日—1981年11月3日），美国建筑师协会在丹佛主持召开了设计与节能会议，会议的质量和效果被公认为是很成功的。特别值得注意的是会议的广泛性，与会者是来自世界各国的538位建筑师。会议就农村小屋和都市大厦等各类建筑的节能问题作了大会发言和小组讨论。大多数报告是引人入胜的。

　　会议主持人是罗伯特·坎伯，会后他写出《建筑设计节能格言》一文，在文中他把众多人的发言综合整理成五句格言：

　　（1）能源危机会使建筑师恢复失去的地位；

　　（2）能源危机是使人们从魔术师变成真正的建筑师的好机会；

　　（3）节能是建筑师手中改善整个设计的杠杆；

　　（4）节能设计不能囿于成见；

　　（5）主动的节能设计意味着地方化（全文详见《重庆建筑》2011年第8期50～52页）。

　　这五句节能设计格言来之不易，更难得的是，它把节能设计的指导思想理论化和哲理化了。

　　30年后我们重读此文，反思其产生的背景和现实意义，可以看到五句格言的历史穿透力——30年前的现象与眼前的事实何其相似乃尔！它促使我们思考如何面对当前的能源危机和如何从事当前的节能设计。关于这个问题我有以下看法：

　　从一定意义上说，建筑师要感谢能源危机，因为它可以促使建筑师调整设计思路和提高设计能力。正如《建筑设计节能格言》所指出的，美国有一些建筑师丧失职业道德，他们与开发商同流合污，"在处理许多问题时，宁可搞得比实际更奢侈，更古怪或者更浪费"，因为这样将能赚得更多的钱。不久前，中国设计大师程泰宁先生在《寻找中国建筑精神》一文（《人民日报》2011年9月8日）中也曾说过，"20年来西方建筑师'占领'中国高端设计市场已成为世界罕见的奇特风景，他们的作品以及大量的跟风而上的仿制品充斥大江南北——'千城一面'与中国特色的缺失引起愈来愈多的关注"。

　　建筑师不要把业主和开发商引向只关心建筑立面图的歧路上去。建筑是环境的科学和艺术，要解决的问题是如何为社会及每一位业主服务好的问题。面对综合性、复杂性极强的建筑设计对象，如果只关心建筑立面图，其危害性极大。近年来，中华大地陆续出现了那么多华而不实甚至很丑陋的建筑物，这是个十分重要的原因。

　　要充分发挥建筑师在建筑节能设计中的综合作用和领先作用。建筑物设计本身有极大的节能潜力（如能量储存、建筑密度、运输能耗、建材耗能等等），靠建筑师来完成。目前有些建筑把建筑师排除在节能设计之外，靠增加许多昂贵的设备和设施来达到所谓的节能，是不妥当的。

　　重视节能设计的"地方化"十分重要。节能设计的地方化就是节能设计要因地制宜、因气候制宜、因人制宜，它与建筑的中国特色和中国精神是一脉相承的。如，中国西北地区的传统的土窑洞，是处于世界覆土建筑领先地位的生态建筑，节能效果非常明显，而今天不受重视。又如，中国南方的空斗墙和阁楼层，使建筑物冬暖夏凉、通风良好，有利于人的健康生活，也是值得继承发扬和改善的节能设计手法。

　　开会要重视出精神成果。这5句格言出自于一次会议，由于会议的主持人罗伯特·坎伯是有心人，他能集思广益，从众多的发言中提炼出有长远价值的格言和样板，其经济效益、社会效益显而易见。可见，评价一个会议成功与否，要从物质和精神两个方面去衡量。

——原载《重庆建筑》2011年第10期

驿路折花赠斯人

——华揽洪先生百年与北京的城市规划、建筑

2012年是华揽洪先生（1912年9月16日生于北京）诞辰100周年。2012年12月12日，华揽洪先生在巴黎逝世。从1951年华先生举家回到北京参加祖国建设到1977年退休后回巴黎，前前后后在北京生活工作42年，他一生最好的年华都贡献给他的祖国和故乡北京。但是，如今中国人，特别是成千上万受益于他作品的北京人，也很少有几位知道华老的名字。

华揽洪先生大名，我是从20世纪50年代他规划设计北京儿童医院和北京幸福村街坊开始知道的。1973年，他还创造性地设计了北京第一座为自行车使用者着想的，也是全球第一个让汽车和自行车分道顺畅行驶的三层立交桥——建国门立交桥，今年是此桥问世40周年。

后来我在编《20世纪中国建筑》一书时，收入北京儿童医院这一杰作。关于幸福村，早年我去看过，感触很深，那些北外廊式单元住宅，用25平方米就解决了一家人"住得下、分得开"的问题，很了不起，终于使许多老少"几代同堂"的家庭"像个家"！看看现在，许多尽管建筑面积超过25平方米几倍的住宅设计，其适用经济的问题也未能解决得这么好。

想到这些，我更加尊敬和怀念华老，而且心情颇有些沉重和遗憾。我们竟如此轻易地失去了这样一位才华横溢、道德高尚、诚信，急切为国为民作贡献的杰出的建筑大师、规划大师。

1951年华老毅然回国之前，已经完成如宠物医院、马赛港区改造等法国城市规划、建筑设计项目51个，事业如日中天，已有很好的发展基础。回中国后，虽然曾担任过北京都市计划委员会第二总建筑师、北京建筑设计院建筑师，作过北京儿童医院设计和北京幸福村街坊规划设计，但他见解独到的北京总体规划甲方案，主张保留城墙，广开门洞，保存绝大多数胡同……虽多有可取之处，但因为与苏联专家的意见相左，和"梁、陈的北京总体规划乙方案"的结局一样被否定了。

正值事业成熟期的华先生，1957年被误定为右派分子。这个损失和遗憾太大了！否则说不定，华老是另一位中国屹立于世界建筑界、规划界的梁思成、陈占祥、贝聿铭那样的大师。现在，除了建筑界、规划界，连"知华揽洪先生名"都难做到，太可悲了！

不久前，翻阅1957年的《建筑学报》，我看到了1957年前后华揽洪先生大起大落的过程。当时《建筑学报》每期只有60页，而第3期用了20页介绍北京幸福村街坊规划设计，占全刊的1/3，可见其设计的影响和示范作用。1957年的2月16日，华先生当选为中国建筑学会第二届理事会理事，这是众望所归的标志。《建筑学报》第6期刊登了他赞赏杨廷宝先生设计的北京和平宾馆文章，抨击了有人给这个设计戴的"结构主义"的帽子。此前1956年10月25日《北京日报》刊登了华先生评议"沿街建房到底好不好？"的文章，引起北京建筑师的热烈讨论，《北京日报》收到讨论此问题的来稿50~60篇之多，当时只发表了张开济、白德懋、陈占祥、戴念慈、周卜颐、张镈等8篇。多数文章基本同意华先生的看法。

1957年后的20年，华先生仍然认真坚持工作，直到1977年退休，移居法国。能做到如华先生这样坚忍的人，除非有高尚的爱国心、爱民心和坚强的事业心，否则是不可能的。据有关统计（见《中国建筑文化遗产》第9期41页），华先生1951—1977年在中国独立完成、主持设计或参与的项目达36项之多。

更令人感动的是，华先生移居法国2年后（1979年）才获平反，但他身居法国，心依然与祖国一起跳动。他为中法建筑文化交流做了很多工作：如成功地协助中法两国在巴黎蓬皮杜文化中心举办"中国建筑、生活、环境发展展览"，展览盛况空前，每天参观人数达1.5万~2万人，成为该中心参观人数最多、气氛最为热烈的一次展览。中心主任幽默地说，展览3天就把地毯踩坏了。中国驻法大使姚广在展览开幕式讲话时特别感谢华揽洪先生，后来该展到瑞士、奥地利、意大利巡展也获得成功。华先生对中外文化交流功不可没。

70多岁的华老移居法国后，还作了5项规划和设计，包括为中国驻法大使馆文化处作的改造设计项目。1983年，他已加入法国籍，但他还专门在《建筑学报》撰文，呼吁在城市化建设中要节约耕地、开发荒地建设新城镇，还分析利弊。华揽洪先生贯彻终生的拳拳爱国之心令人感动！

链接

　　华揽洪（1912年9月16日—2012年12月12日），北京出生。1928年赴法留学，先后在巴黎土木工程学院、法国国立美术大学建筑系、美术大学里昂分校学习；获法国国授建筑师文凭（D.P.L.G.）。1951年回国后任北京市都市计划委员会总建筑师。1954年任北京市建筑设计研究院总建筑师。1977年退休后移居法国。1981年任中国建筑学会名誉理事。曾任中国建筑学会第七届至第九届海外名誉理事。

　　其代表作品有：北京儿童医院，北京市社会路住宅楼，北京市幸福村住宅小区，位于北京市右安门、复兴门、西直门、三里屯等多处住宅及办公建筑，巴黎Glaciere街中国留学生招待所，中国驻法国巴黎领事馆改造，中国驻联合国机构代表住宅楼的改造，中国驻法国大使馆文化处等。华揽洪先生还曾经为"二战"后法国的恢复建设完成了多项设计，为北京市建设立交桥设计过方案。

　　法国文化部于2002年9月13日授予华揽洪先生法国"文化荣誉勋位最高级勋章"。

——转引自天堂纪念网

——原载《建筑》2013年第18期

一代建筑大师成长的启示

——促人承前启后的"时间表"

在"一张时间表——对夏昌世先生专业旅程的认识过程"（载于《南方建筑》2010年第2期第30~35页）上，王方戟副教授别出心裁地将中国第一代现代建筑大师夏昌世、童寯、梁思成同时并列出来，且注明当时的背景事件。此表十分耐读，让人浮想联翩。正如作者所言，"不同人可以根据自己的需求对其进行加减，以从中看见更加丰富的信息"。读了此表我想的最多的是：

这3位大师成长历程对后辈有些什么启示？

此3位均是建筑界的楷模。他们有着许多共同点又有各自的特色。比如，他们均生于20世纪初（1905年、1900年、1901年），均有在国外受现代建筑专业教育而后回中国实践的专业历程，他们都在各自历经的岗位——设计、教育、理论研究、著述取得辉煌的业绩，成为中国当代建筑史上的佼佼者。而在家庭背景、个人天资、气质，所处的国内外环境、地域又是如此不同。

为什么他们对中国建筑事业的贡献能如此丰厚呢？

他们无疑是磨难中的真知，时势造就的英雄。然而，这只是事情的一个方面。20世纪的中国是多灾多难的年代，又是巨人、大师辈出的时期，结合这样的时代历史社会背景，思考这几位大师的成长历程，我们不能不心生敬佩又分外惋惜。尽管他们分别以高龄（92岁、83岁、71岁）过世，我们仍然有"英年早逝"之概！在他们短暂的专业旅程中，何曾不是"英雄造时势"的行止呢！

他们留下了那么优秀的建筑设计作品、学术著作、后继人才，还有他们的优良品质、精神遗产更是不能以斗量计的。显然，这些都在可持续地发挥着作用，已经成为我国优良建筑传统的组成部分。他们有开放改革的意识，学习引进先进的建筑科学知识，力求开拓、改革中国现代建筑落后的面貌，他们无愧于中国现代建筑的拓荒者，是创立中国现代建筑历史新篇章的英雄！

大概是父辈家庭的影响和他们自己的理想主义起了作用吧？

夏昌世、童寯、梁思成三位先生，均出生于生活环境比较优裕的家庭，又在新思想影响较深的地域——广州、东北和日本东京。这使他们共同有开阔的视野和远大的抱负。他们有"梦"有"理想",有为理想做艰苦卓绝奋斗的精神。这大概是使他们从起点上就胜人一筹的原因吧!

在国外,他们学习钻研建筑专业表现出超常的艰苦勤奋精神。夏昌世17岁去德国从学德语开始,真正是"十年寒窗"修炼成为我国第一代建筑师中仅有的双料博士学位获得者之一。1928年冬,童寯以3年修满6年全部学分,获得硕士学位提前毕业。23岁的梁思成1924—1927年在美国宾夕法尼亚大学建筑系和研究院先后获得学士、硕士学位。

他们在国外时,不仅从书本学习专业,还都极为重视实地的调查访问与测绘。回到中国极为重视调查研究中国建筑现状和历史。他们同是中国营造学社骨干成员。夏老回国后组建民族建筑研究所,搜集民族建筑形式资料。夏先生有法国北部的旅行和教堂测绘经历。童先生的欧洲多国考察建筑,并写了《旅欧日记》,回国后又对中国园林调查研究作出开拓性的贡献。1928年,梁先生和林先生在加拿大结婚后,立即到欧洲考察半年后回国任教。1942年梁先生开始撰写《中国建筑史》,至于他在营造学社、文物保护、城市规划、建立城镇体系和秩序等理论和实践方面的贡献是有目共睹的。1950年,他与陈占祥发表《关于中央人民政府行政中心位置的建议》(通称"梁陈方案"),更使他们成为国际公认"保护古城北京的建筑英雄"。

生命不止,事业不停,是三位前辈的共同特点。这张"时间表"有些年代非常简略,只有寥寥数字,但反映的历史磨难则是千钧重荷。夏昌世1966—1977年受到政治批斗,被关押,1967年到1968年11月,在农村接受再教育,1968年11月到1972年7月,被监禁于广州黄华路监狱;童寯1966—1976年经历数次抄家,被派往长江大桥工地敲石子,进行劳动改造;梁思成受到"文革"冲击被批判和游街,在医院治病时还要写检讨,1972年1月逝世于北京。然而,童先生在十年动乱期间,仍然坚持不懈地从事理论研究和教学工作,每天坚持从家步行半小时到学校查阅资料,刻苦研究。童老作为珍贵的建筑文化遗产的那些学术论文和丰硕的学术著作几乎都是在生命临终前十多年间的耄耋之年(78~83岁)完成的。

三位前辈不仅专业水平高超,他们的人格魅力和协作精神也是十分突出的。他们之所以能取得辉煌的成果与他们善于与各方面合作,得到各方面(包括各级领导、师长、贤内助、朋友、学生等)的理解支持和帮助是分不开的。这类实例很多,如夏老经梁思成推荐,应铁道部邀请主持南昌火车站设计,应叶剑英元帅及华南农垦局邀请，规划设计海南儋州华南热带作物研究所，该设计得到周恩来总理、王震副总理等领导人公开赞扬。1973年夏老移居德国后，与他多次合作的学生莫伯治、何镜堂等继续夏老未竟的事业，协助完成《园林述要》等学术著作的出版，这次《南方建筑》又出版了建筑大师夏昌世研究专刊，举办了"在阳光下：岭南建筑师夏昌世回顾展"，令人欣慰。

总之，这张"时间表"展示了三位中国现代建筑大师的百年成长的足迹，在一定程度上堪称"压缩了的近百年中国建筑史"，读之颇有促人"承前启后"向他们学习的作用。

——原载《中国建设报》2010年11月29日第4版

走出中国建筑的误区

——王澍与普利茨克建筑奖

王澍此次荣获被称作"建筑诺贝尔奖"的普里茨克建筑奖，是他本人持续不懈努力探索的结果。同时，中国传统建筑文化对他的陶冶之功也是显而易见的。这一事实再次说明，中国传统建筑文化仍然有着长久的生命力，它是中国建筑自立于世界之林的重要砥柱之一。

那么，普利茨克建筑奖是一个什么样的奖项呢？在此，我将历届普利茨克建筑奖获奖人的情况列了一个表。介绍如下：

历届普利茨克建筑奖获奖人建筑设计哲学／理念与代表作

年份	获奖人（生年）	国籍	语录（设计理念）	代表作
1979	菲利普·约翰（1906）	美	建筑都是掩蔽体 没有信条 从足迹开始	西格拉姆大厦、水晶教堂
1980	路易斯·巴拉甘（1902）	墨	致力于把建筑升华为诗意和想象	墨西哥城规划景观居住区
1981	詹姆斯·斯特林（1926）	英	现代主义运动领导人，作品突出历史连贯性和周围的城市环境	斯图加特国立美术馆
1982	凯文·洛奇（1912）	美	曾与沙里宁合作，风格多变	纽约联合国综合大楼、迪尔总部建筑
1983	贝聿铭（1917）	美	建筑是一种社会艺术 建筑与环境结合	华盛顿美术馆东馆、香山饭店、巴黎卢浮宫扩建工程
1984	理查德·迈耶（1934）	巴西	追求现代建筑精神（功能流线、光、空间平衡）	美蒂中心、"新协和"图书馆
1985	汉斯·霍莱因（1934）	奥	重要的不是设计者是设计作品 通过绘图、拼贴及雕刻成就墙体的艺术	巴赫市博物馆
1986	戈特弗里德·伯姆（1942）	德	让作品的内容和过去联系起来	VDR新建筑（科隆）

续表

年份	获奖人（生年）	国籍	语录（设计理念）	代表作
1987	丹下健三（1913）	日	城市、交通和建筑是统一的系统 追求信息价值	东京新市政厅大厦、代代木国家综合体育馆
1988	戈登·邦沙夫特（1909）	美	喜欢用建筑表达自己的观点	耶鲁大学珍本图书馆
	奥斯卡·尼迈耶（1907）	巴西	通过某种形式把一个国家的文化精神表现出来	巴西议会大厦
1989	弗兰克·盖里（1929）	美	与其说房子是一个整体，不如说是由十几个部分组成的	古根海姆博物馆
1990	阿尔多·罗西（1931）	意	《城市中的建筑》1966年出版，吸取古典建筑经验进行创新	圣卡培尔多殡仪馆、费埃德里斯塔居民综合体
1991	罗伯特·文丘里（1925）	美	强调建筑的矛盾性和复杂性，借用古典语言符号	普林斯顿大学巴特勒学院胡堂
1992	阿尔瓦罗·西扎（1933）	葡	建筑师并没有创造发明，而是反映现实	加利西亚当代艺术中心
1993	槙文彦（1928）	日	建筑应该放在城市文脉之中，与城市成为一个整体	藤泽体育馆
1994	克里斯蒂安·德波尔藏帕克（1944）	法	理性出自场所 将包豪斯与当代建筑理论结合	音乐花园
1995	安藤忠雄（1941）	日	个性化的空间 通过墙创造独特的建筑空间	水的教堂（没有屋顶）
1996	拉斐尔·莫内奥（1937）	西	建筑是从具体地域与建筑家的自由思维之间的对话中脱颖而出的	现代建筑和艺术博物馆
1997	斯韦勒·费恩（1924）	挪	创立挪威建筑学会 建筑元素通过结构和材料厂显示表现力	艾弗·阿森博物馆
1998	伦佐·皮亚诺（1927）	意	建筑是一种需要耐心的游戏，它是一个集体性的工作	芝贝欧文化中心、新大都国家科技中心
1999	诺曼·福斯特（1935）	英	建筑是一门关于人类及其生命活动质量的艺术	香港汇丰银行总部、卡里艺术馆
2000	雷姆·库哈斯（1944）	荷	"新城市主义"不关心行为客体的组织安排，而是孕育着潜在的可能性	乌得勒支教育馆、北京中央电视台大楼
2001	雅克·赫尔佐格 皮埃尔·德墨隆（1950）	瑞士	把毫无特色建筑转化为戏剧化和艺术化的工业建筑（尺度和比例巨大）	泰特现代美术馆（发电机改建）、国家体育馆（鸟巢）

年份	获奖人（生年）	国籍	语录（设计理念）	代表作
2002	格伦·马库特（1936）	澳	我对做大规模的项目没有兴趣，小一点的项目给我提供试验机会	玛格尼住宅、唐宅
2003	约翰·伍重（1918）	丹	我喜欢在可能性的边缘走动	悉尼歌剧院
2004	扎哈·哈迪德（1950）	英	我们可以确信建筑是无重力的，可以飘浮的	园艺博览会展馆、广州歌剧院
2005	汤姆·梅恩（1943）	美	我需要关于世界的想象，这个想象不会超越明天	植入自然的建筑
2006	保罗·门德斯·达洛查	巴西	建筑简洁的几何形体使它看上去充满了科幻感	圣保罗保利斯塔健身俱乐部
2007	理查德·罗杰斯（1933）	意	建筑是一种集体作业，委托人扮演重要角色	波尔多法院
2008	让·努韦尔（1945）	法	我是在允许的范围内尽可能地向前发展	阿拉伯世界协会 Guthrie 剧院
2009	彼得·卒姆托（1929）	瑞士	人们相逢于建筑 如今我们好像生活在一个后意识形态的社会里	2000年世博会瑞士馆科隆美术馆
2010	妹岛和世（1956）	日	设计是一个不断探索的过程，我始终在理顺建筑各要素间的关系	21世纪金泽美术馆、再春馆制药女子公寓
	西泽立卫（1966）	日	设计是不断探索的过程	女孩世界
2011	艾德瓦尔多·苏托德莫拉（1952）	葡	设计既顺应时代又呼应传统 巧妙地沿用石料又有现代细节	布拉加体育馆
2012	王澍（1960）	中	造房子就是造一个小世界，一个人与自然生态相互平衡的位置是设计的起点	苏州大学文正学院图书馆、宁波历史博物馆、中国美术院象山校区

　　普利茨克建筑奖是建筑界的"奥斯卡"，是建筑界的最高奖项，我以为当凯悦基金会主席2012年2月27日宣布王澍获奖消息之后，第二天会有铺天盖地的报道见诸报端，但是，没有。这时我才意识到王澍获奖这件事还只是建筑圈子内部的一个讨论，没有扩展到公众（顾云端语，《中华建筑报》2012年3月6日14版）。这也是我答应写这篇文字的原因：在中国建筑圈外的反应寥寥可数，其原因就是很多人不了解普利茨克

建筑奖，不了解中国建筑界的情况，亦不了解王澍何许人也。

因此本文从普利茨克建筑奖说起。

美国凯悦基金会（The Hyatt Foundation）设立的普利茨克建筑奖（The Pritzker Architecture Prize）每年度授予一位在世的建筑师，以表彰其在建筑设计中所表现出的才智、洞察力和献身精神，以及通过建筑艺术为人类及人工环境方面所作出的持久而杰出的贡献。普利茨克建筑奖被认为是建筑师最具声望的奖励，人称"建筑界的诺贝尔奖。"

普利茨克建筑奖以普利兹克家族的姓氏命名。该家族的商业经营活动的中心在芝加哥，长久以来以支持教育事业、社会福利、宗教、科学、医学及文化活动而闻名。

普利茨克建筑奖设于1979年，其评选程序与奖项均依照诺贝尔奖的做法而设定。向每年度的获奖者颁发10万美元和一张获奖证书。从1987年起增发一枚铜质奖章，次年又增发一尊亨利·摩尔的雕塑作品。

铜质奖章的设计是以芝加哥著名建筑师——人称"摩天楼之父"的路易斯·沙里文的设计为基础，正面刻有"普利茨克建筑奖"字样，反面刻有亨利·沃顿1624年在其《建筑要素》一书中提出的建筑的3个基本条件："坚固、实用、愉悦"。该奖接受所有国家的提名，无论是政府官员，作家、评论家、学术研究人员、建筑师、建筑社团或工业家，实际上对提高建筑水平作出贡献的人都可以被提名为候选人，而不论其具有何种国籍、种族或意识形态。

需要说明的是，对于铜质奖章背面的三个关键词——由亨利·沃顿1624年提出的建筑的三个关键词：Firmness、Delight和Commodity当时翻译时推敲不够，译作"坚固、实用、愉悦"，后来又有人想当然地写作"坚固、适用、美观"就更远离原义了。我觉得译为"坚固"（Firmness）、"迷恋"（Delight）、"商品"（Commodity）更为准确，更符合普利茨克建筑奖对建筑艺术本质的认识。

从上表中可以看到：34年来，获奖的国家达17国，以获奖次数计名次，美国第一（8次），英国和日本并列第二位（4次），巴西、意大利、葡萄牙、法国、瑞士5国并列第三位（2次），其余9国（包括中国）均为获奖1次。

从颁奖所涉及的国家、建筑师及其代表作，可以看出普利茨克建筑奖评委会的眼光和水平，称该奖为建筑界的"奥斯卡"奖或建筑界的"诺贝尔奖"是大体名副其实的。它绝对是属于世界一级的建筑文化艺术奖项。截至2012年2月27日宣布王澍获奖，1979—2012年共颁奖34次。

美国凯悦基金会2012年2月28日通知国际建筑师协会，2012年普利茨克建筑奖得主为49岁的中国建筑师王澍。

《国际建筑师协会公报》称，15年来王澍和妻子陆文宇在中国杭州"业余建筑工作室"（Amateur Architecture）开展了一系列负责任的、人性化的、尊重环境的建筑艺术。王澍主张用"慢建造"的方式应对中国目前过热的建设风潮。他用从传统建筑拆下来的废弃材料作现代诠释。王澍强调，"人性"比建筑艺术更加重要，建造工艺比建筑技术更加重要。

普利茨克建筑奖评委会主席帕伦博勋爵（Lord Palumbo）阐述王澍获奖的原因时说，王澍的作品能够超越人们关于传统和未来的争论，成为持久深入的植根于自然环境，并永远具有普遍性意义的建筑。

关爱生命，关注生活，关注自然环境，关注建造工艺，关注建造材料……这就是王澍的建筑哲学、建筑价值观和建筑设计理念。

王澍的第一个重要建筑作品苏州大学文正书院图书馆，让建筑自然存在于"山"和"水"之间，他的中国美术学院象山校区，用拆房现场收集的700万块不同时代的旧砖弃瓦构筑新楼。

综观王澍这几年发表的文章与演讲内容，可以看出王澍有他独特的建筑设计理念。"在作为一个建筑师之前，我首先是一个文人。"王澍回忆说，"每年春，我都会带学生去苏州看园子，记得今年去之前和北京一位艺术家朋友（艾未未）通电话，他问我那些园子你怕是都去过一百遍了，干吗还去？——我智商不够高，我愚钝，所以常去……在这个浮躁喧嚣的年代，有些安静的事得有人去做，何况园林这种东西。造园，一向是非常传统的中国文人的事。"

王澍以他读元代画家倪瓒《容膝斋图》描述为例说："不要先想什么是重要的事，而是先想什么是有趣的事情，并身体力行地去做。""如果大家有兴趣的话，可以稍微细读一下这种描写，这些都是很有益的。比如说对画内房子的描写，"四根柱子"，柱子"很细"，这种词都不会乱用，其实都是在设计，在写的时候，已经是再次设计了。……在你做园林之前，你得有一个价值的判断，有一个兴趣的判断，你用什么样的生活方式活着。否则你不会做这样一件非常奇怪的事情。为什么有人去做，为什么大家都乐在其中？"

王澍的建筑哲学观，强调对待建筑的态度和价值观判断。王澍说："造房子，就是造一个小世界……而不是像西人的观点那样，造个房子，再配以所谓景观。换句话说，建造一个世界，首先取决于人对这个世界的态度。在《容膝斋图》那幅画中，人居的房子占的比例是不大的，在中国传统文人的建筑学里，有比造房子更重要的事情。"

王澍在美国大学作《小中见大，大中见小》的讲座时强调："面对世界的态度比掌握多少知识更加重要，这是决定性的分水岭。……历史上谈园子的人非常多，童寯先生认为，谈得最好的是《浮生六记》（［清］沈复著），它基本上是一部小说，不是理论，而以一种和生命与生活有关的态度来描写。我受《浮生六记》的影响非常大，我试图做到知行合一，就是你写的方式和做的方式很像。"据在座的美国同行反映，他们确实看到了一种和他们理解的建筑学完全不一样的建筑学！

——原载《艺术评论》2012年第4期

建筑评论与建筑设计之间

一、中国现代建筑评论理论的30年

中国当前可通过"两把尺子"来衡量建筑的发展方向、质量和水平：一看是否坚持改革开放（包括对国外、界外的改革开放，以及国营对民营的改革开放，计划对市场的改革开放，实践对评论和理论的改革开放等等）；二看是否贯彻建筑建设的科学发展观念（包括用公民建筑的眼光，以及生态建筑、生态城市、生态环境的标准审视我们的建筑实践活动）。

评论和理论常常要触及历史和现实的敏感点和所谓禁区，不迈出这一步，很难开拓出新的局面。

60年的总结，为我们提供了建筑评论的大背景、大前提。为了更准确、细致地总结历史经验，笔者将1949—1979年列为现代建筑评论的第一个30年，1979—2009年为第二个30年，这里重点探讨第二个30年。因为这两个30年放在一起，不利于分清主次轻重。

二、中国现代建筑评论理论与实践的文化视角

建筑文化是一个国家政治、经济、文化的全景形象，要了解一个国家，城市和建筑是其十分重要的标志。

回顾后30年建筑评论的历程，中国现代建筑评论理论与实践的文化视角中，有如下标志性事件。

①1979年《建筑师》丛刊创刊；②1982年12月29日，中国建筑学会《建筑学报》编辑部召开了北京香山饭店（贝聿铭设计）建筑设计座谈会，掀起了一次众所瞩目、规模空前的建筑评论热潮；③1985年2月3—7日，建设部设计局和中国建筑学会进一步探讨如何繁荣建筑创作，于北京召开了中青年建筑师小型座谈会，极大地调动起年轻建筑师的主动性和积极性；④1987年，弗莱彻（英国）主编的《世界建筑史》首次载入中国现代建筑43幢，著名中国建筑师16位；⑤1989年6月23日，"中国80年代建筑

艺术优秀作品评选"结果揭晓，中国国际展览中心等10项工程获奖；⑥1989年，罗小未、张晨合撰的《建筑评论》在《建筑学报》第1期发表，首次全面论述建筑评论的定义、意义、标准、模式，以及如何繁荣我国建筑评论等问题；⑦1999年6月，第20届世界建筑师大会在北京举行，大会发布著名的《北京宪章》；⑧2009年，多家媒体联合举办的《走向公民建筑》评选结果揭晓。除此之外，2013年中国建筑界也发生了两件大事：王澍成为中国获得有"建筑界诺贝尔奖"之称的"普里茨克建筑奖"的第一人，吴良镛教授获中国科学大奖。

这些带有标志性的事件表明，改革开放以后中国现代建筑在世界上的地位和影响有显著的提升。

三、后30年中国现代建筑评论理论与实践发展的三阶段

从建筑评论的角度，1979—2009年即第二个30年可分为3个阶段：1979—1989年，重新启动建筑评论实践和建筑观念、理论准备的阶段；1989—1999年，建筑评论的主题和视野逐渐开放、扩展、并形成了初步的建筑评论理论；1999—2009年，系统总结前30年理论与实践的阶段。

每个阶段都有建筑评论当时的背景、活动平台及代表人物。

2001年，郑时龄先生的《建筑批评学》为建筑评论做了基本理论的奠基工作，成为高等院校建筑学专业面向21世纪的建筑评论课教材。

2009年邹德侬等著的《中国建筑60年（1949—2009）：历史纵览》（以下简称"纵览"）正式出版，书中列举了周卜颐（1914—2003年）、汪坦（1912—2001年）、戴念慈（1920—1991年）、吴良镛（1922—）、罗小未（1925—）、陈志华（1929—）、吴焕加（1929—）、郑时龄（1941—）等共15位建筑理论家。

2012年末《建筑评论》系列丛刊创刊号问世。该刊开篇序言引用了俄国文艺理论家别林斯基的名言"关于伟大作品的评论，其重要性不在伟大作品本身之下"，并强调这个观点对于当世仍具有重要的现实意义。

因此研究刚刚过去的30年很有其理论和实践价值，它是我们继续前进的基础和起步点。没有对过去30年的认真总结评析，将很难在未来30年里更上一个层次——与世界先进国家接轨，平等对话。

对于中国现代建筑，评论理论与设计实践同等重要，二者互动、互赢、互相促进。这一点，国内学术界和生产一线的朋友们和领导者，长期未能科学认知。特别是

对建筑评论理论在建筑发展中所起到的驱动、监督、校正三大作用认知不够，希望今后10年能有所改进。

四、评论理论与设计实践两者并行

审视百多年来（1900—2009年）中国现代建筑发展足迹的四个阶段，也可以看到，评论理论与设计实践总是在同时起作用，这是不以人的主观意愿而失效的铁律。

1900—1929年的中国由封闭逐步开放，才进入中国现代建筑的起步阶段；1929—1957年由国外引进建筑人才、理论概念、建设资金，以及留学建筑人才的回归，才有中国现代建筑的兴起和发展，并取得了一些高水平的建筑创作成果；1957—1979年先是"一边倒"地学习"苏联老大哥"而后全面实行计划经济体制，因而导致中国建筑界与世界现代建筑相隔离，设计水平徘徊、停滞、甚至倒退；1979—2009年中国再次改革开放，中国现代建筑实践方步入大发展、大繁荣阶段。

五、评论理论与实践活动的关系

上述中国现代建筑的发展历程证实：中国现代建筑评论理论与设计实践的关系，是互为表里、互动互赢（或互输），即有什么样的观念理论便有什么样的实践活动。二者的生存发展是血肉相连，同进同退的。

实践活动和理论研究必须同步进行，而不是"从零开始"。前人已有的实践经验和理论成果为什么不可以借鉴，而非要从"摸着石头过河"开始呢？从一定意义上讲，这容易鼓励盲人摸象似的盲目行为。

微观上看，建筑评论理论与设计实践活动的关系也是如此。这体现在设计思维的信息单元内，设计实践从形象思维到抽象思维，从产生灵感到顿悟下笔画正式图纸之前，即使别人不说，设计人自己也在时刻不断地"评论"自己的想法、思路对与不对。作为信息单元构成因子的"评论、理论、观念"，是自始至终存在并十分活跃的。设计人在不断地修改和调整自己的想法、思路和做法。所谓"失败乃成功之母"也是基于这个道理。失败和成功是孪生兄弟，关键在于你的科学评论与选择。

60年来，繁荣建筑设计与创作的呼声一浪高过一浪，而建筑评论和建筑理论方面几乎是无所作为，如此又怎能出现更多优秀的建筑精品呢？相反的，正是评论和理论方面的无所作为导致失败的建筑甚至丑陋的建筑源源不断地涌现出来。

建筑评论需要社会舆论和业界同行的宽容和理解。因为，如果事事求全责备，就无法有也永远不会有科学的建筑评论和建筑批评学理论专著的问世。这也是中国建筑评论难以前行的主要原因。

为了创造让人们敢讲真话和能讲真话的社会环境及业界环境，我主张还是要强调"片面性是推动历史的主要动力"这一科学观念。

所谓全面只是相对而言，是理想状态，如果真心实意地提倡"百花齐放"、"百家争鸣"（"双百方针"），就须让"片面性"（或称之为"真理片段"）作贡献，这样才能调动更多人的主动性和积极性。现在的情况则往往是各建筑师固守自己的某个角度、立场，听不进来自其他角度的声音，均以别人不理解、说外行话、太片面等理由把别人拒之千里或兴师问罪。让人连真话都不敢说，更不要说评论了。"纵览"作者能从中国建筑60年历史中推出15位建筑理论家，是需要勇气的。多年以来，国内出版的建筑书籍多是见物不见人，更不见建筑师的思想和评论理论的踪影，很大程度上是"建筑实录"或"建筑作品编年史"，2009年出版的总结60年中国现代建筑的一些史料书，在这个方面有了很大的改进，"纵览"即属此列。真正实行"双百方针"，中国建筑行业才能加速走向更为全面、更高水平的层次。

——原载《新建筑》2014年第1期

忘不了的下午茶

——烟雨中的"梁陈方案"

　　我忘不了的下午茶是"梁思成先生的下午茶"。这是陈占祥先生女儿陈愉庆《多少往事烟雨中》一书中重现的情景。

　　作者绘声绘色、充满感情的描述吸引了我。60年前的下午茶，三位主角——梁思成、陈占祥、林徽因，持各自的观点，对话、探讨，予人启发良多，他们关于首都建设的对话如同一面镜子，可以让人永照不衰。

　　《多少往事烟雨中》是一本难得的好书。它不仅适合专业人士阅读，也适合各界朋友阅读。书中援引了美国前总统卡特的话："我们有能力建无数座曼哈顿、纽约，但我们永远没有能力建第二个北京。"

　　这里引述席间对话的几个片断与各位赏析和追思：

　　梁思成认为，大国首都的建设不仅急需都市计划人才，还需要建筑设计人才。这可不是阿猫、阿狗都能做的事，有人在国内或国外受过专业训练，却没有实践经验。因此，土建工程师和建筑师缺一不可，二者只有配合默契，才能造成品位高并且经济实用的建筑。这是百年大计！

　　陈占祥说，这正是做规划最担心的事，规划做得再好，但如果碰上蹩脚的建筑师，就像碰上无厘头的化妆师一样，把一个闭月羞花的姣好容貌，做成一个大花脸，岂不令人啼笑皆非。

　　梁思成：衣服买得不顺意，顶多送人或丢掉，哪怕媳妇讨得不称心，一拍两散就是了。如果一片片的房子盖得不伦不类，那是几十年甚至上百年也无法纠正的错误。

　　陈占祥：全世界再也没有第二个北京城，我真是诚惶诚恐，唯恐对不起先人和后人。北京是传承了几千年文明史的瑰宝，规划时要像爱护自己的眼睛一样，不然就是千古罪人，会如秦桧一样遗臭万年。

　　说到这里，"梁先生的眼睛一下亮了，把茶杯举起与陈的茶杯碰了碰说：'为志同道合，一见如故！'"

　　梁思成：北京城需要整体保护，绝不可伤筋动骨的。

陈占祥：西方工业革命的前车之鉴，中国不能重蹈覆辙了……

林徽因：伦敦、纽约何尝不是如此？半个世纪前拆烂污，几十年都揩不干净。规划做不好贻害百年。

这是60年前"下午茶"的对话，今天看来仍很有现实意义，值得重温。北京目前正在重新修订首都规划，对于未来的发展这是又一个关键的历史阶段。而梁陈的首都规划方案已被遗弃得太久了。

不久以前，在一次有关"年鉴"的会上，我曾讲了下面的意思。鉴，就是照镜子。一个国家或者一个人，一年或60年后照照镜子是很有好处的。但照镜子的目的不仅仅是为了"审美"——讲成就辉煌，还为了"审丑"——总结我们有哪些不足和缺点，及时改进、修补。

在一篇小文中我总结回顾60年的历史时，提出坚持"两把尺子"的观点，即需要用改革开放和科学发展观这"两把尺子"来衡量我们的得与失，免得重蹈覆辙或者自我感觉过于良好。这本《多少往事烟雨中》恰恰有助于我们坚持使用这"两把尺子"，所以我要向各位推荐它。我想，只要是真心想把规划做好、想成为合格或杰出规划师的人，都会喜欢此书的。

——原载《中国建设报》2010年11月1日

建筑师关注人

——品味勒·柯布西耶

冬夜捧读《勒·柯布西耶书信集》，与这位现代建筑运动的旗手做零距离对话，是一种难得的享受。

感谢本书的编著者和译者，他们集萃了勒·柯布西耶从1907年到1965年的329封书信，编成如此精美的书信集。

阅读这本书，我切身感受到这位富有激情的建筑大师的建筑观念，聆听他振聋发聩的建筑警句，欣赏他由衷赞美的那些（甚至包括民间的不知名的）建筑师的优美语言，这本书是勒·柯布西耶建筑思想的经典之作。

在这本书信集中，勒·柯布西耶说："纵观历史，我探索伟大建筑诞生的缘由。站在一个独特的高度，我发现，人类所有的努力和天赋都倾注于一点——创造一个有机的生命体！就像一个人，拥有心脏、消化系统，还有提供运动的肌肉。而人体看上去是那么美。同样地，拥有根基、身体和生命的建筑，才是美的建筑。"

作为现代建筑运动的旗手，勒·柯布西耶贡献给人类社会的物质和精神财富不仅仅是几个成功的建筑物和几个成功的城市规划设计，勒·柯布西耶是一位高屋建瓴的百科全书式的建筑师，是一个理想主义者。

勒·柯布西耶谢世前的3个月（1965年5月28日），在写给巴黎美术学院学生会主席菲利普·莫勒先生的信中曾经说过"建筑师关注人"这样的话。勒·柯布西耶类似人生谢幕词的这句话，言简意深、无限开放，值得我们长久品味和解读。

勒·柯布西耶的一生是开放的一生、矛盾的一生，又是直奔伟大建筑师的一生。他终其一生都在持续不断地学习，持续不断地思考和创新，而他的思考和实践又始终向科学开放，向社会开放，向未来开放。可以说，开放使勒·柯布西耶知识广博，开放使勒·柯布西耶视野高远，开放造就了勒·柯布西耶的伟大。

勒·柯布西耶的建筑观是全方位开放的建筑观。建筑观念的开放使勒·柯布西耶对建筑的学习和创造也是跨领域的，没有任何框框的——为解决全社会大众的居住问题，他号召建筑要成为住人的机器，向飞机学习，向轮船学习。

他呼吁建筑要工业化、标准化，建筑要革命。

勒·柯布西耶认为，一个建筑师首先应当是一个爱思考的人。他说："艺术反映的只是抽象的关系……关于娴熟的技艺对艺术家来说可能是致命的。作为一名韵律的支配者，他必须具备高度发达极端灵活的大脑。"

勒·柯布西耶怎样走上伟大的建筑师之路？

他早年从绘画、雕塑的艺术角度进入建筑。1900年，当他还是一个懵懵懂懂的孩子时就进入拉绍德封工艺美术学校，学习雕镂技术，在启蒙老师夏尔·艾普拉特尼尔的启发下，他对绘画和建筑有了兴趣，从此这一兴趣贯穿了他的一生。但他并不把自己局限在艺术的小圈子里，他尤其不喜欢模仿与跟风。他说，在我看来，普遍的文明是一切的基础。

他做事常常持有的是一种开放的心态和眼光，他是面对国内国外各行、各业、各界（包括官方和民间社会）进行长期对话与合作的成功者。他从事过的职业五花八门，但每每都有骄人的成绩。他既是建筑师、规划师、画家，又是雕塑家、编辑、作家、建筑理论家、艺术评论家、旅行家、企业家、教师、社会活动家。他的足迹遍及整个世界，他的作品遍及整个世界。

勒·柯布西耶在建筑学上的飞速成长与他孜孜不倦地边学习边实践，及时总结经验进行理论上的思考紧密相关。13岁小学毕业后，勒·柯布西耶即开始全面自学建筑学，他不但参与各种建筑项目，而且云游各国，观察、研究和学习欧洲历代的建筑结构和风格特点。所以他曾诙谐地说他学建筑的成才之路，走的是超常规的野路子。

勒·柯布西耶开放的建筑观是建立在坚实的现代科学基础之上的。

什么样的建筑师是伟大的建筑师？

什么样的建筑是成功的建筑？

这些问题是勒·柯布西耶一生都在思考的问题。

1913年5月9日在致朋友的信中，他郑重地向朋友请教三个问题：

我该何去何从？

深夜里，何以让小小的火苗不致熄灭？

你觉得我该做些什么呢？

在同一封信中，他逐渐理清自己的思路："……我已清晰阐释了我的想法。一个

25岁的年轻人，应当处于运动之中；30岁，他停下来，环顾四周，探测并检验他周围的土壤；40岁，他选定一块地方，把根扎下去。"

1908年11月22日他曾这样说："作为一名建筑师，必须有一颗辩证的脑袋：既要有缜密的逻辑，又要保持对造型的热爱；既要有理性，又要有情感；既要博学多识，又要不失对艺术的鉴赏力。"在同一封信中他强调："所谓创作，必须有意识，必须知道。……没有真正的学习……没有经历任何痛苦任何磨难，就不可能诞生艺术——艺术是一颗跳动的心的呐喊。"

可敬的勒·柯布西耶，他是一个向大洋彼岸冲刺永不回头的孤独的泳者！

1965年9月1日，在勒·柯布西耶棺椁前，安德烈·马尔罗（Andre Malraux，法国作家、政治家。曾担任法国总统府国务部长，总理代表。1959—1969年间任文化部部长。）说："勒·柯布西耶一生有很多对手……但是，没有哪一位像他那样长久以来招致各方的攻击，也没有哪一位像他那样坚定而有力地倡导了建筑的革命"。

勒·柯布西耶一百年前已经达到这样开放的、高超的建筑思想境界，而我们中国建筑师和建筑界的朋友直到今天尚未达到！他所倡导的建筑革命，我们到今天尚未理解！

中国建筑的开放很晚而且开放的程度远远不够，中国建筑界的对话环境不敢恭维，中国科学的建筑理论和科学的建筑评论长期被忽视，必须改变现状。在这个意义上讲，《勒·柯布西耶书信集》是我们不可不读的一本建筑科学专著，也是一本极好的建筑思想的经典之作。

——原载《中国建设报》2009年2月26日第3版

Chapter 3

/ 哲学篇 /

点亮建筑哲学的"七盏明灯"

——读拉斯金《建筑的七盏明灯》有感

《建筑的七盏明灯》(以下简称"七灯"),是英国哥特式建筑潮流的最主要代表人物拉斯金在30岁时完成的理论专著。该书从建筑哲学、建筑道德角度切入,所阐述的建筑七大原则为:奉献、真理、权力、美、生命、记忆和顺从,这也是建筑哲学的七大原则。

"七灯"抓住建筑本质性的灵魂,将奉献、真理、权力、美、生命、记忆和顺从这些标明七大根本原则的关键词,各列一章进行深入阐述,颇多发人深省之处。

正如作者所说,"由于这些法则一旦得到如实表述,就不仅能防范各种错误的发生,而且成为各种成功的源泉,所以,我认为把它们称作'建筑明灯'并非言过其实。"

作者虽然年轻,但是,他已经有了相当的建筑理论修养和哥特建筑创作的实践。当他还是一个学生时,就已经从别墅和农舍的建筑特点出发,探索出了他所主张的从生活习惯、景观环境及气候条件来思考的民族建筑思想,并在《建筑杂志》上就此发表了一系列文章。他对希腊、罗马时期的意大利建筑作过深入细致的考察研究,还存有那时现场绘制的建筑的细部素描图。

这些背景使《建筑的七盏明灯》一书独具特色,它不同于那些书斋式、学究式的作品。该书单刀直入、一步到位、直奔主题,抓住最关键的建筑哲学观点——所谓"七灯",深刻论述建筑与建筑事业的本质特征,建筑与人,建筑与社会,建筑与自然,建筑与历史,建筑与生活等的关系和规律。论述建筑创作与建造建筑时特别值得重视的观念思路、操作方法和建筑道德等问题。

书中以哥特式建筑为例的论述,有血有肉,充满激情,感染力和说服力均极强。读此书颇有点阅读杂文集的感受,一针见血,真正解决了思想观念和道德观念的问题。

该书引人入胜之处还在于它采用的启示录写法。书中提炼了33条格言,如:

格言2："一切实际法则都是对道德法则的解释"；

格言6："近代建筑师能耐有限，但是，却甚至连这些有限的能耐都不愿拿出来"；

格言9："想象的性质和尊严"；

格言17："建筑有两种智力：尊敬和统治"；

格言27："建筑应当作为历史，并且作为历史加以保护……"

格言能够吸引人们去研究建筑的丰富内涵，其对近代建筑师的批评至今仍有其现实意义。

作者还在书中以火车站为例，强调建筑既要满足功能要求，更要满足建筑的精神思想要求。他认为"火车站是痛苦之庙宇，建筑师能为人们做的唯一好事，就是向人们清楚地展示如何最快逃离……铁路把人从旅客变为一个活的包裹。因为机车力量的缘故，他暂时告别人性中最高尚的特点……将他安全运输，很快打发他走人"，因此，他认为，凡是建筑都必然对人的思想产生影响，而不仅仅为人体提供服务。

对于如何提高建筑师艺术欣赏水平这一问题，通过长期的观察和研究，他总结出四类欣赏，即感情欣赏、自豪欣赏、匠人欣赏、艺术和理性欣赏。他推崇艺术和理性欣赏，认为感情型的欣赏简单而出于本能，人人都会产生这种反应，而高尚的建筑师应当对自豪欣赏嗤之以鼻，因为那是大多数世俗之人的夸耀，而匠人欣赏又只是从技术层面的欣赏。他强调艺术欣赏的水平和艺术创作的水平是互为因果的，一个人只有眼高才可能手高，很少有眼低而手高的情况。

同时，作者认为建筑的价值依赖两种不同的特征：其一，建筑从人力获得的印象；其二，建筑所表现的自然创造的形象。而一切美丽都建立在自然形状的法则之上，离开了自然，人类就没有能力想象美丽。因此，他认为不应当滥用装饰，不适当的装饰是在花"丑化费"。

作者的建筑美学观念还表现在他第七章中所强调的建筑之中"从来没有自由这样的玩意儿"，在一定意义上说，要承认顺从的存在——"政治因为顺从而稳定，生活因为顺从而快乐，真理因为顺从而被接受，创造因为顺从而延续"。这里的四个"顺从"值得玩味。

作者在论述记忆原则时说："没有建筑我们就会失去记忆"，"建筑应当成为历史，并且作为历史加以保护"。他认为，好的居住环境不仅是记忆载体，并且还有着塑造有道德的人的作用。"在建造房舍时要耐心、仔细，带着几分欢喜，用心达到完美，心中想着在正常情况下，这些建筑起码要抵御当地的沧桑岁月，这是我们的道德义务之一。"

作者把房屋和建筑以此区别开来。以住宅为例，他说："关于美好家居建筑……当一个民族的房舍仅仅供一代人使用时，我只能认为它是这个民族邪恶的标志……君子之家有一种神圣……如果人真的像人一样活着的话，其房舍就应当像庙宇，居住在其中就可以使我们变得神圣。"

当今建筑观念趋向回归自然，重视生态、重视社会学的影响，而在滚滚的世界商业大潮中，唯利是图的风气已渗透到生活的各个角落，包括建筑学的各个角落，当建筑的理想和道德几乎被人们遗忘的时刻，先行者的建筑预见更能彰显出其现实意义，重读"七灯"也就更有了振聋发聩的意义。

拉斯金曾说："在推荐任何行动时，我们面临两种不同的理由：一种是理想价值的理由；另一种是更高层次的道德理由。前者更具有说服力，后者的结论更可靠。"这是作者撰写此书的目的，也是他的建筑哲学理想和道德追求。

当我们听到两个世纪以前的作者的这番话时怎能不掩卷深思呢？我们是否同意"奉献、真理、权力、美、生命、记忆和顺从"这七项原则是名副其实的"建筑明灯"呢？它们能继续照耀我们的前行之路吗？

——原载《中国建设报》2011年8月15日

贝聿铭的建筑哲学

"建筑是一种社会艺术的形式"，"只要建筑能够跟上社会的步伐，它们就不会被人们遗忘。"

——贝聿铭

人们熟悉的华裔美国建筑师贝聿铭，在其耄耋之年仍然屡屡有惊人的成果闻名于世，为什么会有这种现象？

在很大的程度上，取决于他值得借鉴的建筑哲学和建筑创作态度。

这里我从四个方面作些探讨：贝聿铭的建筑哲学；贝聿铭成功的四大要素；金字塔战役的启示；北京香山饭店的设计思路。

一、贝聿铭的建筑哲学

根据有关资料，我整理了贝聿铭的建筑哲学理念的表格。

贝聿铭的建筑哲学理念

本体论	价值论	方法论	备注
建筑是一种社会艺术的形式	创造生活工作环境 建筑是对生活和历史进行综合的需要	空间和形式是本质	建筑与环境的结合

贝聿铭认为，"建筑是一种社会艺术的形式"，建筑师的工作是为人们"创造生活工作环境——从公用的大空间到个人的小天地"，"只要建筑能够跟上社会的步伐，它们就不会被人们遗忘"。

贝聿铭又说："建筑设计中有三点必须予以足够的重视：首先是建筑与环境的结合；其次是空间与形式的处理；第三点是为使用者着想，解决好功能问题。"并且他强调说"正是对第一点（即建筑与环境的结合），前辈大师是不够重视的。"

贝聿铭根据建筑业特点，重视采用集思广益的创作方式，因为他认为："建筑业不仅仅是建造一幢具有历史性或艺术性大厦的事，其范围更大，是涉及整个都市的重要问题，这绝不仅仅是有关建筑师所能对付的，需要很多人的通力合作才能解决。"（详见王天锡：《贝聿铭》，中国建筑工业出版社1990年版）

二、贝聿铭成功的四大因素

我认为贝聿铭成功的四大因素为：

（1）善于招揽业务；

（2）善于与房地产开发者合作；

（3）善于与客户交朋友；

（4）善于吸引高素质的人才。

处理好客户、建筑师、开发商三者的关系，是建筑师与开发者事业成功的关键，也是客户的幸运。建筑师75%的命运取决于他招揽业务的能力。贝聿铭深谙招徕大客户的诀窍。他重视与客户交朋友，但也不一味迁就客户，还会对客户提出"挑战"。并且能使客户进入"最佳状态"。如，在法院大楼广场建一幢23层的综合办公楼，贝坚持只占那块用地的1/4，并用支柱撑起大楼，使行人可以畅通无阻地漫步在一座简朴优雅的露天大厅和一座生机盎然的庭院中。在为公众提供露天活动场所方面在美国开了好的先例。当有人对如此慷慨之举提出疑问时，贝用老子的话作答："埏埴以为器，当其无有器之用。"

建筑师是客户和开发者的中介，客户和开发者都是建筑师的"上帝"。建筑师要想事业有成，必须忠诚地为客户和开发者服务好，开发者更首当其要。

年轻的贝聿铭深明此理。在当了两年助教以后，31岁的贝聿铭逃离与世隔绝的学术界，投到另一位导师——奢华的房地产投资开发商威廉·泽肯多夫（William Zeckendorf）门下。贝的熟人为此气愤，显然他们并不了解贝选择的意义。泽肯多夫绝非一般只用金钱作生意的人，而是进行观念性思考，运用想象力对城市土地再开发，能使土地价值翻三番的人物。他见到贝聿铭如鱼得水，像古代希腊美狄奇家族那样，把贝聿铭当作"现代的米开朗琪罗和达·芬奇"来雇用的。

通过泽肯多夫的房地产速成课，他很快成为一名极为难得的可以就价值、位置和资金等实际细节发表权威意见的建筑师。贝聿铭的事业由此起飞了。泽肯多夫的判断和预料是正确的，由于优秀的设计并不比低劣设计多花钱，建筑师和开发者只要素质相当，完全可以由相互不信任而转变为愉快合作的关系。

客户的重要性从"金字塔战役"看待最清楚。贝聿铭说："大卢浮宫是我一生中接受的最大挑战和最大成功。"这项工程历时10年，耗资10亿美元，涉及130名建筑师，250多家建筑公司，7个政府部门，如果没有贝的"钛质脊梁"和密特朗政府即总统本人作为坚强后盾是根本不可能完成的。

1682年，路易十四曾邀请意大利建筑师伯尼尼整修卢浮宫，由于法国人的敌意和国王的不支持，使伯尼尼十分沮丧，刚过6个月，他就回到了罗马。而300年后贝聿铭成功了，最初他被诋毁为法兰西文化的亵渎者、魔鬼，"大卢浮宫"建成后却被奉为法国的国家英雄。在1988年3月4日卢浮宫改建工程落成典礼上，总统庄重地说："你所创造的美将永远铭刻在我们的历史上。"并授予贝军团荣誉勋章——授予外国公民的最高荣誉。

贝聿铭善于吸引高素质的人才。贝聿铭选择科布（Henn Cobb）作他职业上的"第二自我"也许并非巧合。他们一起构成对立面之间存在的阴阳共生关系。贝聿铭冲动、外向，而科布则矜持寡言；贝聿铭回避学术讨论，而科布担任了哈佛研究生设计院建筑系的主任；贝聿铭相信自己的眼睛，而科布则相信逻辑；贝聿铭是移民，科布本人则是新英格兰的贵族，其祖先很早就在缅因州的波特兰上游区落脚。

科布与弗里德（James Ingo Freed）这两位最有才智的建筑师，为什么甘心在贝聿铭居高临下的阴影中忍受这么长时间的折磨？他们不愿意离开事务所的原因有三个：

（1）他们永远无法再招聘到云集在贝聿铭手下那些拥有天赋和专长的人才。

（2）他们永远无法指望赶上贝聿铭招徕业务方面的能力。

（3）贝聿铭想的是明天而他们想的是后天——以一种贝聿铭事务所任何数量的工作无法企及的方式，确立了他们个人的地位，加强了事务所的地位（亨利·科布不顾贝的反对担任了哈佛研究生设计院建筑系的系主任），并且保证事务所在贝聿铭离去后能够继续存在。

三、金字塔战役的启示

众人皆知，巴黎是法国的心脏，卢浮宫是巴黎的心脏。但是，起初谁也没有想到贝聿铭设计的卢浮宫玻璃金字塔成为卢浮宫的心脏和巴黎的象征。更没有想到"大卢浮宫"建成之日，贝聿铭被奉为法国的国家英雄。

令人感兴趣的是贝聿铭是如何赢得这一巨大的成功的呢？

贝聿铭有关建筑哲学的四句话颇值得玩味。

贝聿铭认为，"建筑是一种社会艺术"，价值在于"创造生活工作环境"，方法论为"空间形式是本质",追求的是"建筑与环境的结合"。其建筑哲学在实践中具体体现为:大与小、人与物、多与少、图与底四个方面。

大与小:大卢浮宫中心的新入口不大也不高,是一座约20米高的玻璃金字塔,仅为埃菲尔铁塔的1/15。然而,它却像埃菲尔铁塔一样,以其沉静的美成为巴黎的鲜明象征。

贝聿铭的意图是为了以"某种形式的比较宽敞的场地向参观者表示欢迎",它有容量,有灯光,而且有表面识别标志。让人们看一眼就明白:"啊,这是入口。"同时,它作为"通体照明的结构符号"能与暗淡无光的旧皇宫浑然一体,通过反映周围那座建筑物褐色的石头对旧皇宫沉重的存在表示尊敬和仰慕。加之,贝聿铭采取高科技,把793块玻璃悬挂在一张柔软易弯的"蜘蛛网"上,从而使金字塔的外观更加轻快,使古老的金字塔建筑形式变得既古老又年轻,既熟悉又陌生。

人与物:过程对贝聿铭固然重要,但他又说:"我尤其看重参与工作的人之人格。我寻找的不是工程,我寻找的是客户。"波士顿的肯尼迪图书馆、北京香山饭店、华盛顿国家美术馆东馆以及大卢浮宫都证实了他的选择,正是客户的理解和支持成为他成功的前提。

多与少:根据贝聿铭的经验,美术馆的服务空间与公共空间之比应该是1:1。但是,在卢浮宫,天哪,它是1:15。现任卢浮宫馆长称他的博物馆是"一座没有后台的剧院"。卢浮宫尤其需要"公共空间"——座椅、餐厅、咖啡馆、休息室、商店、演讲厅以及其他令人愉快的环境。贝说同样重要的需求是服务保障——办公室、储藏区和修理工作室。这就成为贝把面积增加7万平方米,开发拿破仑广场地下空间构思的坚实依据,并告诉密特朗:"除非可行,否则我不会这样干。"密特朗同意了。

图与底:高明的设计师都是处理图与底关系的艺术家。贝聿铭也不例外,金字塔便是他作的"图",把旧皇宫作为"底"和背景,这是时代的大手笔。在室内环境的设计上也处理得恰到好处。主持画廊设计的罗斯说:"出于历史和审美的原因,我们确信这些画必须与墙面结合作为更大的建筑布景。"衬在冷色调的灰绿色背景上,作品显得沉着多了,不像以前那样刺眼。贝解释说:"在这里我们让画发言,让背景休息。"

四、香山饭店的设计思路

香山饭店是贝聿铭个人对新中国的理解和表述,因此需要他亲自过问。设计师卡伦·范兰根说:"两三年中,这是他自己的项目。每隔两小时他就会带着图纸和立面图到我桌边来。我们工作时间特别长。他非常执着。"

因此,研究贝聿铭香山饭店的设计思路有助于我们了解一个建筑精品是如何诞生的。对于建筑的中国特色，贝聿铭有他的观察和体验。如贝聿铭所说："在西方，窗户就是窗户，它要放进阳光和新鲜空气。但对中国人来说，窗户是镜框，那里总有园林。"正是基于这一思路，香山饭店上的窗户设计成为该建筑最突出的特色之一：几乎所有的窗户都是镜框，那里总有园林，总有不同的景致，达到窗异景异的效果。

1983年，在香山饭店刚竣工时我写的评论文章中，把贝的设计思路概括为五个方面：设计"归根"建筑，"环境第一"的思想，"一切服从人"的思想，"刻意传神"的思想，重视体量与空间。

五、设计"归根"建筑

中国建筑的"根"在哪里，怎样归根？

贝先生对此有很精辟的见解，饭店开业前他对记者说："不能每有新建筑都向外看，中国建筑的根还存在。我经过一年多的探索知道，中国建筑的根还可以发芽。宫殿、庙宇上的许多东西不能用了，民居上有许多好的东西。活的根还应当到民间采取。民居用的材料很简单，白墙、灰砖很普通。灰砖是中国特殊的建筑材料。光寻历史的根还不够，还要现代化。有了好的根可以插枝，把新的东西、能用的东西接到老根上去，否则人们不能接受。"他这里实质上是讲了民族风格、地方风格形成的过程。所以说，"归根"思想是形成贝氏风格的决定因素，是贝氏建筑常做常新的基本原因。

六、"环境第一"的思想

只要真正体现"环境第一"的思想，就不必担心建筑形式会千篇一律。"环境第一"的思想，就是全局观念，是从环境的全局出发处理单体建筑，环境是"根"，单体建筑就是"芽"。由于以千变万化的自然环境和人工环境为依据，肯定会设计出千变万化的新建筑来。

设计前，贝聿铭冒着大雪到山顶研究环境。基于有"环境第一"的思想，他决定把香山饭店建成园林式旅馆。贝聿铭运用了我国传统的和现代的造园、借景等一系列手法，使建筑融合于环境之中，让环境渗透到建筑之内。贯彻了"巧于因借，精在体宜"的原则。

七、"一切服从人"的思想

香山饭店根据人在其中活动的各种需要，合理地按功能分区，分层次地组织空间。其空间处理上有许多新颖之处，融会贯通地把中外古今的建筑艺术手法结合起来运用。在统一中求变化，造成大小不一，开敞封闭程度不同，动态静态有别的各种空间。内部空间中最突出的是贯通三层、高达11米、面积达780平方米的四季庭园，因为罩上歇山式玻璃顶，使里面四季如春。在其内可以赏竹、观鱼、品茶、小憩、购物、喝咖啡、娱乐，形成整个饭店人员大量聚集的中心活动空间，也是商业、服务、文体、宴会中心枢纽，吸引着各区的游客，又通过连廊疏导着游人。

八、"刻意传神"的思想

贝先生说，一般中国人士对中国的建筑有两种做法，一是模仿红柱金顶的故宫式样（这种建筑物在台湾很多）；另一是完全西式现代化，他们的理由是旅馆既是为外宾所建，不如完全西式。而贝要走的是"第三道路"，即把香山饭店设计成不是照抄照搬中国传统的建筑物，但也不是所谓"现代化建筑"的玻璃金字塔。我理解贝是要创造出民族化和现代化联系起来的建筑。实际上贝聿铭探索这条"第三道路"获得相当的成功。当然这不是唯一的路，但是有益的前进。贝聿铭这里用"民族化"的提法，我感觉它比"民族形式"准确。讲形式容易使人误解为是某种固定的形象（如过去作的那样，把大屋顶或贴琉璃当成民族形式），而"化"是一个过程，没有固定的模式可搬。所谓出神入化，要吸收和消化许多东西才能做到这个"化"字。

九、重视体量与空间

贝聿铭对建筑体量和空间的重视程度的实例很多。为了更准确地把握香山饭店的地形和建筑的体量和空间，贝聿铭不远万里把近两米见方的，包括部分香山地形重量达上百公斤的五万分之一的香山模型，由美国空运到北京来，与现场对照，征求意见。他对室内外空间，包括11个小院和主庭院，反复思考研究，多方倾听意见。利用玻璃罩顶、通道天井、楼梯天井、室内种植等多种手法，创造出大小明暗、高低、隔而不死、大小流通、成组成群的空间，变化十分丰富。体量上压低层数，用白灰两色和纤细的装饰线条，尽量减弱建筑的重量感，使它在园林之中无庞大笨重之感，而辉映着自然光、影、绿化、蓝天、水面。

——原载《重庆建筑》2011年第1期

世界眼光　哲学头脑　中国心

——学习吴冠中先生的艺术哲学

吴冠中先生（1919年7月5日—2010年6月25日）是当代罕见的德才艺绝佳的大家，值得为他编撰画语录供人们学习借鉴的艺术家。也是我十分尊重和喜欢的当代艺术大师。读他的画作与文章有一种鲜有的眼亮心明、酣畅淋漓、促人行动的感受。

但是，鉴于吴先生画作和文章之多让人目不暇接，我一直想找一本供建筑界人士学习借鉴吴先生艺术哲学思想的书而不可得。

近日，好友德侬教授赠我《看日出——吴冠中66封信中的世界》。

初翻阅这本巨作时我还有些疑惑：书桌上积压着好几本待读的书，如此厚厚的450多页洋洋洒洒58万字、514幅图的大书，让我担心，何时能读完此书？而当我拿起来时就放不下了，一口气全部读完之后，觉得《看日出》基本上满足了我上述愿望。应当说，读此书真是极大的艺术享受。特别是，读吴冠中先生的画论颇有读《罗丹艺术论》的感觉。《看日出》出色地整理了吴冠中先生留给建筑艺术界的丰厚文化遗产，值得我们熟读精思、珍藏实践。

一、从何读起呢？

书中提到吴先生论绘画时多次提示："统帅是大色块、主调和结构，其他都是小兵。"我想作画如此，读书又何尝不是如此呢？

于是，我从66封信切入开始读起。为了研读的方便，我还专门制成吴冠中先生致邹德侬等人66封信索引。结果一读就放不下了，连续三天夜以继日地读完全书。深深感觉到：这66封信恰恰是书的灵魂，是书的"大色块、主调和结构"。信如其人，信如其心，信是该书的魂！

二、吴冠中论建筑艺术

吴先生70多年前自中外艺术院校毕业后，曾先后在重庆中央大学建筑系、清华大学建筑系、中央工艺美术学院任教多年，因此他对建筑艺术、建筑教学、建筑师的了

吴冠中先生致邹德侬等人 66 封信索引表

序号	通信时间	页次	收信人	内容索引
1	1975-09-23	51~53	邹德侬	真理，好比种子
2	1975-10-11	54~55	同上	形象、形式是画家的生命线，不愧见洋鬼子，试作水墨
3	1975-10-22	64~65	同上	澳画展属英国面貌
4	1975-10-30	79~80	邹德侬、张效孟	用水墨画石舫略胜油画
5	1975-12-21	85	邹德侬	从"形象"丘陵爬"意象"高坡
6	1976-01-01	87	张效孟、俞寿宾、邹德侬	定居在宣纸上还是油画布上呢？
7	1976-03-22	94~95	邹德侬	桅樯侧影皆成文章
8	1976-04-01	97~98	同上	有所突破自己旧调的是"鱼"
9	1976-04-07	104	同上	我最喜爱的题材重画了二次
10	1976-04-12	108	同上	获得二三件可喜的野味
11	1976-05-27	111	同上	留烟台画点画
12	1976-07-03	114~115	同上	泰山貌不出众
13	1976-08-04	117	同上	送日本的油画
14	1976-08-28	118~119	同上	地动山摇笔未停
15	1976-10-27	122	同上	今普天同庆雷劈瘟神
16	1976-12-08	123	邹德侬 张效孟 俞寿宾	画长江三峡
17	1977-02-12	127~131	邹德侬	打倒"四人帮"，无异当年日本投降
18	1977-03-06	132	同上	去绍兴、桂林
19	1977-04-02	132	同上	吃掉饼干八九斤
20	1977-06-02	139	同上	约6月中旬返京
21	1977-07-23	143	同上	几批外宾问及"三峡"作者
22	1977-09-02	158	同上	《鲁迅家乡》数易其稿，绝不让俗品出门
23	1977-09-23	160	同上	去日本之画已在东京展出

续表

序号	通信时间	页次	收信人	内容索引
24	1977-09-25	162	同上	读风眠师去国前赠画
25	1977-12-10	163	同上	作水墨是为了油画而木兰从军
26	1978-01-01	168	同上	形式美问题被提到空前高度
27	1978-03-17	170～171	同上	不求量多，但求质变
28	1978-03-22	172	同上	建筑工作者眼里的我
29	1978-06-05	177	同上	自题水墨月下玉龙山
30	1978-07-08	185	同上	决定仍不投靠题材
31	1978-12-13	192	同上	《文艺心理学》是我艺术思想第一奶妈
32	1978-12-24	201	同上	五六种年历印了我的画
33	1979-09-11	205	同上	《印象主义》一文将发表
34	1980-05-21	206	同上	谈及抽象美问题
35	1980-06-20	214	同上	为香港友人患坐骨神经痛觅医
36	1980-06-28	215	同上	绘事最急，雷打不动
37	198-07-03	223	同上	天津办我的画展
38	1980-07-22	224	同上	去青岛休养
39	1980-11-01	229	同上	香港《明报》发《潘天寿艺术的造型特色》
40	1980-11-11	240	同上	为香港老友寻医
41	1981-02-01	241	同上	写了《内容决定形式？》《油画实践甘苦谈》
42	1981-05-05	243	同上	"画廊"同意约邹写稿
43	1981-05-28	252～253	同上	组织批我的"抽象美"
44	1981-12-12	254	同上	已两个月未作画，不得了
45	1982-08-06	263	同上	搬家与"黄粱梦"
46	1982-11-12	276	同上	祝译稿顺利，复词条补充
47	1983-01-09	281	同上	《东寻西找集》

续表

序号	通信时间	页次	收信人	内容索引
48	1983-03-02	284	同上	前言仍由你写
49	1983-03-08	290	同上	关于《西方现代艺术史》前言
50	1983-08-29	292	同上	"一见钟情"在形式美中的永恒价值
51	1983-10-27	304	同上	译稿情况更是念念
52	1983-12-31	308~309	同上	欲穷千里目，更上年龄峰
53	1984-06-15	311~312	同上	河北美术版《吴冠中画集》已出
54	1984-10-05	318	同上	中国艺术对文化声誉与经济效益之潜力
55	1984-12-05	327	同上	开始反刍动物新草
56	1985-03-13	328	同上	我的新作展，最高质量展
57	1985-06-08	332	同上	作水乡新意多幅
58	1985-12-03	340	同上	国画起点上的新油画
59	1986-01-19	351	同上	天津小册子已无足轻重
60	1986-01-29	352	同上	车永仁留下两本样书
61	1986-02-20	353~354	同上	两个画题均不明确
62	1986-02-22	354~355	同上	可考虑译音
63	1986-12-30	355	同上	香港"吴冠中回顾展"20天，作品的力量将征服一切
64	1987-03-26	367	同上	看幻灯片
65	1987-07-18	367~368	同上	西方美术史甚好，去印度
66	1987-12-26	369~370	同上	回顾展震撼香港艺术界

注：此表据邹德侬编著《看日出——吴冠中老师66封信中的世界》一书整理而成。

解洞若观火。邹德侬又是吴先生中年变法后的高足，曾亲聆吴先生言传身教，听德侬解读吴先生的艺术哲学思想和画作，有声情并茂、体会入微之感。

吴先生关于建筑教育与建筑师实践的许多评论切中要害，如：

- 建筑系不缺画建筑图的人，缺的是艺术家！
- 建筑系的学生总是追求技法，虽然技法基本掌握了，可是画面总是不耐看，没有感染力。你要问问自己，艺术在那里？不是技法，是艺术，技法为艺术服务。

- 写生不是到此一游的游记，而是要去发现美，要把美抓出来，放大，重新安排，让没有发现美的人感受到，这就是创作，写生就是创作！

- 从技巧讲……你及你的同窗看到，也许会赞扬其渲染效果，但你立刻会悟到：你以前一味追求的道路的终点原来就在这里——无聊的坟墓。

- 实用、经济、美观，美观是形式问题，排行老三，在我们今天贫穷的条件下，我赞同这样的提法。形式之所以只能被内容决定，因为它被认为是次要的，是装点装点而已，甚至是可有可无的。事实上也确实如此，首先要办完年货，有余钱再买年画。

- 构图不是孤立的，构图就是构思，是艺术思想的物化。

- 有效果就是技法，技法为创作服务，在创作中形成技法，不是练好技法再上阵。

三、吴冠中的艺术哲学

吴先生把哲学真理视为"种子"。

他说："真理好比种子，种子是坚实的，一遇水土便可生长，唐代的莲子，就曾在京郊的植物园再度开花，小小莲子，越世近千年，心脏不坏。"这大概是他特别重视艺术哲学探索的思想根源，他是从年轻时便重视艺术理论学习的。

当回忆到自身成长过程时，吴先生满怀深情地说："朱光潜先生早年写的《文艺心理学》是我艺术思想成长过程中第一个奶妈，我学艺的童年是吃他的奶长大的，对他永远崇敬，愿他尽量长寿！"

认真学习《文艺心理学》等中外艺术前辈理论著作和勤奋的艺术实践使他能有艺术哲学的高起点，后来在20世纪70年代末至20世纪80年代初，石破天惊地在中国美术界提出"形式美""抽象美"的问题，对中国绘画的现代化和油画民族化作出极大的贡献。

"形式美""抽象美"的问题，同样也是长期困扰建筑师的老问题。什么是"社会主义现实主义的创作方法"？什么是具有中国特色的社会主义建筑新风格？一直众说纷纭，直到今天也未理出头绪。

吴冠中的艺术哲学思想中有以下几个方面特别值得建筑师朋友学习、领会。

（1）艺术的灵魂是美。

他强调，要"美"不要"漂亮"。艺术没有职业，没有价值。美是本质的，漂亮是表面的；美是永恒的，漂亮是暂时的。如果有人夸我的画"漂亮"，我就很不开心！老乡说我的画"很美",我就十分高兴。漂亮不等于美,好料子,宝石、玳瑁这都是漂亮的东西,但不一定就美。应该抓住美的本质,这时候,石头和泥巴都可以是美的。

（2）中国的"美盲"多于"文盲"。

这是中国艺术家的生存环境和背景,也正是开创中国绘画的现代化和油画民族化之路十分艰难的根源。

（3）思想比技巧更重要,思想领先,题材、内容、境界全新,笔墨等于零。

他笃信德拉克洛瓦的绘画经验"用扫帚落笔,用绣花针收拾,这样可以做到'大笔不失空洞,小笔不至于琐碎'"。后来他把此上升为"色块、主调与结构"理论,他强调"统帅是大色块、主调和结构,其他都是小兵"。仔细想想,这不正是"图底理论"的吴氏说法吗?大色块、主调和结构是绘画的"底",其他都是"图",是"小兵"。而现在许多人作画或做事常犯的大忌,便是忙于作"图",忘了"底"这个帅。

（4）创新的思路与路径。

从66封信的索引也可以看出吴先生思路与路径的一点眉目。

如:第2封信,形象、形式是画家的生命线,不愧见洋鬼子,试作水墨;第23封信,去日本之画已在东京展出;第26封信,形式美问题被提到空前高度;第34封信,谈及抽象美问题;第43封信,组织批我的"抽象美";第50封信,"一见钟情"在形式美中的永恒价值;第55封信,开始反刍动物新草;第63封信,香港"吴冠中回顾展"20天,作品的力量将征服一切;第66封信,回顾展震撼香港艺术界。吴先生的创新思路和路径是极其曲折和艰难的,而且也经历了"出口转内销"的过程,先要得到境外人的认可,然后才在国内逐渐热起来。

记得1978年5月出版的《罗丹艺术论》,开篇的"出版说明",就为罗丹扣上"唯心主义""人道主义""人性论""不可知论"等几顶大帽子。而且还感到力度不够,在这本154页的小书最后又加了20多页的"后记",深入地批判所谓罗丹的"资产阶级世界观"和书中的"糟粕部分",甚至,把罗丹和胡风联系起来,说是在散布"反动文艺理论"云云。

在这样的背景下。我们更理解在艺术观念、思想、艺术手法上与罗丹"英雄所见略同"的吴冠中先生,此刻提出抽象美、形式美的学术勇气和艰难处境,遭到群起而攻之的必然性。况且罗丹的许多观点在吴冠中先生这里得到深化和发展呢?

吴冠中先生认为,要正确对待东西方——东方与西方只是从不同的方向攀登艺术高峰,路径不同,方向一致,殊途同归。

现代化与民族化——只是一体的两面,不是非此即彼的关系。

所谓两个观众——指西方的艺术大师和中国的老百姓是吴先生的服务对象。

意境——乃是吴先生每一次创作的艺术追求。

吴冠中先生说:民族化的核心,我觉得主要还是意境问题。我没有对数十年来的摸索作过理论分析和总结,但回忆一下,粗粗地归纳,我似乎不断在追求四个方面:人民的感情、泥土的气息、传统的特色和现代西方绘画的形式法则。其中最关键的是要有意境。形式呢,吸收西方现代手法必须将之化为中国人民喜闻乐见的形式。

四、身家性命画图中

吴冠中先生视艺术为生命,为艺术创新献出了他的一切,其精神是我们的榜样。学生问他创作的"成功率"时,他回答说:"我作画的'成功率'大约也就是十或二十分之一吧。失败当然比成功多得多,不过,我是'宁可玉碎'。和你们一起画画我也怕,因为我总是搞可能失败的东西,我已经掌握的东西,就不愿再重复,重复不会有什么新的提高。要搞自己没有把握的东西,就有可能失败;我宁可失败,也不愿停留在原有的水平上。"

关于成功,笔者想到一句话:"别关注正确,关注成功",这句话难道错了吗?

我觉得不怕失败和关注成功恰恰是一体的两面。过去我们往往把关注成功等同于追求名利加以批判,这值得我们反思。

"别关注正确,关注成功",这句话是乔布斯的座右铭之一,它提示人们要破除迷信、解放思想,不要太把人们司空见惯的"正确"当回事,结果既不敢想更不敢为,那还活什么劲啊!

还有个主流和非主流的问题也值得我们深思。

吴冠中先生写自传时说过,他自归国后,就处于"三大派"(延安派、亲苏派和写实派)之外的非主流位置,得不到重视和重用。谁知"因祸得福",思想上的禁锢反而少一些,探索的空间更加自由宽广一些,也才有了后来的吴冠中。无独有偶的是,今年获普利茨克建筑奖的建筑师王澍,也是非主流建筑师,他的事务所也是业余建筑设计事务所。这两个历史事实应当给我们更深的启示吧?

——原载《中国建筑文化遗产9》天津大学出版社2013年版

从《陋室铭》到伊东丰雄的建筑哲学观

写完《伊东丰雄的建筑艺术哲学》一文，我仍觉余言未尽，再写此文。

这里先附上历次获普利茨克奖的日本建筑师名单及其反映各自建筑哲学观的一句话，令人深思：

（1）丹下健三（1913—）1987年获奖，持系统建筑观；

（2）槙文彦（1928—）1993年获奖，认为建筑是城市整体的一部分；

（3）安藤忠雄（1944—）1995年获奖，追求个性化空间；

（4）妹岛和世（1956—）2010年获奖，持后意识形态建筑观；

（5）西泽立卫（1966—）2010年获奖，认为设计是不断的探索过程；

（6）伊东丰雄（1941—）2013年获奖，追求"三性"的建筑观。

可以看出，他们的建筑观与《陋室铭》作者刘禹锡的建筑观是多么相似！

特别是荣获2013年普利茨克建筑奖的伊东丰雄（1944—），今年72岁，可谓"大器晚成"。

刘禹锡（772—842）是中国唐代大诗人，在世72年，属于早年成名的文学天才，其建筑观念与伊东丰雄颇有相似之处。刘禹锡名作《陋室铭》，全文仅81个字：

"山不在高，有仙则名；水不在深，有龙则灵。斯是陋室，惟吾德馨。苔痕上阶绿，草色入帘青。谈笑有鸿儒，往来无白丁。可以调素琴，阅金经，无丝竹之乱耳，无案牍之劳形。南阳诸葛庐，西蜀子云亭。孔子曰：何陋之有？"

台湾成功大学叶树源教授在其《从〈陋室铭〉看我国古人的建筑观》的论文中，根据中国古人的建筑观和生活方式，对《陋室铭》作了环境建筑学观念的解读，颇有深意。

他强调，《陋室铭》的建筑观念有三条：

（1）"山不在高""水不在深"，指出了建筑基地和居住环境的重要。

（2）通过对"陋室"整体生活环境的描写，包括对庭园与房屋的一气呵成的设计联系，强调建筑与人的和谐关系，强调建筑必须适合人的生活要求。

（3）以诸葛庐、子云亭为例，对种类不同又同样十分简朴的建筑物给予了高度评价，发出"何陋之有"的慨叹：我这样的人，住这样的住宅，配我的身份，合我的需要，这不是很好吗？

我们就从"何陋之有"谈起。

《陋室铭》所传达的中国古人的建筑观与伊东丰雄的建筑观毫无二致。

伊东建筑观的核心是：实行"三不对策"，即在设计思路和设计手法上，不随派逐流，不依从"极简主义"，"不追随参数化设计"。追求"三性"——建筑的临时性、功能的模糊性与自然的融合性。

刘禹锡的《陋室铭》正体现了以上的"三性"。而伊东丰雄却用通俗易懂的语言，把环境建筑学观念具体化为"三性"。这是中日建筑文化观念1100多年的历史回响。

但是，如果把日本建筑师屡屡获普奖的原因，仅仅归之于"他们延续勒·柯布西耶面向大众的建筑风格，又吸收二战前的抽象的建筑风格"营养，我很难苟同。因为，风格并无定格，各个时期绝非只有一种风格。况且，风格是表，哲学观念是里。手法、风格多指艺术形式上的创新。过于强调风格，往往会把创新引向歧路，做了舍本逐末的事情：花样不少，成功者寥寥可数。

伊东的"三性"既是设计思路、设计手法，又是"概念创新"，是其建筑艺术哲学观的通俗、简练的表达，而且与我们建设主管部门长期坚持的"适用、经济、美观"这六个字是不谋而合的！

总之，是哲学观念引导设计思路，哲学观念创新、理论创新属于源头创新。不管中国还是西方，科学的哲学观念的生命地久天长。伊东丰雄与刘禹锡的建筑观的今古呼应就是明证——这大概便是钱学森先生视"建筑哲学为建筑科学的最高台阶"的原因吧。

——原载《建筑》2013年第11期

伊东丰雄的建筑哲学观与建筑风格

一、从Style说起

属于形式、手法、品格范畴的Style，似乎有着某种魔力，它总是在不断地兴风作浪。建筑界的"欧陆风""极简主义"等风刚刚刮过去不久，韩国风、江南Style、伊东丰雄之风又有劲吹的迹象。这也是中国建筑之所以长期裹足不前的重要原因之一，建筑设计者总是如影随形地摆脱不了大屋顶、斗栱木结构形式的阴影，屡屡掉入历史木结构建筑形式风格的陷阱。近日，有文章论述伊东丰雄成功之道时，竟然归之为"延续某某风格"，这现象引起笔者的警觉。

建筑风格问题是重要的建筑理论问题，它对城市和建筑的规划设计的影响十分深远。但是，真正引导设计思路、手法、形式和风格的是建筑哲学观念。哲学观念和建筑理论的创新属于源头创新，科学的哲学观念的生命地久天长——这大概就是钱学森先生视"建筑哲学为建筑科学的最高台阶"的原因吧？在建筑创作中过于强调新风格、新形式、新气派的创造，往往把创作引入歧路，做着舍本逐末的事情。其结果很可能是花样不少，成功之作寥寥。甚至成为偏离"适用、经济、美观"建筑观念的丑陋建筑，让人痛心。

荣获2013年普利茨克建筑奖的日本建筑师伊东丰雄的建筑哲学观是追求"三性"（建筑的临时性、功能的模糊性以及与自然的融合性），这既是其设计思路、风格手法的追求，更是其建筑哲学观念创新的通俗简练的表达。而且从本质上讲，这与我们长期坚持的"适用、经济、美观"建筑观念方针是不谋而合的！

二、伊东丰雄的建筑哲学观

2013年3月18日，普利茨克建筑奖暨凯悦基金会主席汤姆士·普利茨克宣布，日本建筑师伊东丰雄荣获2013年普利茨克建筑奖。

对伊东丰雄的获奖，评审团认为："伊东丰雄在其职业生涯（1941年生，1971年成立工作室）当中，创作了一系列将概念创新与建造精美相结合的建筑。""研究过伊东丰雄作品的人都会发现，其作品不仅涵盖不同的使用功能，而且，还蕴含着丰富的建筑语言。他的建筑形式既不依从于极简主义也不追随参数化设计。"这里有三个关键词值得注意，即"概念创新"，"不依从于极简主义"，"不追随参数化设计"，这是伊东丰雄建筑艺术哲学理念的关键。其概念创新的核心是追求建筑的生态性，这抓住了建筑的时代精神和物质需求。

深刻思考21世纪世界建筑发展趋势后，伊东丰雄认为，21世纪建筑不应该是冷冰冰的机器，而是融于自然和社会的。他说："20世纪的建筑曾作为独立的机能体存在，就像一部机器，它几乎与自然脱离，独立发挥着功能，而不考虑与周围环境的协调；但到21世纪，人、建筑都需要与自然环境建立一种连续性，不仅是节能的，还是生态的，能与社会相协调的。"伊东丰雄这种环境生态建筑哲学观念，体现在设计观念思路和设计手法上追求"三性"：建筑的临时性、功能的模糊性以及与自然的融合性。

1. 建筑的临时性

伊东丰雄说："我认为我的建筑没有必要存在100年或者更长的时间。在我设计某个项目时，我只是关心它在当时或其后20年作何用。极有可能，随着建筑材料以及建筑技术的进一步的更新发展，或者是经济及社会条件的变化，在其竣工之后，就根本没有人需要它了。"为了应对市场需求多元、变化迅速的特点，伊东丰雄的建筑普遍采用简单环保的结构和灵活简洁的支撑体，使其建筑节约了大量的能源、资源、投资，并且艺术形式丰富多彩，给人轻盈、流动、临时性的感受。

对于处于地震多发地带的日本文化精神和物质需求，这是十分相宜的。对于使用频率很低的仪典类用途的主席台、观礼台等建筑，同样应当考虑其临时性，不宜动辄建成永久性建筑。

2. 功能的模糊性

大到城市小到建筑都是供人们使用的生活容器。具体的城市或建筑的功能随着社会的发展变化越来越复杂和越来越多样，而且常常一天就有几变。现在酒店里的多功能厅就是典型实例，上午是会议厅、中午是餐厅，晚上可能是表演厅、舞厅……

正如伊东丰雄认为的，当代城市空间是不停流动和生长的，城市环境不停变化。建筑师要在这种不断变化的"流动"的社会关系中，创造一个包含持久物质的建筑作品。所谓的持久性正是关于建筑的模糊性，它是指同一个建筑可以给人们创造各种不同活动的条件，这正是现代社会迫切需要的做法：一方面，可以避免建造过多的建筑，以免造成经济和土地的浪费；另一方面，在同一个建筑中实现多种功能要求，有效地提高舒适性和便利性。

伊东丰雄实事求是的看法和思路，与我们曾经提倡过的让单位礼堂、运动场、图书馆等设施对社会和市民开放是同样的道理。现在大城市停车如此困难，如果单位大院的停车场、车库，在节假日和晚上能够对社会和市民开放，那将减少多少停车占地、占路的现象啊！

3．自然的融合性

为了提高建筑的生态性，伊东丰雄非常注意建筑与自然的协调统一，设计中将建筑融于周边的环境。如，他为西班牙托雷维耶哈休闲公园的设计，是依照沙滩的走势，设计了三个贝壳状的螺旋形休闲场地，这种波浪式的伸展流动，将光、沙子和植物与一个轻盈的建筑结合起来，在自然和建筑之间达到完美的平衡。建筑用了尽量少的设计，流畅的造型以及非传统的结构模糊了室内外界限。而且有人们在不经意的行走中，还能上升到屋面的福冈岛城中央公园，几乎感觉不到建筑的存在，建筑完全以一种谦卑的姿态隐于自然，融于自然。

这种"似有若无"的设计手法表明，设计师生态建筑哲学观念已达到以人为本、以自然为朋的境界。因此，普利茨克建筑奖评委会认为，伊东丰雄是一名"永恒建筑的缔造者"，称赞他"将精神内涵融入设计，其作品散发出诗意之美"。

三、中国古人的建筑哲学观

《陋室铭》是我国唐代大诗人刘禹锡（772—842）的一篇千古名作。《陋室铭》全文仅81个字，它体现了中国古人"何陋之有"建筑哲学观。

> "山不在高，有仙则名，水不在深，有龙则灵。斯是陋室，惟吾德馨。苔痕上阶绿，草色入帘青。谈笑有鸿儒，往来无白丁。可以调素琴，阅金经，无丝竹之乱耳，无案牍之劳形。南阳诸葛庐，西蜀子云亭。孔子曰："何陋之有？"

《陋室铭》的"何陋之有"建筑哲学观体现在三方面：第一，"山不在高"，"水不在深"，指出了建筑基地和居住环境的重要；第二，通过对"陋室"整体生活环境的描写，包括对庭园与房屋的一气呵成，强调建筑与人的关系，强调建筑必须适合人的生活要求；第三，以诸葛庐、子云亭为例，对不同种类又十分简朴的建筑物给予高度评价，发出"何陋之有"的慨叹：我这样的人，住这样的住宅，配我的身份，合我的需要，这不是很好吗？

可以说，《陋室铭》所传达的中国古人的建筑观与伊东丰雄的建筑观毫无二致。伊东丰雄建筑观的核心是：实行"三不对策"，即在设计思路和设计手法上，不随派逐流，不依从"极简主义"，"不追随参数化设计"；追求"三性"——建筑的临时性、功能的模糊性与自然的融合性。刘禹锡的《陋室铭》也体现了这"三性"。难能可贵的是，伊东丰雄用通俗易懂的语言，把环境生态建筑学观念具体化为对"三性"的追求。这也是中日建筑文化观念1100多年来"英雄所见略同"的历史回响。

四、建筑风格的"六性"

60多年来，我国建筑界曾经有过三次关于建筑风格的讨论：①20世纪50年代初，周扬在建筑工作者和文艺工作者座谈会上讲话，号召学习苏联把社会主义内容与民族形式结合起来的经验，梁思成作了题为《建筑艺术中社会主义现实主义的问题》的报告；②1959年10月，中国建筑学会和建筑工程部在上海召开住宅建设标准及建筑艺术座谈会，刘秀峰部长就建筑艺术问题作了总结发言，题为《创造中国的社会主义的建筑新风格》，引起国内外的广泛关注；③改革开放后的20世纪80年代中期，《中国城市导报》发起关于中国建筑风格的全国性讨论。

回顾这些探讨可发现有其不足：当时在缺乏相应的理论准备和研究的前提下，便从风格形式的角度切入，就风格论风格。而且借鉴苏联和文学艺术界的所谓社会主义现实主义的创作方法，来讨论作为综合的科学艺术的建筑学问题。其结果不但扯不清楚建筑要害问题，某种程度上，有助长人们把关注重点偏向讨论历史风格形式手法等枝节问题上的副作用。开始掉入历史建筑风格的陷阱，而长期不能自拔。后来，批判复古主义和大屋顶，又把建筑风格形式问题上升到"兴无灭资"和阶级路线的政治高度时，更让建筑师一筹莫展、下笔犹豫、不知所措，乃至出现长沙火车站钟楼上的火炬不能朝东也不朝西，变成"朝天辣椒"的笑谈。现在看，对待Style的认识上起码应当在以下四个方面需要澄清。

1. Style是艺术史术语

应当明确，Style是艺术史术语，不能随意套用到其他艺术门类和艺术形象上。该术语是250年前（1763年），约·扬·威盖尔曼用来概括艺术形象的，所针对的是已经完成的艺术作品形式手法风格，按外表形式将艺术归纳为某一类，便于历史的叙述。后来，建筑史也借用此法，把建筑形式分为希腊式、罗马式、高直式、哥特式等。

2．历史风格概括的局限性

历史建筑风格的归纳有其历史的局限性，许多丰富的艺术现象是归纳不进去的。即使归纳的风格形式取得一些共识，也应当把它们作为一种历史的文化艺术精神资源来对待，其后来的作品也可以借用某种艺术形式的全部或局部。但在建筑工业化、标准化、定型化成为普遍需要的当代，绝不能照搬历史的建筑风格，以及终止对新风格、新手法的探索。历史证明，照搬所谓历史风格民族形式的做法是错误的，它已经阻碍了建筑的现代化进程。苏联是这方面的典型受害者。中国的效尤也受害不浅。

3．"千篇一律"也是"风格"

由于片面地只把建筑看作艺术，鼓吹要多样化，就常常批判所谓"千篇一律"。其实，"千篇一律"也是一种"风格"，在某种程度上，建筑作为生活实用艺术品的工业化、标准化、定型化、大众化甚至地域化，"千篇一律"的"风格"也是必然的现象。

4．风格的本质和特征

按当今国际建筑界的共识，建筑学的本质属于环境生态的科学和艺术。据此建筑风格的特征起码应当具有以下六种特征：滞后性、无定性、多样性、临时性、模糊性和融合性。这大概也属于伊东丰雄建筑艺术哲学对我们的启示吧！

其实，早在17—18世纪的早期文化中，拉辛就把哲学观和风格连在一起思考，他说："风格是思想，是用最简练的语言表达的思想。"裴芬说："风格就是人类自己。"乔奇说："风格是艺术美学认识和思维的高级阶段。"笔者30年前读到这些话时，还理解不到它们的深刻内涵。现在才理解，风格像自然界的万物一样，有着无限大无限多变化的可能性、随机性，无论是谁都无法预先决定它。

五、结语

笔者此文目的在于，强调设计创新时，要关注建筑哲学观念作为风格之母的决定性作用。真正的建筑设计创新的构思，必须从设计哲学观念这个源头起步，才能避免再次陷入已有历史建筑风格的陷阱。

建筑哲学观与建筑风格两者的关系是因果关系。观念理论是"因"，Style风格手法是"果"。谁也无法预见即将诞生的作品的风格会是什么样子？所以，创作和创新必须从观念理论这个源头抓起，下笨功夫，功到自然成，瓜熟蒂落，风格这个"果"是自然而然地形成的。

如果仅仅是就风格求风格，则是缘木求鱼，南辕北辙。很难有整体的创新、大手笔的创新，充其量只会是小打小闹在细节上有些小花样，即便如此还会留下明显的模仿和拼凑痕迹。最好的情况是形成折衷主义的作品，如1959年十年大庆完成的十大建筑——人民大会堂、历史博物馆等均属此列。而大多数只是已有风格的山寨版、模仿秀，甚至属于丑陋建筑，让人生厌。第二次世界大战后，建筑的新结构、新技术、新理念不断涌现出来，如今，仍然用不锈钢、人造石模仿成大屋顶、斗栱、贴琉璃瓦风格形式，显然与当代中国的文化性、时代特色很难合拍。

前不久，何镜堂院士在其题为《创作有中国文化和时代特色的建筑》的演讲中，强调"两观"、"三性"，从建筑观念的角度强调"传承与创新是文化发展的基本点，和谐是中华建筑文化的核心，地域化、文化性与时代性相统一"。这三个方面既是建筑风格问题，更是建筑哲学观念问题。千万不要再走就风格形式急于创出新风格、新形式的失败之路，需要从学习调查研究国外先进的建筑理念和中国建筑文化传统与和谐的建筑文化理念出发，理解建筑的地域性、文化性和时代性内涵之后再动手操作。

历史告诫人们：建筑杰作和历史风格的形成，是需要相应时间的精心设计和精心施工才有可能问世，梦想靠大投入和急就章的做法难以成功。那些临时性建筑恰恰是经得起历史考验的建筑杰作的立体草稿！不要动辄再搞什么"百年大计"建筑吧。

——原载《艺术评论》2013年第9期

赏古鉴今　西学东渐

——听张镈谈我国建筑设计哲学

1989年10月19日，我们到张镈总建筑师家中请教。虽然已是78岁高龄的他仍然在建筑设计第一线工作，家中的会客室里还摆着绘图板。在绘图桌旁，他兴致勃勃地接待了我们，讲述了他认为可以作为建筑师座右铭的设计哲学的一席话。

张老在这次谈话中反复强调周恩来总理对其建筑设计的两次指示。

一次指示是针对北京人民大会堂设计讲的，在设计中要贯彻的指导思想五条：党的建筑方针是适用、经济，在可能的条件下注意美观；以人为主，物为人用；古今中外一切精华皆为我用；"画菩萨"；要留有余地。

另一次指示是针对他设计北京饭店新楼说的，周总理强调，大家设计时要注意贯彻三个观点——实践观点、群众观点、全面观点。

对于现在国内建筑领域的现状，张老有自己的观点——

建筑的社会性很强，建筑中有政治，不仅建筑形式上有，使用功能上也有。建筑师是生产力，服务对象是生产关系。建筑师搞设计必须贯彻党的政策。党的建筑方针是适用、经济，在可能的条件下注意美观。

建筑在使用功能上不能讲排场、摆阔气。如住宅，既然我国30岁以下年轻人占很大比重，独生子女又是长远政策，就不应该搞那么多（90%左右）二室以上的户型。我并不是主张搞什么"干打垒"、简易楼，如果说那么做就是"经济"，那是对"适用"的诬蔑。

建筑首先要适用。同时，建筑师要注意经济，纵使你有天大的本事，没有钱也不行，使用单位讲究的是适用。建筑师要注意功能和美观的关系，不可本末倒置。盖房子是为了用的，不是为了看的。现在，国内有些同志以奇为好、以怪为好、以洋为创新，不注意适用、不注意经济，这是不好的。

建筑是为人民服务的，所以必须"以人为主，物为人用"。现在国际国内都讲"环境·建筑·人"，中心还是人。建筑设计强调空间，绝不要忘了空间是为人服务的，要以人为主，而不是以设备为主、以物为主、以制度为主。人又是划分为阶级的，因此，要注意阶级立场和阶级感情的问题。我们是社会主义国家，资本主义国家的东西不完全适合我国国情，不宜照搬，应当有所选择，不要人云亦云，盲目崇拜外国。

周总理提出"一切精华皆为我用"是号召我们要虚心学习古今中外一切好的东西，千万不要闭关自守，抱残守缺；不要有狭隘的民族主义和狭隘的地方主义；要取人之长，补己之短。"皆为我用"就是民族化的过程；学习得好就形成了自己民族的风格。提到民族形式，有的同志讲要"神似"，这个意见很好。历史时期不同，不能照搬，只能做到"神似"。但是，如果"形"完全不似，哪里来的"神似"？因此，不能把"形似"和"神似"割裂开来，由"形似"提高到"神似"有一个过程。如同不画写生的人，一开始就作写意画那是很难画好的。问题是，现在"形神似洋"、"形神似美（国）"——从形式到精神都像西洋的、美国的建筑，这种现象值得研究。

"画菩萨"是周总理用以教育我们要注意走群众路线时讲的一个中国古代画家的故事。据说，这个画家每画完菩萨像（观世音），就藏到菩萨画像的背后倾听群众对画像的议论，然后分析这些意见再去修改画像。旧的建筑学教育思想与群众路线格格不入，强调所谓第一构思，即坚持自己最初的但不一定正确的想法，这是很不好的。坚持与否要看对不对，最重要的是要"异途同归"。归不归？往哪儿归？那要讲道理，靠实践检验。

要贯彻实践观点、群众观点、全面观点。——这是在设计北京饭店新楼时周总经理对我们说的，我认为永远应当这样做。

哲学是统管一切的，现在有设计哲理的提法。所谓哲理，就是立场、观点、方法，就是唯物辩证法。我们建筑师不能以为自己是做技术工作的，可以忽略哲学、方法论这些东西。建筑学社会性这么强，每搞一个设计都有个站在什么立场、为谁服务、持什么感情的问题。要有鲜明的实践观点、群众观点，才能前进，才能提高；搞"大本专业主义"，搞"大建筑主义"是不行的，不要总以为自己对，坚持己见；贯彻全面的观点就要留有余地，吸收各方面的意见，并且准备将来修改。这些都是老生常谈，但不能不谈。

注：张镈（1911—1999），山东无棣人，是新中国授予的第一批国家级设计大师之一。

1930年进入东北大学建筑系。1934年毕业于中央大学建筑系，同年加入基泰公司，从事建筑设计工作达17年，得杨廷宝真传。1941—1944年间，主持测绘故宫，得360张测绘图。1940—1946年兼天津工商学院教授。1951年从香港回北京后，长期在北京建筑设计院任总建筑师。其建筑设计代表作有北京民族文化宫、民族饭店及友谊宾馆、亚洲学生疗养院、新侨饭店等。张镈一生设计、参与、负责的建筑设计达百余项，仅新中国成立后的项目就有55项，晚年著有《我的建筑创作道路》。

——原载《中国建设报》2011年3月21日

试论钱学森建筑科学发展观的
理论价值与实践意义

2009年10月31日8时06分，钱学森先生离开了我们，中国失去了一位恩格斯式的百科全书式的伟大科学家。钱学森先生高瞻远瞩，他不仅是一位自然科学家，也是一位系统科学家，他对中国的科学事业作出了卓越的贡献。

钱学森，科学领域百年难遇的大科学家，20世纪的科学巨匠，他是大科学时代众多科学技术领域公认的领军奇才。他不仅在航天、航空、火箭等高科技领域做出了杰出的贡献，在建筑科学领域他也同样颇有建树，为建筑科学做出了开拓型的贡献。是不是可以这样说，恩格斯的自然辩证法为科学发展奠定了哲学理论基础，而钱学森的科学思想则为世界贡献了一个现代科学技术体系。本文重点论述的是钱学森建筑科学发展观的理论价值与实践意义。

一、钱学森建筑科学发展观的成因

钱学森建筑科学发展观是他潜心研究、吸收前人积累的理论成果、总结前人实践经验凝聚而成的。钱学森系统思想是钱学森建筑科学发展观形成的主要因素。

钱学森系统思想的核心内容是什么呢？他认为，建筑科学是一个具有复杂性、开放性和大科学部门性质的复杂巨系统（Open Complex Giantsystem）。从这一点出发，钱学森指出，研究建筑科学不能只用还原论的思想，而是要用把还原论和整体论相结合的系统论的思想来研究。钱学森提出研究建筑科学应从定性到定量。综合探讨厅体系（hall for workshop of metasynthtic engineering）是开启建筑科学这个开放的复杂巨系统的金钥匙。

钱学森在其建筑科学发展观形成的过程中，对那些看起来与建筑关系不大的学科都在认真研究之列（如环境科学、环境心理学、生态学、语言学、社会学、技术美学、人体工程学、行为科学、图式理论等）。可以说，钱学森建筑科学思想是钱学森在20世纪大量新学科涌现出来、建筑科学长足前进的形势下，集大成深化提炼而成的。

笔者认为钱学森科学发展观的形成得益于四个"由于":由于他对马克思主义的深入研究、准确把握和科学发展,认为马克思主义是引领现代科学技术体系的总哲学、总科学;由于他把古往今来的自然科学、社会人文科学与艺术结合起来,构想了现代科学技术体系;由于他一生与数以千计的当代领先水平的科学技术专家、哲学家、社会科学家、政治家以及众多实际工作者的对话探讨;由于他对中国建筑的情有独钟和对人的身心状态的人本主义关怀。

二、钱学森建筑科学思想的主要内容

针对建筑科学滞后的现状,钱学森说,要迅速建立建筑科学这一现代科学技术大部门,用马克思主义哲学为指导,以求达到豁然开朗的境地。这是社会主义中国建筑界、城市科学界不可推卸的责任。他呼吁:"现代科学技术体系中再加一个新的大部门,第11个大部门:建筑科学。"其主要内容为:

(1)倡议建立建筑科学大部门,并纳入现代科学技术体系中。

(2)首次从理论上确立建筑哲学在建筑科学体系中的领头地位和通向马克思主义的桥梁作用。

(3)科学地界定了中国园林艺术——园林学内涵的全面性和深刻性——是Landscape、Gardening、Horticulture 三个方面的综合。

(4)指出建立作为城市科学的领头学科——城市学的必要性和紧迫性。

(5)构想了一个未来城市发展模式——山水城市。

钱学森为建筑科学"定位",大大提高了建筑科学的学科地位,他把建筑科学置于现代科学技术体系的全体之中,从现代科学技术体系的全局来理解建筑科学。他强调科学是个整体,它们之间是互相联系的,而不是互相分割的。这样,建筑科学就不再是一个孤立的与其他大部门割裂的部门。可以广泛地吸取其他大部门的学术营养,促进建筑科学这个大部门的发展,使建筑科学成为一门生机勃勃的学科。在建筑理论上,钱学森确立了建筑哲学在建筑科学体系中的领头地位,他认为真正的建筑哲学应该研究建筑与人、建筑与社会的关系。

钱学森还明确地把建筑科学总体概括为"宏观建筑"与"微观建筑"两个概念,这是建筑科学体系整体建构的理论基础。

三、钱学森建筑科学发展观的理论价值与实践意义

钱学森从马克思主义哲学出发，用复杂巨系统的思想剖析建筑科学问题，他不仅明确地为建筑科学大部门定性、定位，为建筑科学体系定位，并为建筑科学贡献了一种未来城市发展模式——山水城市。此外，他还为建筑科学确立了三个领头学科——建筑哲学、城市学、园林学。

分析钱学森的建筑科学思想可以看到，建筑哲学、城市学和园林学，这三者是钱学森为建筑科学大部门定位的三大理论基石。认识和把握这三大理论基石，认识和把握钱学森建筑科学体系的整体构思，是达到钱学森所说的"对建筑科学认识的豁然开朗的境界"的前提。

钱学森运用开放的复杂巨系统改变了建筑科学这个古老学科曾长期徘徊不前的局面，大大推动了建筑学科的发展。钱学森用来研究建筑科学的开放的复杂巨系统，是研究钱学森建筑科学发展观的思想源头，也是我们研究建筑科学的"开源、发流、探微、创新"的思想源头。

钱学森的建筑科学发展观的理论价值与实践意义体现在以下几个方面：

（1）钱学森明确指出发展建筑科学，改进建筑业现状总的指导思想是马克思主义哲学的唯物论辩证法。

（2）钱学森明确发展科学、推动实践活动的科学总方法和总对策是把还原论与整体论结合起来，采用大成智慧工程的现代方法。

（3）钱学森明确对现代科学技术理论发展具有奠基意义的总的框架体系，目前总共包括11个大部门，划分为基础理论、技术科学、工程技术三个层次，提示我们不要只是就技术论技术，限于技术细节之中，不能见树不见林。

（4）钱学森明确主张建立现有学科的领头学科，如城市科学中的城市学、建筑科学中的建筑哲学、园林艺术中的园林学，发挥领头学科对学科的理论创新（源头创新）带头作用。

（5）钱学森明确建筑科学中的两个总概念——宏观建筑（城市）与微观建筑（建筑），有助于改变长期徘徊停滞不前的局面，从而推动建筑科学整体向前发展。

建立和完善科学的建筑哲学观

　　建筑哲学观是建筑科学发展观的纲领和核心，后科学时代的中国建立和完善科学的建筑哲学观（系统建筑哲学观）尤为重要。

　　首先谈谈后科学时代的科学建筑哲学观。

　　我这里所说的后科学时代指的就是知识经济时代。我认为，任何时代的经济发展都是需要相应的科学技术知识，后科学时代的提法更贴近科学发展史上新阶段的特征。

　　为了更直观地说明知识经济（后科学时代）的基本特征，特制表如下。

知识经济的基本特征

比较内容	工业经济	知识经济
1. 动力	蒸汽机技术和电气技术	电子和信息革命
2. 产业内容	制造业	知识和信息服务成为主流
3. 效率标准	劳动生产率	知识生产率
4. 管理重点	生产	研究与开发、信息与职业培训
5. 生产方式一	标准化	非标准化
6. 生产方式二	集中化生产	分散化生产
7. 劳动力结构	直接从事生产的工人占80%	从事知识生产和传播者占80%
8. 社会主体	工人阶层	知识阶层
9. 分配方式	岗位工资制	按业绩付酬制
10. 经济学原理一	以物质为基础	以知识为基础
11. 经济学原理二	收益递减原理	收益递增原理
12. 经济学原理三	周期性	持续性

资料来源：顾孟潮据袁正光《知识经济时代已经来临》一文整理而成。

从表中可以较清楚地看到后科学时代经济的主要基本特征，如知识是经济的基础；社会主体是知识阶层；发展动力是电子和信息革命；生产方式是非标准化的和分散的等等，这一切都决定了城市和建筑要呈现出前所未有的新特征。这就是笔者在建筑哲学观中强调后科学时代的原因。

后科学时代的建筑哲学观包括三方面的内容：①建筑哲学在整个建筑科学技术体系中的位置；②建筑哲学研究的内容；③建筑哲学的目标。

从下图中也可以说明。

建筑哲学在整个建筑科学技术体系中是一个什么样的位置呢？

建筑哲学是建筑科学的带头学科，它是马克思科学技术哲学的基本组成部分，又是建筑科学技术体系大系统的最高概括，最高台阶。

建筑哲学是建筑理论大厦的整体骨架，建筑哲学观念的转变对于建筑学科与建筑行业的建设和发展起着不可取代的根本性作用。建筑哲学观是对建筑本质、建筑价值观、建筑方法论的总的概括、总理论。

建筑哲学解决的是建筑理论的总理念、基本概念，它反映着人们已经达到的建筑理论高度，是发展新建筑理论的起点。

由于忽视建筑哲学的领军带头作用、指导作用，在建筑实践中，我们容易犯指导思想和基本决策方面的错误。

目前，由于建筑哲学观念陈旧，制约了建筑科学技术的健康发展，出现了建筑实践中的不少偏向，如重局部举措轻整体决策；重形式轻内容；重艺术轻技术；重物轻人；重经济轻文化；重个人轻社会；重技艺手法轻立意构思；重操作轻理论；重规划设计轻设计前的调查研究和使用后评价等。

由于对建筑哲学理念不明、概念不清，香港、新加坡的"居者有其屋"和经济适用房、英国和日本的住房保障制度这些成功经验，原有许多可以借鉴之处，都未得到我们的重视。至今，中国经济适用房出现了诸多怪现象和制度失灵。由于决策指导思想上出现了偏差，脱离我国人多地少、经济基础薄弱的现实，过于强调人人买房、人人拥有房产权，引起了房价暴涨、市场混乱。

香港2010年9月开展主题为"建筑是艺术"的活动，我觉得过于强调建筑是艺术这一个方面，不免有偏颇之处，如果把建筑仅仅看作是纯艺术，似乎又退回到文艺复兴时代的建筑哲学观念去了。

从2008年的奥运会和今年的上海世博的建筑也可以看到，我们与国外的城市规

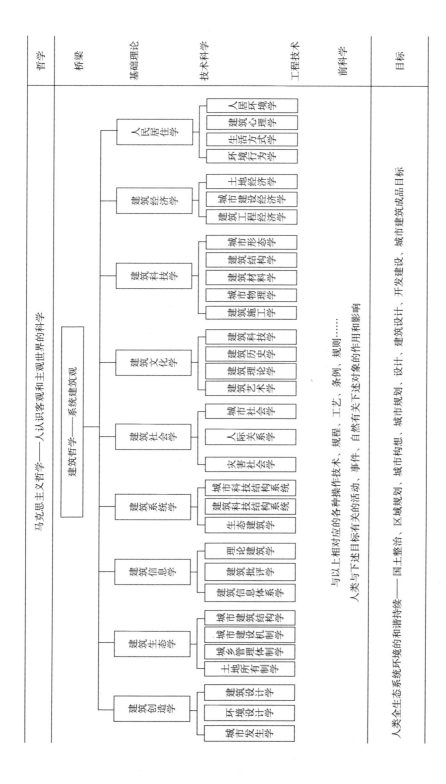

建筑科学技术体系结构图（1996年4月4日初稿，2010年5月修改稿）

划、建筑设计的差距主要表现在规划设计的哲理上，缺乏新的建筑哲学理念、构思和高新技术的引进开发。

建筑科学是名副其实的开放的复杂巨系统，造成我国建筑发展缓慢的主要原因是人们把建筑科学简单化了，常常把建筑的本质简化为"盖房子"。我国当今的建筑科学技术界的许多行业基本上在应用技术层次上活动，缺少在基础科学和技术科学上的重大研究，把注意力放在设计和建造建筑物本身，这连还原论的层次也说不上。至今，建筑界常常仍然是只在适用、经济、美观、民族风格、设计手法等几个要素上徘徊，缺乏关于建筑本质、价值观、方法论上的研究，缺乏新的哲学理念、构思和高新技术的引进开发。

这里举一个数据来说明：据全国软科学研究机构的调查，建筑界对理论（包括哲学、社会学、行为科学、生态学）等软科学的研究，名列倒数第二。

另一个严酷的现实是，面对巨大的建筑市场需求和飞快的城市化建设形势，我国规划师、建筑师的数量和质量令人担忧。我们的市场规模是国外的几倍、几十倍，而建筑人才的数量仅仅是发达国家的1/10，甚至1/100。在后科学时代，可以说在技术上几乎没有做不到的事情，关键是我们在理念上和构思上能否构想得符合科学发展和社会人们需求的方向。

下面谈建筑哲学的研究内容。

什么是哲学？ 哲学是管世界观、人生观和社会发展方向的。

英国著名哲学家罗素（Bertrand Russel，1872—1970）说："哲学，乃是某种介乎神学与科学之间的东西。它和神学一样，是含着人类对于那些迄今仍未确切的又是不能肯定的事物的思考；但是它又像科学一样是诉之于人类理性而不是诉之于权威的，不管是传统的权威还是启示的权威。"

科学技术哲学的本质特点决定着建筑哲学的性质和特点，这些主要表现在研究对象、研究范围和研究问题三个方面，在这一点上，建筑哲学与一般科学技术哲学是相同的。

另一方面，建筑哲学又有其特有的本质特点。建筑哲学除了具有自然科学属性，还具有艺术哲学和社会哲学的性质，它不仅要研究建筑科学的问题，还要研究人、研究社会、研究环境，这也是我在图1的建筑哲学下方列出的基础理论学科里面，既有自然科学类的学科也有人文社会科学的学科以及交叉性学科的原因。

建筑哲学的研究对象和范畴是哪些呢？

建筑哲学是科学的、全面的、系统的建筑自然观，建筑实践观以及建筑历史观。

建筑哲学又是在建筑学的大系统中以建筑，即宏观建筑和微观建筑为研究对象进行的哲学反思，是研究建筑科学系统中的哲学问题的学问。

建筑哲学与一般建筑理论有区别，一般建筑理论的研究对象多局限于微观的具体的事物或问题，而建筑哲学研究的对象是带有根本性的课题，最终是解决形成人和社会认同的建筑哲学观。

我将建筑哲学研究的对象和范畴概括为，一个"中心"、三个"基本部分"、四个"层次"。一个"中心"即建筑人和建筑社会、建筑体制、建筑机制；三个"基本部分"即本体论–自然观、价值观–历史观、方法论–实践观；四个"层次"即基础理论、技术科学、工程技术和各种建筑现象本身。

技术科学、工程技术层次的情况与此类似，它们本身有着自己更为具体的研究对象与范畴，而在整体上，它们又是上一个层次的相应的学科的研究对象与范畴。

建筑哲学的研究对象和范畴是一个复杂的、巨大的、开放的建筑科学技术体系，它所包括的内容是十分丰富的，同时它还要研究建筑科学这一大部门与其他十个大部门的相互关系和作用。

我认为在建立和完善科学的建筑哲学观时，需要强调三个问题。

首先需要明确的是，要用开放的复杂巨系统的观念，用还原论和整体论相结合的思路来看待建筑问题，来解决建筑学科与建筑行业的问题。让系统论、信息论、控制论在建筑科学技术体系中发挥其应有的作用。这是建筑界一直甚为薄弱的环节。

其次，要把建筑系统学、建筑信息学、建筑生态学、建筑创造学作为四大基础理论引入建筑科学体系，这是鉴于它们在建筑科学技术实践中的创新、评价、监督、控制方面几乎无时不在、无处不在的重要作用。这四方面的薄弱也是建筑科学、建筑行业发展缓慢的重要原因。

建筑科学研究与建筑活动的最终目的，在于实现对人类全生态环境系统的和谐和可持续发展的追求，即对人工环境和自然环境和谐和可持续发展的追求。图1中在建筑哲学的目标栏内标明的是，人类全生态环境系统的和谐和可持续发展的国土整治、区域规划设计、建筑设计、开发建设、城市建筑产品完成等一系列从宏观到微观的建筑活动和事件。

最后要强调的是，科学的建筑哲学观就是人类全生态环境系统建筑哲学观。

下面谈谈在建立后科学时代的建筑哲学观中我的几点思考。

（1）建立建筑科学大部门首先要建立科学的建筑哲学观并使建筑哲学真正成为建筑科学体系的领头学科。

（2）后科学时代的21世纪，是生态建筑学时代，后科学时代的建筑哲学观是人类全生态环境的系统建筑哲学观。为此需要研究与此有关的理论著作和文献。如"华沙宣言"、《北京宪章》等文献以及人居环境学理论、生态建筑学理论等，还要涉猎城市社会学、住宅社会学、行为科学等理论著作。

（3）在高等建筑院校开设建筑哲学课。

（4）要建立后科学时代的建筑科学技术体系和结构框架，以拓展视野和思维空间。把基础科学、技术科学、工程技术三个层次的内容具体化，明确学科和行业的努力重点和发展方向。

（5）建立建筑科学大部门的工作是建筑科学界长远的基本理论建设，又是一项耗时费力复杂的系统工程。需要加强此项工作并强调用大成智慧的思路，采取大成智慧工程的做法，把人的思维结果及各种资料、信息，用现代化手段"集合"起来。

建立和不断完善科学的建筑哲学观，任重而道远，我这里只是抛砖引玉。

——原载《重庆建筑》2010年第12期

中国建筑科学研究的里程碑

——谈《钱学森论建筑科学》

钱学森，科学领域百年难遇的大科学家，20世纪的科学巨匠，大科学时代众多科学技术领域公认的领军奇才。他不仅在航天、航空、火箭等高科技领域作出了杰出的贡献，在建筑科学领域他也同样颇有建树，为建筑科学作出了开拓型的贡献。

是不是可以这样说，恩格斯的自然辩证法为科学发展奠定了哲学理论基础，而钱学森的科学思想则为世界贡献了一个现代科学技术体系。

钱学森在建筑科学领域的建筑科学思想以及开拓性的理论贡献，笔者将其归纳为五个方面，即：钱学森建筑科学定位理论、钱学森建筑哲学定位理论、钱学森建立园林学理论、钱学森建立城市学理论、钱学森建设山水城市理论。

针对建筑科学滞后的现状，钱学森说，要迅速建立建筑科学这一现代科学技术大部门，用马克思主义哲学为指导，以求达到豁然开朗的境地。这是社会主义中国建筑界、城市科学界不可推卸的责任。他呼吁："现代科学技术体系中再加一个新的大部门，第十一个大部门：建筑科学。"

钱学森为建筑科学"定位"，大大提高了建筑科学的学科地位，他把建筑科学置于现代科学技术体系的全体之中，从现代科学技术体系的全局来理解建筑科学。他强调科学是个整体，它们之间是互相联系的，而不是互相分割的。这样，建筑科学就不再是一个孤立的、与其他大部门割裂的部门。可以广泛地吸取其他大部门的学术营养，促进建筑科学这个大部门的发展，使建筑科学成为一门生机勃勃的学科。

在建筑理论上，钱学森确立了建筑哲学在建筑科学体系中的领头地位，他认为真正的建筑哲学应该研究建筑与人、建筑与社会的关系。

钱学森还明确地把建筑科学总体概括为"宏观建筑"（Macro-architecture）与"微观建筑"（Micro-architecture）两个概念，这是建筑科学体系整体建构的理论基础。

钱学森界定了中国园林艺术是Landscape、Gardening、Horticulture三个方面的综合。

钱学森详细阐述建立城市科学的领头学科——城市学的必要性和紧迫性。

钱学森构想了一个未来城市发展模式——山水城市供大家思考。

　　总之，在钱学森的建筑科学思想中，明确地为建筑科学大部门定位，为建筑科学体系定位，为建筑科学贡献了一种未来城市发展模式——山水城市，为建筑科学确立了三个领头学科——建筑哲学、城市学和园林学。

　　分析钱学森的建筑科学思想可以看到，建筑哲学、城市学和园林学，这三者是钱学森为建筑科学大部门定位的三大理论基石。认识和把握这三大理论基石，认识和把握钱学森建筑科学体系的整体构思，是达到钱学森所说的"对建筑科学认识的豁然开朗的境界"的前提。

　　钱学森的建筑科学思想具有非凡的理论价值与实践意义：

　　（1）他强调发展建筑科学改进建筑业现状总的指导思想是马克思主义哲学的唯物论辩证法。

　　（2）他明确指出发展科学、推动实践活动的科学总方法和总对策是把还原论与整体论结合起来，采用大成智慧工程的现代方法。

　　（3）他制作的对现代科学技术理论发展具有奠基意义的总的框架体系，目前总共包括十一个大部门，划分为基础理论、技术科学、工程技术三个层次，提示我们不要只是就技术论技术，限于技术细节之中，不能见树不见林。

　　（4）钱学森主张建立现有学科的领头学科，如城市科学中的城市学、建筑科学中的建筑哲学、园林艺术中的园林学，发挥领头学科对学科的理论创新（源头创新）带头作用。

　　（5）钱学森提出建筑科学中的两个总概念——宏观建筑（城市）与微观建筑（建筑），有助于改变长期徘徊停滞不前的局面，从而推动建筑科学整体向前发展。

　　钱学森建筑科学发展观是他潜心研究、吸收前人积累的理论成果、总结前人实践经验凝聚而成的。他认为，建筑科学是一个具有复杂性、开放性和大科学部门性质的复杂巨系统（Open Complex Giant system），研究建筑科学不能只用还原论的思想，而是要用把还原论和整体论相结合的系统论的思想来研究。

　　笔者认为，钱学森运用开放的复杂巨系统思想，提出从定性到定量、综合研讨的大成智慧工程方法是解开建筑科学研究的金钥匙。研究这一系统思想，是研究钱学森建筑科学发展观的思想源头，也是我们研究建筑科学开源、发流、探微、创新的思想源头。

——原载《重庆建筑》2010年12期

沿袭建筑哲学的环境设计

> 建筑学是为人类建立生活环境的综合艺术和科学。建筑师的责任是要把已有的和新建的、自然的和人造的因素结合起来，并且通过设计符合人类尺度的空间来提高城市面貌的质量。建筑师应保护和发展社会的遗产，为社会创造新的形式并保持文化发展的连续性。

> ——《华沙宣言》

要回顾中国当代环境艺术理论30年来的研究情况，有必要从建筑哲学的角度切入，才能把《华沙宣言》的历史价值和中国当代环境艺术30年来理论和实践的成败得失看得更清楚。我不能苟同那种认为现在是图像时代，文字就无足轻重的观点。图像和文字是互补的，前者是多义性的，没有文字的定格，图像往往被人们误读，变成取其糟粕而丢其精华。

中国当代环境艺术是从20世纪80年代起步的，现已进入而立之年。从建筑哲学的角度看，《华沙宣言》一语中的地道出了建筑学的本质和存在价值——为人类建立生活环境的综合艺术和科学，它开辟了环境建筑哲学的新时代。正是在《华沙宣言》的启发之下，中国才开始逐渐把建筑设计、室内外环境设计等看作环境艺术设计，在建筑哲学理念和设计理念上才有了大幅度的提升。

重温《华沙宣言》等有关环境艺术的历史文献，对于普及环境艺术理念，提高环境艺术实践水平的作用是显而易见的。环境艺术在中国已经成了过热的行业，全国各地成立了许多环境艺术系，环境艺术设计单位。由于行业的过快增长以及一些人热衷于追求设计的商业价值，对环境艺术理论的研究反而停滞了。

当代环境艺术并非空穴来风，环境艺术的理论和实践是源远流长的。自古以来，就有人类敬畏环境、适应环境、利用环境和改造环境的理论与实践。历史上中国的环境艺术理论和实践更达到了世界领先水平。

中国的园林艺术被称为世界园林之母，北京古城的建设被称为古代城市设计的杰作。讲环境艺术，就不能不提到明代计成所著的《园冶》，它被公认为是园林艺术理论的第一部杰作。因此，中国发展环境艺术理论和实践有着深厚的根基和优秀的传统，在回顾30年时，这是不可忽视的主题之一。

历史悠久的北京本是一个人与自然和谐相处、生态平衡的城市。但是，特大暴雨灾害之后，北京的环境生态系统暴露了大量问题，这使我们更加怀念北京原有的护城河和遍布全城的水系湖泊。可见，多年来，我们的环境艺术理论与实践的最大问题在于，环境艺术四个字中，只重视"艺术"二字。而且，对于艺术的理解也仅仅停留在美术和工艺的概念上，只从形式美角度考虑养眼和美观，而缺乏对环境效益、环境生态，环境意境等方面的考量。

这些方面我们的老祖宗都考虑到了，并加以不断提高和完善，如提出了"虽由人作，宛似天开"，要达到三忘境界——令居之者忘老，寓之者忘归，游之者忘倦。这标准比宜居更加高级。《华沙宣言》再次提醒我们建立环境建筑学观念和环境艺术哲学观念。新时代就新在"环境"二字上。当代人类一定要有环境觉悟，在不应该自我感觉过度良好，再不要随心所欲地改造原有环境。环境艺术和环境设计没有零起点，必须遵循保存、保护、发展链进行。

可以说，我走上环境艺术设计之路就是经历了从不自觉到比较有意识的过程。大学毕业后从事建筑设计理论和实践研究多年，我并没有意识到建筑的本质是综合的环境科学与环境艺术。直到我读了《华沙宣言》才幡然醒悟，开始明确环境艺术意识。特别是研究了贝聿铭的香山饭店的设计哲学、现场体验了方泽坛的设计之后，对环境艺术的特点和内涵有了更深刻的理性认识。

在环境艺术领域，我国古代便已达到了相当高的环境艺术设计水平，但是后来的很长时间却停留在艺术建筑学阶段或前现代阶段闭关自守，理论和实践上都十分贫乏。20世纪六七十年代的城市和建筑室内外环境设计仍然停留在形式、样式和风格等美术观念上。到80年代初，为数不多的设计师才有了明确的环境艺术和环境科学的理念和思路，尽管这期间有一些高水平的环境艺术设计作品问世。如今，又30年过去了，这种状况似乎改进不是很大，我国的环境艺术可以说仍然在十字路口，还没有走上正道，仍然在沿着美术、工艺美术或建筑设计的老习惯向前滑行。即不重视对现实环境的调查研究，也不重视环境艺术设计后的使用评价和理论研究，就是千方百计赚钱。因此，丑陋建筑在全国各地如乱草般丛生，不合格的环境艺术设计不计其数、随处可见。

对此，我希望能有四个加强，即加强理论研究，加强跨界合作，加强艺术评论，加强环境意识和生态意识。需要大力普及环境艺术理念，形成对话合作的基础，实现超专业、跨行业的总体、整体合作，建立综合、科学的评价体系，推出真正优秀的环境艺术设计作品和环境艺术理论、评论著作，同时整理、继承和发扬中外古今的环境艺术理论、作品和经验。

环境艺术设计的最大特点在于两化——环境的艺术化和艺术的环境化。但是，必须明确，这里说的艺术不是单纯地Art（工艺、美术、艺术），而是Environmental Art（环境艺术），这里的内涵要大得多，包括丰富的环境科学、环境艺术、环境生态等内容。

环境艺术作为一种艺术，它比建筑艺术更巨大，比城市规划更广泛，比工程更富有感情，这是一个重实效的艺术。环境艺术实践与人影响环境的能力、赋予环境视觉次序的努力及提高环境质量和装饰水平的能力是密切相关的。

——原载《中华建筑报》2013年3月12日

人民大会堂设计哲学的历史魅力永存

——读《人民大会堂》专辑

翻阅《建筑创作》编辑的煌煌500页精美厚重的《人民大会堂专辑》让我惊叹不已。55年前的人民大会堂设计、施工、建成前后的历史场景——再现在眼前和脑海之中。

让我久久不能平静的是：人民大会堂为什么半个多世纪以来，仍然让几代人激动不已？几代人齐心协力完成的这部浓缩历史事件巨著诞生的意义何在？

也是55年前，当我尚未走出大学校园身为建筑学书虫时，曾有幸先后访问人民大会堂等国庆工程的设计师、施工组织者沈勃、张镈、赵冬日、甘东、严星华、梁思成、吴良镛、汪坦、陈登鳌等前辈，几天来颇有"听君一席话，胜读十年书"的感受，记了厚厚的笔记，其收获绝不亚于数年的苦读。

这一经历让我眼界和思路大开，开始懂得：怎样才能成为真正的建筑文化人？应该用什么样的设计哲学指导今后的设计实践？

这几天，研读这本500页的大书，聆听前辈专家研讨会上的发言，品味沈勃老"人民大会堂纪实"和所附的历史文献，使我有久别重逢之感。

"政治挂帅"，"领导、技术人员、工人三结合"，"现场设计"，"大跃进"，"为人民服务"，"人民大会堂文化"……这些久违了的历史关键词一个又一个地迸发出来，敲击着我的神经：作为里程碑建筑的人民大会堂，怎么评价它的功过是非曲直？这部当代石头史书是一笔丰厚无比的建筑文化遗产，值得深入研究借鉴的价值在那里？

笔者认为，其中突出的成就之一便是，经历了近一年时间，"三结合"成千上万人的酝酿、构思、立意、设计、施工、管理、反思的实践后，在人民大会堂工程实践中创造形成的超大型重点工程的设计哲学和建设方法——大成智慧系统工程的方法。它与我国"两弹一星"跨越历史进程的模式是孪生弟兄——人民大会堂是当时建筑界放的"人造卫星"，属于建筑界艰苦卓绝的前辈几代人神话般的历史贡献。既是空前的，也是绝后的，是不可能重复的历史事件。它对设计哲学的贡献极大。

从设计哲学的角度看，有十个关键词引人注目：①大而有当；②领导、技术人员、工人三结合；③建筑单体和天安门广场整体环境建设规划设计紧密结合；④建与管的辩证法（一年建设五年建好）；⑤新老结合：⑥古今中外一切精华皆为我用；⑦以人为主，物为人用；⑧水天一色的时空界定；⑨反对铺张浪费；⑩实验数据说话。

回顾人民大会堂55年的历史，让人惊叹，这十条科学协调处理各方面关系的原则，至今仍然有着持久的生命力。历史表明，违反这些设计原则的设计，纷纷成为建筑的败笔、垃圾和丑类。

本文无法尽叙十大原则作为设计指导思想的来龙去脉，只能强调其设计哲学的两个关键性要点：一是处理好"意"与"匠"的关系：二是摆正设计作为中介文化起转化功能的关键地位（设计的灵魂地位）。

"意"是设计的灵魂，"匠"是设计的躯体，二者缺一不可，难分伯仲。所谓的"领导、技术人员、工人三结合"的精髓也在于此——它在于正确处理"意"与"匠"的关系，发挥出立意、构思带头作用，技术人员作为中介桥梁把立意构思转化为可行性根据，经工人之手最后形成现实作品。

这些既是真正集大成成智慧的大成智慧系统工程的设计方法，又具备永久生命力的内涵。现在不少设计师自我感觉过于良好，持个人包打天下的思路是不可取的。

人民大会堂设计与建设实践再次证明，建筑设计与城乡规划设计是"万人一杆枪"的事业。面对众多的"上帝业主"——开发商、领导者、使用者、施工者、材料商以及当时当地的各种主客观条件，做好一个项目的设计绝不是容易的事情，设计师绝不仅仅是在室内绘图计算，还将面临与八方合作，解决政治、经济、社会、环境等数不清的大大小小难题。

——原载《中国建设报》2015年2月11日第2版

Chapter**4**
/ 思维篇 /

钱学森解读"钱学森之问"

——读《钱学森年谱》偶记

近日读霍有光先生150万字的著作《钱学森年谱（初编）》（2011年12月西安交通大学出版社出版发行），此书是一部全景式的钱学森一生翔实的史料文集，读后使人颇有感想，遂写出"偶记"多篇，愿与有同好的朋友分享"读书养心"的快乐。

"为什么我们的高校总是培养不出杰出人才？"近两年来，这个被称作"钱学森之问"的问题，引起了社会各界广泛的讨论，众说纷纭，有各种各样的说法和答案，但总让人觉得讨论中对此问的钱学森背景追寻探讨不足。

笔者觉得"解铃还需要系铃人"。正如有的参与讨论的人所说，对于这一问题，钱学森先生是思考多年，并且有自己的想法和答案的。因此，本文试从钱老自己的生长经历以及他的言论中寻找对"钱学森之问"的解读。以便进一步思考和解决这个问题。

2009年11月3日，温家宝总理在中科院建院60周年讲话，缅怀科学家钱学森时讲道，"我作总理以后这几年去看望钱老，他谈的更多的不是科技问题，几乎每次都是教育问题。他反复提到，创新型人才不足是现行教育体制的严重弊端，也是制约科技发展的瓶颈，他提出要更加关注教育改革和发展，注重培养有创新能力的人才。他说，中国现在没有发展起来，一个重要原因是没有按照科技发明创造人才的方式办学，没有自己独特创新的东西，培养不出杰出人才。"据钱老几位秘书透露，"钱学森最后一次系统谈话：大学要有创新精神"（《人民日报》2011年9月14日）。

吴非文章说："钱学森究竟说了些什么？……如果中国的钱学森只能问一句'为什么我们的高校总是培养不出杰出人才'，而没有相应的思考和基本判断，不合常理常情。"是这样的：早在30多年前的1979年11月12日，钱学森在上海延安饭店接受上海人民广播电台记者徐慰侬的采访时，实际已经回答了后来的所谓钱学森之问。

钱学森说："我们中国人是很聪明才智的，中国人民又肯刻苦用功的，我们完全能够多出人才，早出人才。""正如邓小平同志所说的，我们的科学工作者只要他们合乎研究员、教授的标准，哪怕他只有30岁，也要把他们提拔到研究员和教授的岗位上来。当然，要做到这一点，还得解决许多具体问题。"

钱学森说着起身从写字台抽屉里拿出一张当年10月26日《北京科技报》题为"中青年科技人员在学习工作中的苦恼"的文章，其中有三个小标题："一、信任和重视了吗？二、任人唯贤了吗？三、待遇平等了吗？"钱学森说："我可以肯定，只要很好地解决这些问题，只有为人才的培养创造良好的客观条件，那么我们的高等学校、科研机构就会出现前所未有的人才辈出的局面，就会涌现更多的杰出人才。"

30多年过去了，这里三个小标题的问题解决的如何呢？可能仍然是差强人意。而且，这里的三问还涵盖不了"为人才的培养创造良好的客观条件"的全部。如钱学森所倡导"大成智慧学"，简要而通俗地说，就是教育引导人们如何陶冶高尚的品德和情愫，尽快获得聪明、才智与创新能力的学问。所以，还要考虑用什么样的教材，有什么样的教学内容等问题。

钱老晚年曾回忆说，在他一生的道路上有两个高潮，第一个高潮就是在北京师大附中。六年师大附中的学习生活对他的影响很深。当时数学老师傅钟孙特别提倡创新。第二个高潮是，他到美国师从冯·卡门教授多年、合作多年的美好时光。他与冯·卡门教授彼此相互吸引、成为良师益友，大大加速了钱学森成为杰出人才的速度。冯·卡门教授教给钱学森从工程实践提取理论研究对象的原则，也教给他如何把理论应用到工程实践中去，以及主持开研究讨论会、学术讨论会的锻炼创造性思维的做法等，使钱学森受益一生，这大概也是钱学森晚年形成"大成智慧学"思考的起点之一。钱学森无论遇到什么难题，很快就能迸发出Good idea（好点子）。著名科学家李政道称此为钱学森受到的"一对一"的精英教育。

名师教育对于钱学森成为杰出人才的重要性体现在钱学森一生。他9岁入北京实验小学时便受到启发式教育，14岁就借阅科普读物《相对论》。钱学森晚年回忆一生中影响他最大的人有17位，除了博士生导师冯·卡门之外，列入17位的有：小学老师1位，大学老师3位，中学老师7位。足见中学教育给予钱学森的深刻影响。

叶企孙教授是钱学森的伯乐，起了十分关键的作用。1934年，钱学森考留美公费生的成绩很不理想，不知为何数学成绩不及格，其他成绩也不理想，但"航空工程"却得了87分的高分，叶教授看出钱学森有志于"航空工程"的学习，于是破格录取了钱学森，而且为钱学森聘请了以清华大学王士倬教授为首的指导小组，对钱学森加以指导，补习一年后赴美。

钱学森把必须有一个科学的人生观、宇宙观，必须掌握研究科学的科学方法视为培养杰出人才的首要条件。记得钱学森1955年10月8日回国后不久，便发出这样的感慨：这次回国感到受益最大和令我高兴的是，在国外多年探索出来的方法，在精神上是和《实践论》《矛盾论》的原则相符合的。

1956年3月2日，《中国新闻》记者洛翼问钱学森："您认为对于一个有作为的科学家来说，什么是最重要的呢？"钱学森略微沉思了一下说："对于一个有作为的科学家来说，最重要的是要有一个正确的方向。这就是说，一个科学家，他必须有一个科学的人生观、宇宙观，必须掌握研究科学的科学方法。这样，他才能在任何时候都不迷失道路；这样，他在科学研究上的一切辛勤劳动才不会白费，才能真正对人类、对自己的祖国做出有益的贡献。"钱学森先生的一生就是这样做的。而且，他经常谆谆强调，要用马克思主义哲学和辩证唯物主义指导自己的人生和事业。

不久前，有人总结分析外籍华裔科学家获得诺贝尔奖的主观缘由（见《西安交通大学学报》2010年4期）得出六条经验：①中青年时代出成果；②师从名家、国外名牌大学；③打破常规敢于向传统挑战；④孜孜不倦热衷科学实验；⑤思维敏捷、方法得当；⑥家庭环境和长者教诲的影响。我认为，这些方面的作用在钱学森成长历程中均有所体现。因此，研究、借鉴钱学森的成长经验有益而且必要。这一研究似应列为"钱学森学"研究的重要课题，如此方能更全面准确地回答"钱学森之问"。

——原载《民主与科学》2012年第4期

"大成智慧"与城乡建设的宏观经济研究

"大成智慧工程"（Metasynthetic Engineering）实质是把各方面有关专家的知识及才能、各种类型的信息及数据与计算机的软、硬件三者有机地结合起来构成一个系统。此方法的关键就在于发挥这个系统的整体优势和综合优势，为综合使用信息提供有效的手段，按我国传统的说法，把一个非常复杂的事情各个方面综合起来，达到整体的认识。

采用此法始于20世纪80年代初，在经济学家马宾的具体指导下，当时的航天部710所，完成了财政补贴、价格、工资综合研究及国民经济发展预测工作，这些是当时经济体制改革中提出的热点和难点问题。事实证明了大成智慧工程方法对宏观经济研究的有效性。特别对于国土整治、区域规划、城市经济、房地产开发、新农村建设、农民、农业经济、工业经济等多方面属于开发的复杂巨系统的宏观经济问题，树立大成智慧学观念，采用"大成智慧工程"都可以研究解决。

1990年，钱学森、戴汝为和于景元三位合作发表了"一个新的科学领域——开放的复杂巨系统及其方法论"的重要文章。该文将作者20世纪80年代初对处理复杂系统所概括的"经验和专家判断力相结合的半经验半理论的方法"进一步地加以提高和系统化，提炼出"开放的复杂巨系统"的概念，进一步提出"开放的复杂巨系统的方法论"。他们认为："大成智慧是古老的'爱、智、慧'概念的更进一步，更具体化。"

钱学森提出的"大成智慧学"是把人的思维、思维的结果，人的知识、智慧及各种资料和信息，用现代化的手段"集合"起来。

宏观经济研究如何才能有大智慧学的思路，采取大成智慧工程的做法，建立宏观经济学大学科，是我们亟须探讨的问题。

建立宏观经济学大学科，显然要有经济学科群、科学知识体系化与系统化的思路，要理清经济学科的研究对象、范畴，更要明晰相关经济学科所在学科体系中的层级位置、复杂性程度以及它们相互联系补充的关系。

例如，对于城市经济问题的研究，切入点、切入角度和目标，都应当从"保存——

保护—创新—发展"的原则链进行综合集成研究,不能只从它的发展方面拓展。改革开放30年来,在城市问题上,我们在量的追求上过重,而对保存、保护和创新方面重视不够的教训是非常深刻和严重的,现在科学发展观的指导下,我们相信会有大的改进和突破。

2006年11月,《鄂尔多斯新农村建设"出轨"追踪》文章发表后(《中国经济时报》)引起社会各界的强烈反响,多位专家认为鄂尔多斯新农村建设模式,是我国新农村建设的必由之路:经济学家刘福垣说,鄂尔多斯市摒弃就地消化农民的旧模式,走上了破除城乡二元社会结构,转变农牧业生产方式的科学的城市化道路,充分显示了以人为本发展观的巨大威力。安徽社科院经济所孙自铎所长说,鄂尔多斯市在新农村建设中,把分散的农牧民分流到宜农(牧)区,或迁移到城镇就业安居。这是从实际出发的做法,也是为从根本上解决"三农"问题找到了最快最佳的路径,值得充分肯定。山东社科院经济所所长张卫同博士认为,新农村建设应有内容的系统性和模式选择的多元性,在建设社会主义新农村的内容上的系统性和模式选择的多元性上,这是一个很好的案例。

笔者认为,对于鄂尔多斯的"出轨"现象,就很值得作为宏观经济研究的典型案例,采用"大成智慧工程"的方法,认真总结经验,形成对全国新农村建设与规划指导性决策。

城市化的规划目标有着与农村建设类似的问题,全国广大地区600多个城市不应当采用同一模式,但共同点是都需要建设和谐城市实现人与自然、人与社会、历史与未来的和谐。从宏观经济角度如何实现这三个方面的和谐,也有许多重要的问题需要研究,希望能够纳入宏观经济研究者的视野。

区域规划、城市规划是宏观经济的重要载体,离开对区域经济和城市经济的宏观(整体)研究和把握,往往会做出许多局部(微观)上看是好的,但有损于整体发展的傻事。

宏观经济研究是从宏观角度对经济的研究,它有三个特点。

当代经济学科非常之多,我们面临的是一个庞大复杂的学科群。如何对待这个学科群? 从哪里入手,用大成智慧思路和方法,吸收相关学科的研究成果,借鉴其科学的研究方法,提高宏观经济研究的水平是颇值得研究的。这里我粗略地把几十个经济学科划分为三类,即宏观经济学类、中观经济学类和微观经济学类学科(表1)。从表1中可以看到宏观经济学研究的广博性和复杂性。

经济学的学科分布 表1

学科名称	宏观经济学	中观经济学	微观经济学
	1 政治经济学	1 比较经济学	1 农业经济学
	2 社会经济学	2 结构经济学	2 工业经济学
	3 发展经济学	3 信息经济学	3 旅游经济学
	4 公共经济学	4 生产力经济学	4 金融经济学
	5 福利经济学	5 国土经济学	5 科学经济学
	6 贫困经济学	6 生态经济学	6 心理经济学
	7 短缺经济学	7 能源经济学	7 技术经济学
	8 和谐经济学	8 海洋经济学	8 劳务经济学
	9 发展中国家经济学	9 农村经济学	9 交通运输经济学
	10 不完全竞争经济学	10 区域经济学	10 邮电经济学
	11 纯粹经济学	11 城市经济学	11 基本建设经济学
	12 人口经济学	12 军事经济学	12 教育经济学
	13 劳动经济学	13 市场经济学	13 卫生经济学
	14 计划经济学	14 管理经济学	14 体育经济学
	15 决策经济学	15 技术经济学	15 文化经济学
	16 经济预测学	16 经济计量学	16 艺术经济学
	17 歧视经济学	17 经营经济学	17 家庭经济学
	18 非经济领域经济学	18 投入产出经济学	18 消费经济学
	19 经济学	19 城市经济学	19 房地产经济学
	20 经济学	20 经济学	20 建筑经济学
			21 娱乐经济学
			22 住宅经济学
			23 经济学

第二个特点是研究的空间非常广阔，涉及国民经济的五大建设，即政治文明建设、物质文明建设、精神文明建设、地理文明建设和国防建设，又可以细分为九类，

即：民主建设、体制建设、法制建设、经济建设、人民体质建设、思想建设、文化建设、环境保护和生态建设基础设施建设等。

第三个特点是宏观经济研究的历史时间的跨度是宏大的。针对中国这样一个历史悠久、地大物不博、社会发展极为不平衡的国情，我们需要研究各种人类文明形式下的经济社会特征（表2）。

人类文明形式的特征　　　　　　　　　　　　　　表2

	狩猎文明	农业文明	工业文明	后工业文明
时段（年）	公元前200万年～前1万年	公元前1万年～1700年	1700年～今天	今天～
社会结构	个体/部落	乡村/民族	城市/国家	宇宙/全球
活动范围	孤立	区域	洲际/大区	全球
经济形式	个体延续	自给型	商品型	持续型
能源特征	火、人力	畜力	化石燃料	信息
人地关系	依附自然	靠天吃饭	改天换地	人地和谐

资料来源：林毓锜《刍议钱学森科学思想的结构框架和普及应用》文中所附表格。

从表2可以看出宏观经济所研究的时空结构、社会结构、活动范围、经济形式、能源、人地关系等内容都是与时俱进的，更加复杂，更加宽广。

研究城乡建设宏观经济的切入点、切入角度是什么呢？

"保存—保护—创新—发展"的原则链。过去常听讲，中国"一穷二白"或者"从零开始"、"白手起家"云云，这是违反事实的。从人类文明形式的特征这个表上也可以看出，发展是一个历史过程，从量变到质变，只是存在形式变化了，从小到大，从少到多，所谓从没有到有是相对于同一现象而言，绝不是从零到有，是由历史的基础、自然的基础发展起来的。

如今，发达国家已进入后工业文明时期，而我国还存在大量狩猎文明、农业文明和工业文明的经济社会现象和遗迹，怎么实现跨越式的发展或者能否跨越几个文明时期都是值得认真研究的问题。说到与国际接轨，世界今日已开始步入知识经济或信息经济时代，面对这种新的社会经济形势，我们要做点什么？又怎么做？从哪里入手？也是值得认真研究的问题（表3）。

知识经济的基本特征 表3

序号	比较内容	工业经济	知识经济
1	动力	蒸汽机技术和电气技术	电子和信息革命
2	产业内容	制造业	知识和信息服务成主流
3	效率标准	劳动生产率	知识生产率
4	管理重点	生产	研究与开发，信息与培训
5	生产方式一	标准化	非标准化
6	生产方式二	集中化生产	分散化生产
7	劳动力结构	直接从事生产的工人占80%	从事知识生产和传播者占80%
8	社会主体	工人阶层	知识阶层
9	分配方式	岗位工资制	按业绩付酬制
10	经济学原理一	以物质为基础	以知识为基础
11	经济学原理二	收益递减原理	收益递增原理
12	经济学原理三	周期性	持续性

资料来源：顾孟潮据袁正光《知识经济时代已经来临》一文整理而成。

现在人们已经感觉到了，在新的世纪最大的问题是必须创新才有出路。但是，怎么创新？哪些方面需要创新？创新的主导力量和社会基础在哪里？也需要认真研究。

上面我对经济学科群的宏观中观微观的划分，实际上并不是很科学的分法，只是为了把宏观经济作一次梳理，以便明确各类经济学应当关注的重点。其实，各个研究对象（学科）只是我们研究的着眼点、看问题的角度不同，共同面对的都是整个客观世界，都有着学科本身要研究的宏观层次、中观层次和本身的微观层次问题。而且，这里划分的宏观、中观、微观不是绝对的，有时它们是互相转化的。如：房地产开发中的经济适用房问题，包括面积是90m²还是120m²，本来属于一个非常专业的微观问题，现在则成为中观或宏观经济必须面对认真研究的问题。

总之，我认为有必要建立宏观经济学整个大学科，理清相关的经济学科，构建其学科体系，明确其科学的研究对象、研究体系层次和相应的研究方法、研究的起点和终点。我上述的分法，无非是为了抛砖引玉，引起关心此事的学界朋友们重视，共同建设这一大学科，这是当务之急。

——原载《重庆建筑》2011年第2期

保存·保护·发展

——城市建设原则链

　　城市建设中贯彻科学发展观的集中体现是要遵循"保存、保护、发展"的原则。"保存"指要妥善保存城市的历史文化遗产；"保护"指要科学保护城市的自然环境生态资源；"发展"指要全面发展城市，把城市建设成为让市民安居乐业的现代城市，为市民提供高品质生活环境。这是城市发展的原则链，在这个原则链中，保存、保护和发展是辩证统一的。

　　妥善保存城市的历史文化遗产是首先要解决的问题。城市的载体中充满了历史信息、现实信息、艺术信息、文脉信息、功能信息等各类知识和信息。历史文化名城保护、文物建筑保护，很大程度上就是在作更深层次的城市信息的保护和保存。

　　在妥善保存城市的历史文化遗产方面有五个并重，即：城市设计者与城市市民并重，城市形式与城市内涵并重，城市内容与城市文化并重，城市文物与城市非文物并重，城市物质与城市精神并重。其中有四个要点：要把做好文物古建保护工作，作为对地方政府官员的政绩考核指标之一；要确立城建规划设计人员必须严格执行的保护文物古建的法律；要将开发拆迁范围内需要保护的文物与古建写入开发建设合同，防止开发商违约开发；要提高全民保护文物古建的意识。

　　在保护城市的自然环境生态资源方面，目前最大的问题是城市规划建设与建筑设计缺乏建立人类生态系统全环境的概念，因此出现了不少脱离经济基础的、采用单一模式的高能耗、高消费、高标准、高污染的城市建筑。

　　什么是人类生态系统全环境概念？就是要在生命进化和发展长河中，实现人类生态系统与全环境的平衡。实现建筑领域内的生态平衡是建筑活动的本质目的。国外有关这方面的研究从20世纪60年代起很快地发展起来，既有理论，又有实践。如苏联在改善城市气候方面开始实验用生态学方法，美国已考虑从生态学角度确定合理的社区规模，联合国的"人与生物圈"计划已把城市生态列为人类共同的重点研究项目之一等等，近年来，建筑界更有大量的生态建筑、生态小区设计实践和理论著作问世。

　　运用生态建筑学原理进行规划设计也是古今中外城市规划、建筑设计成功的重要原因。古今中外这类重视建筑生态本质的成功实例很多。如明清时代的北京古城规划设计，美国的建筑大师弗兰克·赖特的有机建筑设计，芬兰的建筑大师阿尔托的人性化乡土化建筑设计，后现代主义建筑的代表人物文丘里、约翰逊等人重视文脉的建筑作品等等。

科学保护在我国城市的自然环境生态资源方面，我谈几点建议：

首先，要在全民中大力普及生态建筑学知识，积极参加世界范围的"人与生物圈"的研究，使社会各界树立生态建筑学、生态城市意识。

要大力培养生态建筑学人才，在建筑院校开设生态建筑学课程，建立生态建筑试点，开展生态建筑学的研究、开展相关学科（城市生态学、建筑类型学、人体工程学、行为科学、建筑社会学、环境心理学、环境美学、环境卫生学、环境保护学等）的研究。

要制定相应的居住区规划设计的生态平衡指标、公共活动场所的生态要求规范等。把生态学的研究与国土整治、区域规划、城市设计、建筑设计等结合进行。

还要有计划地出版生态建筑学、城市生态学的书刊。

对于城市来说，保存和保护是其发展的基础，没有保存和保护，城市就不能保证发展，就不能保证文脉的延续，不能保证自然环境生态资源与生命圈的平衡，而发展是硬道理，是终极目标，没有发展，保存和保护便失去存在的价值。

在如何"发展"这一环节的城市建设原则链上，我谈谈"全球化"、"地域化"和"民族化"这三者的关系。

近年来城市建设中常常出现两种倾向。

一种倾向是，许多地方不顾城市的具体条件，不讲地域特色、民族特色，盲目抄袭模仿外国大城市的建设模式，搞大路、大广场、大立交桥和超高层建筑，出现千城一面的现象。

另一种倾向是，许多地方又过于强调地域化和民族化，片面理解"越是民族的越是世界的"，在城市建设上排斥所谓"西化"的东西，固守旧形式和旧做法，阻碍了城市现代化水平的提高。

城市的发展变迁是在全球化、地域化、民族化的背景下发生的，这三者不是对立的，是辩证统一的、相互促进的。

全球化常常是带有普遍性的东西，它往往体现时代特征，是先进的、科学的、容易被人们接受的。全球化的东西要想在世界各地生根和发展，被当地人接受，往往需要经过地域化、民族化的过程，需要与当地历史地理、社会人文条件相结合。古代是这样，现代也是这样，如以薯片、芯片、大片为代表的所谓"三片"文化风行世界，还有已经进入中国市场的肯德基，为了迎合中国人的口味开始做中餐，都是这种现象。而地域化、民族化则常是带有特殊性的东西，它体现了每个国家、地区自己特有的历史地理社会人文情况、特有的生活习惯和特有的审美需求，是很具体很细致的。

城市发展史表明，城市经历了农业城市、手工业城市、工业城市、后工业城市到现在的信息城市、数字城市，这在世界上是普遍的规律。我国的城市化目前仍处于初级阶段，在补工业城市的课，因此很多地方出现"千城一面"，"千篇一律"不足为怪。

中国城市的发展建设，盲目全球化是不行的，拒绝全球化只搞地域化、民族化也是不行的，必须全球化和地域化、民族化并重。我们需要从内容上、功能上、整体上把这"三化"很好地结合起来，让它们相互促进。使中国的城市和建筑达到既有全球化水平又有中国的地域特色、民族特色的佳境。

——原载《南方建筑》2008年第2期

建筑师应该如何思维

——俞吾金《我们应该如何思维》一文带来的启示

养成科学思维的习惯是培养杰出人才的关键和必由之路。思路不对全盘皆输。

建筑师应该如何思维？

在中国这个处处是建筑工地的大环境下，这个问题对于建筑师或者从事与建筑设计、施工、管理有关的领导同志、开发者、城市建设工作者，真是太重要，太需要学习和实践了。

不久前，我看到一本美国建筑学教授的大作，书名为《像建筑师那样思考》。读后让我这个专业工作者大失所望。作者似乎有些本末倒置，他竟然异想天开地希望建筑界之外的人能够像建筑师那样思考问题，这是不可能的事。书中那么多专业术语就把非专业读者吓跑了。而且，关键是该书未能准确回答"建筑师应该如何思维"的问题。

还有一本书名为《中国不缺建筑师》，也难让笔者苟同：这个提法是有害的。中国作为建筑大国，太缺建筑师了！当今，为什么会有那么多垃圾建筑、丑陋建筑、害人的建筑？就是因为中国目前合格的建筑师太少，杰出的建筑师更是凤毛麟角。

喜出望外的是，去年末今年初，我见到了现代哲学专家俞吾金教授的大作《我们应该如何思维》一文（载于《解放日报》，回答了这个问题。

建筑师的专业是建筑设计。

什么是建筑设计呢？

建筑设计是建筑师思想升华的过程，是生成思维产品的过程。建筑设计是建筑师对未来建筑的设想、计划、构思、构图以及使这个设计变成现实建筑的过程。

建筑设计从哪里开始？

俞教授告诉我们，从"有效思维"开始，才能走上科学思维之路。而且做到有效思维必须有规律规则意识、情景意识、角色意识、换位意识、风险意识和表达意识；要真正有所创造，还必须有学习意识、问题意识、批判意识、逆向意识。如果追求更高境界的超越思维，成为杰作，就要有张力意识、品味意识和境界意识。

这里的三个大台阶和13种意识的提示，对于建筑师、建筑工作者提高自身素质和思维境界真是太重要了！

鉴于建筑设计是专业性工作，不仅有俞教授指出的普遍性，更有其特殊性。因此，我们不妨听听建筑大师的提示。有人问现代主义和后现代主义建筑大师菲利浦·约翰逊：您的建筑创作从哪里开始呢？

约翰逊答：从脚底板（footprint）开始。

这不愧是大师的回答。大师体验未来建筑空间环境的主人角色需求是从脚底板开始的。这种思维几乎涉及俞教授文中所说的六种意识，绝对属于有效思维的思路。

中国园林、中国建筑十分重视脚底板的感觉。作为建筑景观尺度层次来说，这是"零层次"，不是视觉的感受，而是接触的感觉。特别是纪念性建筑，十分重视地面的做法、材料的选择。建筑作为环境的科学和艺术，其创作从脚底板开始，意味着从阅读大地、体验环境情景、主人角色需求和可能开始，从研究材料的优势和特点开始。这是真正的脚踏实地、实事求是！

关于居住建筑的超越思维，我国明代学者文震亨就提出"三忘境界"——使居之者忘老，寓之者忘归，游之者忘倦。达到这样境界的设计者显然必须有张力意识、品味意识和境界意识！

具有超越思维的杰出作品是长期积累成熟的硕果，不是唾手可得的。按照《外籍华裔科学家获得诺贝尔奖的主观缘由》一文（原载于《西安交通大学学报》）作者陈九龙、刘琅琅的分析，认为获奖有六大缘由：①中青年（年轻时）时代出成果。②师从名家、经国外名牌大学深造；③打破常规，敢于向传统理论挑战；④孜孜不倦，热衷于科学实验；⑤思维敏捷，方法得当；⑥家庭环境和长者教诲的影响。这些经验恰好证明：我们要有所创造，必须有学习意识、问题意识、批判意识和逆向意识。

建筑师应该如何思维？这是建筑师一生都要学习和实践的事情，故推荐俞教授的大作共勉。

——原载《中国建设报》2011年8月1日第4版

历史进程中的山水城市

2014年9月27日，建筑师马岩松新书《山水城市》发布。其对山水城市的文化探讨及建筑设计的实践，为当前山水城市的研讨实践带来了现实的思考。

一、第一个想法是：如何理解山水城市概念

1993年2月27日，钱学森先生郑重提出"社会主义中国应该建设山水城市"的倡议。但是，这一高瞻远瞩、深谋远虑的倡议并未能得到社会公众的响应。甚至有人认为，这是钱老在讲外行话，是"贵族的乌托邦"。我国城市建设中问题很多，如仍然千篇一律地在大量照搬国内外建设平原城市的模式，推销仅仅适合平原的建筑类型的建造方法，结果造成经济、使用、美观等方面均严重脱离实际的现象。产生这种现象的主要原因之一是歪曲了山水城市概念。

为数众多的人似乎觉得"山水城市"是20世纪90年代才提出来的新问题，还只处于书面构想和缺乏相应实践经验的阶段。真正实践建山水城市那是十分遥远的事情。其实不然，考古发现表明，我们北京是从山顶洞人的居住走向平原居住的。从中国城市建设史可以看到，我国起码有着一千多年建山水城市的悠久历史，中华大地上出现了许许多多能够因地制宜、就地取材的优秀的山水城市和山水建筑，这些都是珍贵的文化遗产。如今大家可以看到，现存的许多杰出的山水城市——如北京、南京、杭州、重庆、武汉、青岛、大连等。属于山水建筑的佳作更是不胜枚举，如四川、贵州、山西、陕西等多山地区的许多山地建筑，其建筑文化水平之高，真令我们这些专业建筑师汗颜——如陕西米脂县的姜氏庄园，依山傍水的城堡式窑洞庄园真是一绝，在中国乃至世界都称得上是民居杰作。

钱学森在阐述其山水城市概念时说："山水城市的设想是中外文化的有机结合，是城市园林与城市森林的结合。山水城市不该是21世纪的社会主义中国城市构筑的模型吗？""我想，既然是社会主义中国城市，就应该：第一，有中国风格；第二，美；第三，科学地组织市民生活、工作、学习娱乐。"

马岩松建筑师沿着钱先生的思路对山水城市作了进一步的思考和探索。他认为，

山水城市的思想是对自然生命的呼唤，它来自一种精神的指引。它是人造与自然和谐的城市，是充满诗情画意的城市，是散发着人性光辉的城市。山水城市中的建筑是以自然和人的情感联系为核心的有机体，它们可以是山非山，是水非水，是云非云；形式上不拘一格，精神上高度提炼。按照这样的思路，他完成了许多建筑作品。

二、第二个想法是：山水城市应该什么模样，应该是根据城市的特点千姿百态

老北京就是优美的山水城市。北京，有着山水城市的美景和深厚的历史文化积淀。北京的城市设计当时是世界之最，被称为城市设计的典范，北京是典型的山水城市。每个四合院都是氧吧，是个小生态圈。长盛不衰地吸引着中外世界各地成千上万的人旅游观光。北京其他方面我暂不说，我只说它的水。

北京有个汇通祠，建了一个郭守敬纪念馆，该馆位于什刹海西海北岸。但是，至今郭守敬还是鲜为人知。700年前的郭守敬在建老北京山水城市中立了大功。他成功地将永定河引水通漕，改造南北大运河，为寻找大都新水源，修建白浮瓮山河，实现跨河引水，建成北京第一座水库，开通惠河，将大运河之水引入北京，实现京杭运河全线通航，将积水潭建成京杭运河漕运集散码头。他还开发北边的玉泉山水，解决运河与皇城的供水问题，使全北京城的山、水、河、湖、潭、海串连起来，使整个城市生机勃勃、郁郁葱葱。然而，他对北京城市发展的这些重要贡献，连这次宣传申报大运河世界文化遗产成功的材料中也只字不提，这表现出人们对山水城市的冷漠。曾经对北京建设山水城市作出奠基贡献的人——中国元代伟大的水利学家、科学家郭守敬（1231—1316年）值得宣传和借鉴。山水城市是各地生活生产实践的产物，绝不是仅仅为了养眼，为了变换形式花样的目的，它有着丰富的生态文明内涵，文化艺术内涵，有着经济、实用、美观的价值，是以人为本的宜居环境，蕴含着东方哲学的深意。在新形势下需要进一步探讨它的新形态。

三、第三个想法是：根据中国地理国情建设山水城市是可行的和必要的

山水城市建设模式和山水建筑类型对于我国是十分重要的城市与建筑类型。因为中国是山多、水多、平原少的国家。在960万平方公里的国土中，山地占了69%，平原只有12%，所谓"七山二水一分田"。平原和耕地在我国是十分珍贵的不可再生的资源。我们作为以农业为基础的农业国，人口众多，平均耕地水平属于世界上最少的国家，用平地、占耕地盖房子，搞城镇化不符合中国国情、不经济更非长远之计，即

不符合可持续发展战略。在众多地方建设上水城市、修建山水建筑过去和今后都是符合中国实际的做法，也是今后城镇化发展的必由之路。自古以来，中国的山水城市发达、山水建筑比比皆是也是这个原因。所谓"天下名山古寺多"，许多寺庙便是精彩的山地建筑。这个优秀传统需要我们继承和发扬。在新型城镇化形势下，马岩松建筑师提出"我们要研究高密度和共享前提下的私有空间和自然"的思路，这是颇有见地的，只有这样才可能走近山水城市"建造精神家园"的理想目标。

总之，城市科学和建筑科学发展史表明，山水城市应当属于一种先进的城市观念和模式，属于可持续发展的城市。其核心思想是，要建设有利于人的身心、有利于自然生态、有利于社会、经济科技文化可持续发展的宜居城市；有助于克服目前城市千城一面，建筑千篇一律的问题。这一理念值得我们在新型城镇化进程中加以研究探索和实践。

——原载《城乡建设》2014年第11期

万岁事业·百年大计·思维王牌

《建筑》杂志创刊60周年可喜可贺。

60年怎么走过来的？60年后的21世纪的路又是如何走法？回顾和展望是十分必要和有益的。

作为《建筑》杂志57年的读者，对于《建筑》杂志可谓情有独钟，其受益终生感谢。1957年，我进入大学开始学习建筑学专业，接触到的第一本综合性的建筑专业期刊便是《建筑》杂志，它是没有围墙的大学，一直是我的良师益友。后来，还真是有缘，我竟然成了它的作者和编者。但是，《建筑》杂志的生命差一点就终结在我作为编者的时期。

那是1989年10月的事情。

老一点的编辑部同仁可能知道这段曲折的往事。1989年10月份，整顿部属报刊，主张把《建筑》并入《城乡建设》。在此《建筑》存亡未定之际，我希望能够"处于死地而后生"——1989年10月23日，我就此事专门给肖桐副部长写信，附上杂志社刊物情况的报告。肖副部长圈阅后当即作了批示，并让刘举秘书送给我。肖部长的批示为：

> "已阅。建筑杂志已有30多年的历史，建筑是部工作的重要组成部分，此刊是专业刊物，建设的观念、工程建设的观念都代替不了建筑的观念。历次整顿刊物，建筑都未动过，去掉太不合适。请予考虑，留情。"

得此批示我如获至宝，即送部里。大概，正是肖部长的批示的支持，使处于"而立之年"的《建筑》得以绝处逢生，我也庆幸逃此一劫。

肖部长高瞻远瞩，从部工作全局出发的批示，当时对我思想的启发和工作支持力度极大，让我没齿不忘：他批示后，还让刘秘书当面告诉我，如果部里真要撤掉《建筑》，可以拿到他当时主管的建筑业协会来继续出，让我放心！

"建筑"是万岁事业，是《建筑》杂志创刊时朱德元帅的题词。建筑是万岁事业，这多么语重心长呀！60年来我们是否一直当作"万岁事业"来办呢？

百年大计，质量第一，这是自古以来很传统的提法，几乎尽人皆知，我们又做得任何呢？这个标语仍然随处可见，可行动实践中却在不断变形——施工要集中兵力打歼灭战，涉及要快速设计、现场设计，而且无论什么工程往往都变成"献礼工程"，要提前完成，后来"时间就是金钱"的大字标语也赫然入目地进了工地……难道，"百年大计，质量第一"这个比"万岁事业"小100倍的标准也过时了吗？

现在，许多工程设计的周期非常短，比以前的所谓快速设计、现场设计的时间还要短。这是为什么？记得有一段时间强调过"设计是工程的灵魂"。然而，为时不久，还是平方米产值挂帅，这是否是我国短命建筑、丑陋建筑数量之多、规模之大高居世界第一的重要原因？

"支柱产业"，仅仅从GDP产值角度，说建筑是国民经济的支柱产业的提法值得思考。建筑是人类赖以生存和发展的基本需求，因此必须从民生的物质和文化精神需求这两个方面去考量。面对那种单纯从经济角度强调房地产开发是支柱产业，甚至于出现什么"只为富人盖房子"，"房地产决定城市"的错误观点和错误思路。《建筑》作为有导向作用的建筑界主流媒体，也需要回顾和总结，我们在这些方面做的工作够不够？

老子曰："反者道之动，弱者道之用。天下之物生于有，有生于无。"这就是提醒人们，要倾听和思考不同的意见和声音，才能有所发现、有所发明、有所创造、有所前进。这也是笔者以上提出几个值得思考的问题，并且从标题就强调思维的王牌作用的原因。

有人讲，学历是铜牌，能力是银牌，人缘是金牌，思维是王牌。我同意这种定位。因为，思路决定成败。应当是思路管财路，而不应当是相反。思路正确，可以开出财路，思路不对，有钱也不一定用的地方对。《建筑》期刊作为文化媒体，有没有统管工作全局的主导思想？思想水平如何？这也是杂志质量高低优劣的分水岭。《建筑》杂志坚持到现在不容易，要敬畏过去，珍重未来。

——原载《建筑》2014年第20期

城镇建筑文化风貌的理想与现实

在保护城镇、建设城镇的过程中需贯彻"保存、保护、发展"的三个原则，即妥善保存城镇历史文化遗产；科学保护城镇自然生态资源；发展协调城镇高品质的人居环境。

这三个原则中，城镇发展是硬道理，是终极目标，城镇的保存和保护是发展的基础。没有发展，保存和保护便失去存在的价值，没有保存和保护就不可能保证城镇的可持续发展，就不能保证城镇传统的延续，不能保证自然生态资源的平衡。因此，保存、保护、发展这三个方面是辩证统一的，又是缺一不可的。

用"保存、保护、发展"的理念审视当前我国城镇建设，更能看出保存和保护城镇历史文化是我国城镇建设中一个迫待解决的重要问题。

一、城镇建筑文化风貌的现实

城镇历史文化是有形象的、给人直观印象与感受的文化。人们在漫长建设的历史年代里，不断认识环境、适应环境、改造环境，与自然环境长期磨合，为今天的城镇留下在很大程度上已经天人合一的环境文化。但是，很多地方在很长时间内，特别是在城市化高速进程中，人们对历史已经形成的天人合一的、优美的城镇环境遗产，缺乏尊重和认识，使其遭到灭顶之灾。而我们现在的城镇建筑文化风貌，从某种意义上是"计划的风貌""政绩的风貌""经济的风貌""山寨的风貌""千篇一律的风貌"，甚至是"丑陋的风貌"。

这是为什么？

（1）缺乏对于城镇建筑原有的生态环境、社会人文环境、实体环境的保存和保护的观念，是在完全没有"保存、保护、发展"的科学发展观指导的错误思路和做法。

（2）圈地卖钱，断了农民后路。

（3）市场手段趋利性导致城镇文化趋同和无限的多元化丧失的危机。

（4）驱贫引富导致城市空间公平失衡。

（5）大拆大建导致城市已有的城市文化结构断裂与变异。

这类问题的存在导致资源浪费、环境污染、生态平衡破坏等严重后果。十八届三中全会通过的《中共中央关于全面深化改革若干重大问题的决定》，提出政治、社会、经济、文化、生态文明建设五位一体，并且从生态文明的角度提出"划定生态红线，实行资源有偿使用制度和生态补偿制度，改革生态环境保护管理体制。"这应当是我们在建设城镇建筑文化风貌时遵循的原则。

二、实践中对城镇建筑文化风貌的解读

在创造园林城市、宜居城市以及生态建筑方面，国内已经有不少好经验、好典型。

"诗意地栖居"在中国不是什么稀罕事，中国自古以来是诗的国家，是诗的民族，几千年来，出现了许许多多诗的城市和诗的建筑。历史上许多中国人很早就在"诗意地栖居"。

如唐代诗人刘禹锡《陋室铭》所描绘的内容，体现了以人为主的生态观念、环境观念和诗情画意，符合我们今天的"适应、经济、美观"原则的风貌。《陋室铭》强调三点：

（1）开始"山不在高""水不在深"，指出了基地和居住环境的重要。

（2）强调建筑"必须适合人的生活要求"，而且建筑与人的关系，包括庭园与房屋整体的生活环境应当一气呵成。

（3）结尾发出"何陋之有"的感慨——（以诸葛庐、子云亭为例，对十分简朴的不同建筑物给予高度评价）我这样的人，住这样的住宅，配我的身份，合我的需要，这不是很好吗？

中国的传统园林建筑更是典型的诗情画意的建筑，有诗的风貌。我们有了现代化的经济基础，更加需要这种诗的建筑和诗的城镇。

20年前，科学家钱学森提出理想中的社会主义中国城市标准：第一，有中国的文化风格；第二，美；第三，科学地组织市民生活、工作、学习和娱乐。在此基础上，钱学森又提出著名的"21世纪中国城市建筑的模型——山水城市"理论，引起全国多方面人士的响应，而在实践的过程中，山水城市的概念、文化内涵也得到了发展和深化。首先在于把握"中国特色"这个灵魂；同时既需要达到良好的生态环境，又要塑造（包括创造与保护）完美的文态环境。生态环境与文态环境共同关系着人类文明的现状和前途。

那么，什么是文态环境呢？

笔者认为，宏观地讲，文态环境应该属于包括"五位一体"所指的五大文明（政治、经济、社会、文化、生态文明）的环境。

当然，需要从城镇建筑文化风貌角度进一步细致解读。

20年的实践表明，关于建设生态城市、文态环境、山水城市、园林城市的理论对推动我国城市的建设方向有促进作用，园林城市、宜居城市在增多，有些城市直接把建设山水城市作为自己的努力方向。

全国政协委员郑孝燮作的关于武夷山的五言诗："奇峰环碧水，九曲绕千山。轻泛七根竹，仰看一丈棺。山房宜淡抹，书院忌时颜。已是层林少，愚公当远迁。"这首诗在提醒我们，泰宁经验的四个"重视"：重视保护历史遗存和自然生态，重视已有景观成景区，重视文化追求，重视和尊重规划设计。泰宁的经验是"接着说"的建设思路和做法，而非"从零开始"大拆大建，这符合"保存、保护、发展"的科学建设发展观原则。城镇风貌是城镇建筑文化的外在形象，泰宁又是位于武夷山脉中段南侧，近年来城镇建设取得突出成绩的美丽山城。

在此我还要强调，建筑风貌问题是重要的建筑理论问题，它对城市和建筑的规划设计的影响十分深远。我赞同何镜堂院士的观点："传承与创新是文化发展的基本点，和谐是中华建筑文化的核心，地域化、文化性与时代性相统一。"这三个方面既是建筑风格、风貌问题，更是建筑哲学观念、文化观念问题。需要从学习调查研究国内外先进的建筑理念和中国建筑文化传统与和谐的建筑文化理念出发，理解建筑的地域性、文化性和时代性。

三、建设城镇建筑文化风貌应注意的问题

在制定规划设计前深入调查研究、科学界一定要保存和保护的生态环境、文态环境、实体环境对象，尽量不要"大拆大建"。要有使用后评价措施，及时总结阶段性的建设的经验教训，不要使问题成堆，积重难返。

这样做有四个方面的积极作用：

（1）在城市形态、生态环境、建筑风格、历史街区、景观节点导视系统等多方面改善了城市面貌和物质环境。

（2）推动了城镇文化产业和旅游业的发展。

（3）提高了城镇文化的品质。

（4）避免了城镇中心区与周边区文化生态建设不均衡的问题。

总之，理想的城镇建筑文化风貌，应当是认真贯彻"保存、保护、发展"原则后的水到渠成的成果。联合国曾制定《21世纪议程》，我国也制定了《中国21世纪议程》，两个议程都把人与自然和谐相处作为21世纪的哲学导向，要求做到"高效、和谐、持续发展"。把创建绿色城市生态文明发展的优化模式，作为21世纪城市规划发展战略的永恒目标，这是符合城镇科学发展战略的。我们要避免再次出现脱离经济基础又破坏城镇文脉、采用单一模式的高耗能、高消费、高标准、高污染的城镇建设做法。

——原载《重庆建筑》2013年第12期

建筑文化与乡愁

——在《建筑师童年》发布会和乡愁记忆研讨会上的发言

乡愁是一个说不尽的主题。

古今中外不知有多少人为乡愁困扰。

台湾文学大家余光中先生有一首抒写《乡愁》的诗：

　　小时候 / 乡愁是一枚小小的邮票 / 我在这头 / 母亲在那头。

　　长大后 / 乡愁是一张窄窄的船票 / 我在这头 / 新娘在那头。

　　后来啊 / 乡愁是一方矮矮的坟墓 / 我在外头 / 母亲在里头。

　　而现在 / 乡愁是一湾浅浅的海峡 / 我在这头 / 大陆在那头。

这首诗引起海峡两岸多少炎黄子孙的共鸣。

我也有乡愁：经常回忆被老北京称作"内九外七皇城四"的城门是我的乡愁；经常回忆老北京胡同四合院里的核桃树、夹竹桃、金鱼缸……是我的乡愁；经常回忆老北京城墙上的酸枣树、蜻蜓、蝴蝶，槐树上的马蜂窝、燕子窝、护城河里的游鱼是我的乡愁；还有中学时代我每天上学进进出出的八中斜校门、附近的儿童医院水塔、四部一委的大屋顶等等都是我回味不穷的乡愁。

一、乡愁是引发建筑师追求梦想的动力

从建筑师的角度看，乡愁是引发建筑师追求梦想的动力。它能促使建筑师有学习意识、问题意识、批判意识和危机意识——也就是说，在你的作品中，"要看得见山，望得见水，留得住乡愁"，它是建筑师科学创造意识的组成部分。

前几天去菜市口，看到的是一个大豁口，许许多多珍贵的历史遗存都不见了。北京的城墙也只残存了400米，护城河已经成为一条死河，过不了多久还得清淤。作为见证北京悠久历史的城市建筑文化，如今整体模样已经面目全非了。没有留住乡愁。

城市与建筑创作的特点就是非零起点，只能在科学保存和保护的前提下"接着

说"（包括留住乡愁）。在缺乏现状调查和科学理论依据的情况下"从零开始"没有乡愁意识那不是很荒唐的吗？

二、建筑文化中的乡愁

乡愁是人们直觉有效思维的重要组成部分。建筑文化中对乡愁的顾盼也比比皆是，这也是江南三大名楼黄鹤楼、岳阳楼、滕王阁和许多古迹多次毁而复建的原因。人去楼空江自流，白云千载空悠悠，建筑名作与文学名篇彼此呼唤唱和的佳话层出不穷。建筑思维中的情景意识、角色意识和风险意识里都会看到乡愁，因为在人们的建筑行为中它会自觉或不自觉地表现出来。

中国古代建筑中的大屋顶、斗栱、园林艺术充分表现了古人的乡愁意识。大屋顶有山崇拜的影子，斗栱是对树木的依恋和模仿，园林是古人追求诗意栖居境界的物化形式。

中国是一个诗的民族，很早以前就在追求诗意的栖居（也就是留得住乡愁的栖居），并且历代取得极高的成就，曾有众多诗的建筑、诗的城市和诗情画意的园林源源不断地问世。最近又有新的发现，所谓"十个处女小城镇"。

如南方的苏州私家园林和岭南庭园式园林，为人们熟知的苏州的拙政园、留园、网师园等，北方的北京颐和园为代表的皇家园林，山西晋城8代人接力式完成的60万平方米似一座小城的常家庄园，陕西米脂窑洞集萃城堡式的姜氏庄园，四川充满山野趣味的巴蜀园林，许多在世界上都是数得着的园林杰作。因此，中国园林无愧于被誉为"世界园林之母"。

不留住乡愁就不会有建筑的本土化，就不会有现代中国建筑特色，不会有城市建筑文化的成熟……不会有建筑人格的提升。

乡愁是对故乡，对祖国，对生我养我的家乡深沉的爱，是想把自己故乡建设好的心愿，是建筑师职业的文化基因，很难想象，没有乡愁的人能够成为一个好的建筑师。

国际建协大会的《建筑师华沙宣言》提出：

建筑学是为人类创造生存空间的环境的科学和艺术。真正合格的建筑师理应是创造宜居环境的环境科学家、环境艺术家和环境建造设计的操作师。

——原载《重庆建筑》2014年第9期

亟待建立现代建筑科学技术体系

——学习《地下建筑学》巨著所想到的

首先祝贺童林旭教授《地下建筑学》这一具有开拓和奠基意义的巨作问世，感谢童老对建立"地下建筑学"学科所做的开拓性贡献！笔者开卷初步学习该书便有惊喜的感觉。感觉全书3篇28章中，特别是第一篇的8章，是新版《地下建筑学》的突出贡献。这里把"地下建筑学"的涵义、历史沿革、功能、任务范畴和发展前景作了全面的论述，使"地下建筑学"作为一门既古老又高新的学科站立起来了。而且使它成为与建筑科学原有的三大支柱学科——建筑学、城市学、园林学并列的又一支柱学科。

童教授此书无论在基础理论、技术科学和应用技术三个层次上均有开拓性、奠基性的建树，学术上和工程技术上多方面达到该领域的领先水平。

无论从宏观和微观角度看，童教授把作为"术"层次的地下建筑提高到技术科学和基础理论的"学科"层次。如果钱学森先生能看到此书的出版也会十分高兴的。因为钱老晚年一直都在督促我们，及早建立建筑科学大部门，建立现代建筑科学技术的体系这件事。建筑科学是一个滞后的老学科，又是一个碰到新问题成堆的新学科。因此，亟待建立现代建筑科学技术体系，从全局和整体上梳理一下，摸清我们面临的空白和重点，然后做出规划，按照轻重缓急安排逐步完成。

钱学森先生一生都在促进这件事情。自1955年10月8日归国之后不久他就专门讲科学技术学的问题，随后，他就着手构想建立现代科学技术体系学和相关的系统工程。

钱学森将科学分为三个层次，即基础理论、技术科学和工程技术。还有一个桥梁，通向马克思主义哲学（见钱学森构想的现代科学技术体系图）。今天首发式推出的《地下建筑学》属于该体系的什么位置值得研究思考。总之，科研和出版是否都需要全局在胸、局部入手？

16年前的6月4日，钱老接见我们时提出建立建筑科学大部门的问题。而且，他率先把建筑科学列入他构想的现代科学技术体系中，成为第十一个大部门，与自然科学、社会科学、数学科学、系统科学、思维科学、人体科学、地理科学、军事科学、行为科学、文艺理论并驾齐驱，摆在同一高度。但是钱老这一总体构想、科技系统工程思路并未得到我们建筑界同仁的理解和重视。

钱学森把建筑科学置于现代科学技术体系之中，是从现代科学技术体系的全局来理解建筑科学。强调科学是个整体，它们之间是相互联系的，而不是相互分割的。这样，建筑科学就不是一个孤立的与其他大部门割裂的部门。由于广泛地汲取其他大部门的学术营养，促进了建筑科学这个大部门的发展，使建筑科学成为一门生机勃勃的学科。

钱老说："各位考虑，我们是不是可以建立一门科学，就是真正的建筑科学，它要包括的第一层次是真正的建筑学；第二层次是建筑技术理论，包括城市学；然后第三层次是工程技术，包括城市规划。三个层次，最后是哲学的概括。这一大部门的学问是把艺术和科学糅在一起的，建筑是科学的艺术，也是艺术的科学。"

2012年5月28日，胡锦涛主持中央政治局会议，研究深化科技体制改革、加快国家创新体系建设。强调建立"健全科学合理、富有活力、更有效率的创新体系，激发全社会创造活力，实现创新驱动发展。"为实现这一战略目标我们住建口加速建立现代科学技术体系的任务是否显得更为迫切呢？

不久前（2012年5月19日），温家宝在武汉中国地质大学讲话时说：

"上个月我到冰岛考察火山和地热，与当地地质工作者和联合国大学地热学院的学生座谈，当时我讲了我多年思考的地质科学的研究方向。我把它概括为六点：

第一，地球、环境与人类的关系。如果再大一点，还应该包括天体。第二，地质构造，特别是板块运动给地球带来的变化。第三，矿产资源和能源，尤其要重视实践和理论。第四，地质灾害与防治。这已经成为涉及人民利益的重大问题。第五，现代科学在地质学的应用。第六，地质科学要开发新的领域。"

我们建立现代建筑科学技术体系可以从温总理这番话得到启示。童教授实际上已经有这样的思路。他在书中谈到"地下建筑学的任务和范畴"时强调，地下建筑学涉及的内容相当广泛，除了建筑设计和城市规划的一些基本内容外，还与多种学科交叉，融合多种学科知识。他一下列出15个之多，第一个就是地质学。

　　童教授为了实现发展地下建筑学学科的初衷，锲而不舍、兢兢业业工作几十年。如他自己所言："为祖国健康工作60年，终于得以了却重写《地下建筑学》的夙愿。幸哉。"其献身建筑科学事业的精神实在令人钦佩，值得我们学习。希望有更多同行朋友，能像童教授那样，致力于现代建筑科学技术体系的建构，同样重视建筑科学三个层次的发展建设，使我国建筑科学整体水平有较大的提升。

——原载《城市发展研究》2012年第7期

一本让人看到希望的书

《钱学森讲谈录——哲学、科学、艺术》是一本弥足珍贵的书，引人入胜的书，又是一本给人希望的书。

这本书似乎没见它上过新书排行榜，也未见对它有声势浩大的宣传推荐，我是在一篇论文尾部的参考文献中偶然发现它的，当我最终在北京图书大厦买到它时，已经是硕果仅存的一册了。从版权页可以看出，该书自2009年2月第1版到2010年7月是第6次印刷，问世以来，几乎每两个月就得重印一次，便可证明此书的受欢迎程度。

这是一本有大智慧、大理想、大勇气的书，是一本浓缩了新知识，给人鼓劲的书。编者从钱老浩如烟海的知识宝藏里精选出18万字，编排为13讲。每讲寥寥数语，都是用千字文讲述了一门前沿学科，把系统、系统思想、系统工程、火箭、美学、音乐、园林、建筑与城市、思维科学、环境、科学史、科学技术体系、哲学在本书中扼要介绍，切中要害，举重若轻，展示了一个博大精深的现代科学技术体系。该书采用的是文摘体，阅读效率极高，谈笑风生、娓娓道来，值得反复阅读。

例如，书中第三讲是关于火箭的，不仅文字简练，还有准确的数字计算表格和形象的插图。那是钱学森24岁时写的文章，却充满征服宇宙的豪气和理想。那时他就认为"火箭比较简单"。难怪后来他的美国导师，身为世界超音速时代之父的冯·卡门说："人们都这样说，似乎是我发现了钱学森，其实，是钱学森发现了我。"

这使我悟出了一个道理——"千里马"不能总是等待"伯乐"来发现自己，"千里马"和"伯乐"需要相互选择和相互发现，才能使拔尖的人才早日冒出来。这可能就是"旗杆式"的人才培养方式吧！钱老生前多次提出"中国大学为何创新力量不足"的问题，在一定意义上讲，这个实例是否可以认为是对"钱学森之问"的有力回答呢？

这本书使我受益匪浅。买到这本书的当日，我就一口气读了一半多。书中有些内容原来我比较熟悉，但当它们被纳入本书的13讲后，促使我从系统角度，用系统思想和系统工程的思想，重新审读与思考，从而有许多新的收获。

2009年10月31日，钱老在漫天大雪的日子里离开了我们。现在我们纪念他，纪念他国为重，家为轻，科学最重，名利最轻的崇高思想；我们忘不了他5年归国路，10年"两弹"成，开创祖国航天，他是先行人；我们景仰他披荆斩棘，把智慧锻造成阶梯，留给后来的攀登者的光荣历程。钱老是知识的宝藏，是科学的旗帜，是中华民族知识分子的典范。我们将沿着钱老的足迹奔向未来。

——原载《北京观察》2011年第8期

研究、传播钱学森科学思想是对世界作贡献

国际风景园林师联合会（IFLA）召开钱学森科学思想研讨会是对世界科学文化宝库作贡献。

这次会议以园林和山水城市作为研讨钱学森科学思想的切入点和重点是符合学科发展的理论与实践战略方向的科学决策。它抓住了当今世界和未来发展的生态本质。未来的世纪是生态建筑学的世纪也是生态园林的世纪，山水城市是钱学森对生态世纪城市发展模式的科学构想。

钱学森建筑科学思想（包括建立城市学和园林学的思想）的核心是系统思想。钱老把建筑科学作为具有复杂性、开放性和大科学性质的开放复杂巨系统来研究。他强调不能用还原论思想，而要用还原论和整体论相结合的系统论的思想，采取集大成智慧的研讨厅的方法解决复杂巨系统的问题。因此钱老20世纪八九十年代就把微观的园林与城市发展的大问题结合起来谈。

钱学森说："我设想的山水城市是把微观的园林思想与整体的山水城市结合起来，同整个城市的自然山水结合起来。要让每个市民生活在园林之中，而不是要市民去找园林绿地、风景名胜。所以我不用'山水园林城市'而用'山水城市'。""建立山水城市就要用城市科学、建筑学、传统园林建筑的理论和经验，运用高新技术（包括生物技术）以及群众的创造。"（钱学森1996年3月15日致李宏林信，见拙著《钱学森建筑科学思想探微》第205页）

1981年14届建筑师大会的华沙宣言已经给我们做出了重要提示，钱学森以人为本的思想与此是一脉相承的。宣言说："建筑学是为人类创造生存空间环境的科学和艺术"。建筑和园林就是这种"人类生存空间环境的科学和艺术"，研究园林和山水城市的理论价值和实践意义是无可置疑的，是显而易见的。因为，我们今天的人类所面对的环境已经有70%～80%以上是"人化的自然"——园林和山水城市便是这种人化的自然环境的最重要的组成部分。钱学森建筑科学思想的内容除了园林和山水城市集中体现在六个方面，具体讲：

（1）倡议建立建筑科学大部门，并纳入现代科学技术体系中为建筑科学定位。

（2）首次从理论上确立建筑哲学在建筑科学技术体系中的领头地位和通向马克思主义的桥梁作用。

（3）创造性地把建筑科学总体概括为"宏观建筑"和"微观建筑"概念。

（4）科学地界定了中国园林艺术——园林学内涵的全面性和深刻性，是Landscape、Gardenning、Horculture三个方面的综合。

（5）指出建立作为城市科学的领头学科——城市学的必要性和紧迫性。

（6）构想了一个未来城市发展模式——山水城市。

总之，认真学习、研究和传播钱学森科学思想，将为我们树立建筑科学发展观（包括园林学）奠定良好的理论基础，并且有助于引领学科和行业的未来发展实践。

——原载《重庆建筑》2010年第5期

互联网思维 ／ 做能思维的U盘

——兼答东南大学来访的学术期刊调研者

一、互联网思维

最近，期刊上和网上热议"互联网思维"，值得学术期刊的编者、作者、读者关注。

我赞同"互联网思维既是世界观又是方法论"的提法。有人总结互联网思维的特点和优势，并指出：

（1）它是相对于工业化思维而言的思维；

（2）民主化思维；

（3）用户至上的思维；

（4）产品和服务一站式思维；

（5）带有媒体性质的思维；

（6）扁平化的思维。

需要说明的是，以上几条虽然讲到了互联网的属性和特征，但是也出现了误区，似乎是因为有了互联网后才有的互联网思维，误认为互联网思维是互联网人的专利，互联网可以"包打天下"，这显然是不对的。

正如网友"北城剑客"（2013年12月25日）所言，互联网思维依然是他总结的"独孤九剑"，即九大思维：①用户思维；②简约思维；③极致思维；④迭代思维；⑤流量思维；⑥社会化思维；⑦大数据思维；⑧平台思维；⑨跨界思维——这里是运用网络语言对互联网思维的内容和过程的解读。

而且，这位网友分析了互联网内涵的九大思维，同时画出这些思维的分布图，很有参考价值。另外，他绘制了互联网思维在"价值环"中的分布图，把价值环分为三个层次——战略层、业务层和组织层，明确各层次的思维对象和操作目标主题，很有理论和实践价值。

总之，这些都说明，需要建立互联网思维观念。因为，无论是何种学术期刊的哪一位编者、作者和读者都已经离不开互联网思维了。必须及时提高互联网思维的质量和效率。这是笔者所思考的重点。也是衡量一个学术期刊水平的重要指标。

二、互联网思维给我们的启示

> 每个人都有一个死角／自己走不出来／别人也闯不进来……
>
> 每个人都有一道伤口／或深或浅／盖上布，以为不存在……

我要说，互联网能使人走出死角，互联网能让人伤口愈合，这乃是互联网思维最大的启示和思想功能。它是能让我们走出死角，治疗伤口、去除孤独的灵丹妙药。

国人为什么勤劳而难进步？为什么有秩序而不繁荣？互联网使我们找到答案；互联网让我们进入更精彩的世界；走近乔布斯听到他的忠告：求知若渴，虚怀若愚（Stay hungry，Stay foolish）；互联网让我找到失散的老朋友，结交了许多新朋友；互联网让人学会爱什么？思考什么？怎么做人……互联网一下使人年轻几十岁!而且明白了"年轻"只是心灵中的一种状态，头脑中的一种意志；互联网真实地实现了"一天等于20年"的预言；人如果有了互联网这个"心中的无线电台"可以达到生活几百年的境界。

有一位先生说，"人要成为U盘"——不要成为装进主机的硬盘，而是当U盘，自带信息，不装系统，随时插拔，自由协作。他还比喻说，互联网时代，整个社会在从金字塔变成仙人球。当下是一个仙人球时代，表面积很大，每一点都可以扎出一根刺……。我感觉，"成为U盘，扎出一根刺"这一思路就是互联网思维。对于办期刊何尝不是如此？

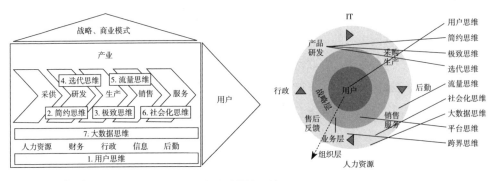

用户思维图（引自http://www.yixieshi.com/it/15387.html）

三、学术期刊研究的价值

研究学术期刊的历史是十分有趣也十分有意义的事，这几乎等同于研究学术思想发展史。最近我回顾某个期刊的30年便有这种感觉。我送大家两句话：

思维是王牌；要有"反者道之动"观念。

学术期刊可以说是科技创新的孵化器（创新母机），它的灵魂在于传播新的理念、新的方法。创新往往只是始于一个好的想法，而且好的思路常常是由于得到在学术期刊上刚刚露出苗头的观点的启发才形成的。

近日有一篇研究国内外9本代表性风景园林期刊的文章很值得参考，它论述了此项研究的目的、方法，作了相关论文的统计分析、作者分析。

该文作者认为，载文量是学术期刊吸收和传递信息能力的主要指标之一。再者，载文的类型是每个期刊的核心要素，它不仅直观反映了期刊的主题定位，而且也直接构成了决定其影响的因素之一。我同意这种观点，把载文的量与质结合起来考察。并且认为，这一考察似应当以新思维成果的含量和比例的比较为重点。

该文调查研究的一个重要结论是：

"2008—2012年国内外风景园林期刊所刊登的文章类型比例从大到小依次为风景园林理论与历史、风景园林规划与设计、风景园林植物与应用、风景园林工程技术、风景名胜与遗产保护和生态与可持续景观。其中，风景园林理论与历史和风景园林规划与设计所占比例分别为50.1%和21.0%，远远超过其他类型。这表明风景园林理论及实践始终是国内外学者所关注的重点。理论与历史是风景园林学科发展的基础，而规划与设计的实践则是学科不断进步的动力，这充分印证了理论与实践的关系。"这里提示我们：关键在于期刊载有多少起"基础"和"动力"作用的文章？因此，我从这个角度谈点想法。

四、思维是照亮人生的王牌

80多岁的王鼎钧先生说："往日如在暗夜中提着灯笼行走，移动着一个又一个光圈，沿途看见你能看见的，感受你看不见的。"如今，他感觉自己很幸运。

王老说："我悲苦地发现，我的幸运居然是失去一切，那么我的生存意义安在？那就是，我得到茨威格所说的自由，充任时代的见证人。"

他说的"灯笼"是指什么呢？

从王老这两段话中，我感到，他所说的"灯笼"就是思路、思维、观念，是思想照亮了他的人生，找到了生存的意义。

我崇拜思维，思维是人最本质的特征。一个人存在的最大亮点和最持久的生命在于有思想。一本学术期刊的好坏优劣，关键在于有什么样的思想。思想是王牌，它胜过学历（铜牌）、能力（银牌）、人缘（金牌）。这也是为什么当人们热衷于赚现钱时，像你说的我"逆袭"而上，去做学术期刊的编辑，研究建筑理论，从事写作这类"费力不讨好、不赚钱"的事情。因为我思故我在，我是为思考而生的。

我赞赏恩格斯的观点，他认为，所谓精神是"思维的精神"，他称思维是地球上"最美的花朵"。

我赠给大家的第一句话：思维是王牌。即要从思维的角度进入这一学术期刊的调查研究。正如爱因斯坦所言："人类的头脑必须独立地构思形式，然后才能在事物中找到形式。"因此，你采访必须先有个大致的想法，有采访提纲，明确你要调查研究的主要问题和核心问题。

我想赠给大家的第二句话：反者道之动（老子）。《华中建筑》创刊便是从这句话开始的，创刊30年来发展很快、成长很好，已有自己的特色。我应邀给他们写了篇文章，你研究学术期刊，《华中建筑》可以作为比较研究的对象。比较就是"反者道之动"的思路，思路决定成败，这样可以看得更清楚些。所以，不能只访问杂志的编者，听他们的自我感觉，还要访问高水平的作者和读者（如陈志华教授、布正伟先生，他们同时为编者、作者和读者），他们的意见非常有价值。另外，要将国内的学术期刊与国外的同类期刊比较，如与美国的AIA Record，意大利的Domus，日本的《新建筑》等作比较研究。

五、值得关注的两种倾向

当今的学术期刊有两个值得注意的倾向：一个是编辑几乎不动手改来稿，几乎完全依靠操作电子版；另一个是热衷于追求"图文并茂"，其潜意识认为这就是建筑类期刊的本质特点，客观上结果是助长了"图盛文衰""看图识字"的倾向。

古语云："言之无文，行之不远。"很多人把重点放到让文笔出彩上面，形容词、新词不胜其烦，忽略了文应当以思想见解为主，文笔实为余事。首先，必须要有值得推行的意义，又有独到的思想见解，再有含蓄有味的文字则相得益彰。

这两种倾向带来两种危害：不但来稿的质量难以提高，而且会失去不少不熟悉电脑更不会电子版操作的中老年作者供稿，更会因此失去一些十分珍贵的口头信息；另一个危害是，重图轻文的"图盛文衰"，容易造成文字内涵质量的下降、可读性的下降、文字准确性的下降。

文章是别人的好。凡实事求是的文章作者都会有这个体会，自己感觉可以的文字，经别人审阅后，总会发现一些需要修改的地方，因此编辑责无旁贷地要帮助作者修改他的文章，使其有所提高。当然，有的作者强调文责自负不同意修改另当别论。否则，编辑就不够尽责。

——原载《中国园林》2014年第11期

Chapter 5
/ 其 他 /

"走向公民建筑"评选好

——从首届中国建筑传媒奖说起

"走向公民建筑"的评选促使我写了这篇小文。

一、"走向公民建筑"评奖好

什么是"公民建筑"呢？

在2008年12月27日的颁奖大会上，获本次杰出成就奖、德高望重的冯纪忠教授，以其94岁高龄、65年职业生涯回答了这个问题。他说："应该讲，所有的建筑都是公民建筑，特别是我们这个时代，公民建筑才是真正的建筑，如果不是为公民服务，不能体现公民的利益，那就不是真正的公民建筑。这句话是否说得太绝对？不！在我工作当中，依照我的理念和我的坚持，自问我是在做公民建筑，凡不是公民建筑的东西，我都加以批评或认为不满意。"

由于北京奥运会的成功举办和汶川大地震的强烈冲击，2008年可谓大喜大悲之年。这一年世界瞩目的奥运会工程"鸟巢"、"水立方"等的落成和汶川大地震造成的一片片废墟的同在，引起人们的思索：建筑是什么？谁是建筑的主人和奴仆？我们应该设计和建造什么样的建筑……

在此背景下，2008年底，由《南方都市报》联合多家建筑专业媒体，成功举办了首届中国传媒建筑奖的评选，并于最近公布了评选结果。

这次以"走向公民建筑"为主题的首届中国传媒建筑奖的评选，与新中国成立60年来的历次建筑评选有所不同。主要表现在：评选理念、角度不同——从社会、人文、公众的角度切入；评选主体的性质不同——既有民间，又有专业学术媒体参与；评选的过程不同——从提名候选、网络投票到专家评审，体现共同参与；参与评选和获奖的作品不是规模宏大的官方工程；获奖人多半不是当红的"明星建筑师"。

我和大家一样认为，这是一个创举，令人振奋，是一个好兆头。

提出"走向公民建筑"这个主题非常及时，有着非同寻常的意义。在21世纪的第一个十年即将结束之际，它更令人深省深思：什么是公民建筑？为什么要提倡公民建筑？如何设计建造好公民建筑？在世界金融危机的背景下，未来90年的中国建筑将会是什么模样？

当我看到"走向公民建筑"这个口号时，马上联想到现代主义建筑旗手勒·柯布西耶，他在第一次世界大战后世界性房荒背景下呼吁"走向新建筑！不是建筑就是革命！"

勒·柯布西耶说："当今的建筑应专注于住宅，为平常而普通的人使用的普通而平常的住宅，它任凭宫殿倒塌，这是时代的标志。"

目前中国是否仍然处于这样一个时代呢？现在多少人成了房奴？有多少房屋空置，让多少人望房兴叹？多少人刚刚买到房就后悔？为什么新设计建造的住宅功能质量这么次而价格这么高？为什么有些开发商能大力推销建筑垃圾？为什么有些官员会因为做了形象工程而平步青云？为什么有些建筑师还在高唱"建筑是艺术之母"的高调？为什么忘了住宅才是"建筑之母"？住宅才真正是城市的主体，住宅才是名副其实的百分之百不掺水的"公民建筑"！

"走向公民建筑"评选好！好就好在它对经济过热是一副清醒剂，是对建筑本质的回归。它揭示了住宅的社会开放性、公众民主性和人文科学性特征。它呼吁社会各界对纳税人公众的需求和纳税人交的税负责任。而且，从某种意义上讲，这是对现代主义建筑旗手勒·柯布西耶"走向新建筑"的回应和解读。

二、两把尺子

如何回顾、总结、展望60年的中国建筑，我从建筑哲学角度谈一点想法。

我觉得回顾、总结、展望60年的中国建筑需要用"两把尺子"来衡量和把握才有意义。这两把尺子就是改革开放与科学发展观。

什么意思呢？

对60年应当以开放的心态来思考它，不要孤立地只看60年，不要仅仅就60年说60年，而应当把60年放到80年、100年甚至几千年历史长河里衡量，这才是定量的回顾、比较与总结。

我们身在60年历程其中，是一步一步走过来的。将来还要继续走下去，有很多经验教训，要认真对待。历史长河是连续的，没有过去的80年、100年就没有今天的60年。要把60年放到整个历史链条中去思考和评价，要求"忆苦思苦"和"忆甜思甜"地评价历史、展望未来。

这里我以20世纪中国建筑的100年为例。

试举20世纪四件突出的大事。其中有三件发生在1949—2009年之间。这四件大事是：

（1）中国营造学社1929年成立，今年是80周年；

（2）1959年上海会议和刘秀峰部长的报告《创造中国社会主义的建筑新风格》发表50周年；

（3）1986年改革开放后全国首次优秀建筑设计评选时提出"重新认识建筑的文化价值"，现在过去了20多年；

（4）1990年前后，杰出科学家钱学森先后发起建立中国城市科学研究会，提出建立城市学学科，提出21世纪应当建设山水城市的构想，提出建立建筑科学大部门的建议，这些都引起了建筑界内外和国内外的热烈反响。

这四件大事中有三件是发生在60年之中，另外一件虽然发生在80年之前，但是，这四件事同样既是20世纪开放的重要成果，又是1949年以前多年文化积累形成的硕果。

中国营造学社成立80周年并没有得到应有的重视，这是很遗憾的事（11月6日才在清华召开了纪念会），好像营造学社全是历史上已经过去的事，是1929—1937年间的事，仿佛与1949年之后的60年没有关系。

实际上，60年来的许多成就硕果都是营造学社成员朱启钤、梁思成、刘敦桢，包括李四光、费孝通等等社员辛勤工作的结晶。营造学社的成立和成就对80年来中国古代建筑史学科的建立、大量中国建筑设计的优秀人才的出现、优秀建筑作品的问世等等影响巨大。

要用科学发展观衡量、回顾、总结和展望未来的质量和水平。因为"科学发展观"是给成果定性的唯一的尺子。符合科学发展观的应予肯定，违反科学发展观的就是瞎折腾，就是教训，就要否定。

——载于《新建筑》2009年第6期

《建筑书评与建筑文化随笔》序

　　建筑书刊资深编辑吴宇江先生在这本书中，展示了他研究建筑发展历程的广阔视野和极高的专业水平。吴宇江先生从事编辑工作28年，经他手出版的书380余种，参与编写与个人编著（译）的图书6册，其中多种书籍获新闻出版署的优秀图书奖。

　　吴宇江先生的书评内容丰富，很有见地。如本书开头的几篇建筑书评，包括现代主义建筑旗手勒·柯布西耶、现代西方建筑、建筑与城市艺术哲学、交叉学科——生态建筑学、地下建筑学等，他认为这类书确实值得向广大读者推荐，因此，尽管书写这类书评，作者需要花大功夫，需要啃透这些大部头专著才能原汁原味地介绍给读者，他还是乐此不疲地去完成。

　　特别值得称道的是，他不仅自己坚持建筑书评的写作，而且想方设法动员社内外专家和社会力量推动建筑书评工作。书中收入在他倡议下召开的重点书——《钱学森建筑科学思想探微》《生态建筑学》《地下建筑学》《风景园林品题美学》《莫伯治大师建筑创作实践与理念》等书的首发式和学术座谈会的纪要。由于让众多院士、专家学者参与到建筑书刊评论的实践中来，取得了很好的社会效益，既推荐了好书，又密切联系了许多高层次的作者，得到了不少好的建筑书籍的选题。

　　吴宇江先生是优秀的建筑书评家。几十年来在选题、编辑、修改、出版建筑书籍的烦琐工作中，他孜孜不倦、勤奋治学，才取得如今丰厚的成果。

　　图书评论是对图书的内容与形式进行评论，并就图书对读者的意义进行研究的一种社会评论活动，简称书评。它是宣传图书、引导读者阅读，提高图书质量，以及进行学术研究和讨论的重要手段。图书评论比图书介绍的内容更深刻，倾向性更鲜明。它具有公开性，广泛性和新闻性特点。书评在现代社会的报刊上是经常出现的一种文章体裁形式。

　　具有专业性特征的建筑书评，同样是具有以上特点的一种社会评论活动。区别在于其是从专业角度切入，对全社会全行业整体建筑界内外的评论活动，并非仅仅是对一本书的编辑和出版的事。因为城市与建筑的问题绝非仅仅是建筑界的事。

　　《建筑书评与建筑文化随笔》一书，在我的印象中似乎是国内第一本汇集建筑书评的专书，尤为可贵。希望由此开一个先例——给建筑书评应有的独立地位。亡羊补牢，犹为未晚。

当代在书评数量、水平以及书评人才队伍培养建设等方面，我们是大大落伍了。须知，在我们国家古代书与书评几乎是同时出现的。书与评互生互动、互相促进。早在春秋战国百家著书的同时几乎就有了注书和评书出现。明清以来更有李卓吾、金圣叹、毛宗岗和脂砚斋这样的书评大家问世。

2013年1月，将建筑评论（含建筑书评）视为一生事业的一位91岁的美国建筑界批评先驱——埃达·路易斯·赫克斯特布尔逝世。她从事建筑评论长达半个多世纪，先后为《纽约时报》和《华尔街日报》专栏撰稿一直到去世前一个月。世界太需要这样的人了！2014年，是美国全国书评家协会（NBCC）成立40周年，该会的宗旨是"鼓励和提高所有媒体的书评质量，给专业人士提供信息交流的条件"。协会成员近700人，包括编辑、书评家及自由撰稿人一年一度评选小说、非小说等5种书评奖。自1997年后非英语非美国作者的书评都可以参评。

我国是1985年召开的第一届全国图书评论工作会，2014年5月才成立了文艺评论家协会。中国的书评协会尚不知道有否希望列入近年计划。

每年我国建筑书籍出版的数量如此之大，迫待提高建筑书评的质量和数量，组织培养建筑书评队伍应当列入我国文化大时代建筑界的议程了。

建筑书评是建筑评论的评论，是建筑评论系统的重要组成部分。建筑书评的重要性不亚于对具体建筑物、建筑作品、建筑人物的评论，因为它面对的读者更为广泛，更为关键，是对已经形成书面语言的建筑理论的评论，是二次评论。它所面对的是建筑著作所展示的内容、观点、思路、水平、人文、结构、形式、品格等做全面的评论，因此，从某种意义上说，它应该有着更高的文化层次。

好的建筑书评独具慧眼，能在建筑书籍的海洋中把精品书凸现出来，是引领建筑读者入门的向导。

那么，在读者有限的人生中选哪些书读为好？在这里书评对于读者有点化作用，这也是《读书》《博览群书》《读者文摘》《中国图书评论》等以书评取胜刊物，能够长期受到广泛欢迎的原因。记得原来曾有个《建工书讯》常载有建筑书评，我很爱读，后来不知何时就消失得无影无踪了。

建筑界需要有自己的读书杂志，有自己的建筑书评专集。这会有助于建筑界形成读书风气，改变"图盛文衰"倾向。众所周知，关于《红楼梦》《文心雕龙》《园冶》

的书评数量之多不可胜数，与此相比较，建筑界对像《建筑十书》这类有逾千年生命力的经典著作却缺少评论和解读，这是非常遗憾的事情。读书少、读精品更少，这是建筑界长期步履蹒跚、裹足不前的重要原因吧！

建筑书评的写作模式也是大家感兴趣，值得研究的问题。我认为建筑书评文章的做法，不在于文字多寡，但要言之有物，要有感而发，要有作者本人的鲜明观点，要洋溢个人才情，如此，才能写出好的建筑书评文章。

——原载吴宇江著《建筑书评与建筑文化随笔》，中国建筑工业出版社2015年版

《华中建筑》的优势与前景

——"三有"与"三自"

"30年河东，30年河西"是中国的一句老话，它提示人们注意，30年往往是一个时代的结束和开端，站在这个时代的交接点上，必须看到危险与机遇同在，十分需要对过去和未来评析展望一下，以决定《华中建筑》今后30年怎么办？

一、从发刊词说起

为了交关于《华中建筑》30年评价这份考卷，我重读了1983年10月《华中建筑》的发刊词（以下简称"发刊词"）。发刊词题目为：建设更多具有中国特色的社会主义新型建筑。

发刊词开宗明义提出，要回答一个极其重要的问题：

中国的建筑创作往何处去？新型建筑要不要具有社会主义的"中国特色"？

这是一篇创业者的呼唤和声明，其观点明确，充满激情，有不可阻挡的锐气，值得重刊和重读。特别是值得持有编《华中建筑》接力棒的同仁不妨再读读、想想，过去是如何回答、现在和未来又怎么回答这个问题？

不知笔者的感觉对否？30年后的今天看，该发刊词的观点和思路并不过时，依然值得重视。如：

（1）对老一辈建筑师的中流砥柱作用，对青年建筑师的活力充满信心，感到欣慰；

（2）对学习和借鉴外国经验持开放态度"兼收并蓄，化而用之"，"愿作恭谨的学生"但决不作他人的附庸；

（3）在党的方针政策指引下，不断地提高自己的政治、文化、技术素养，改善设计、施工、兴建三方之间的关系；

（4）继续清除"长期存在的左倾错误"和设计上的生搬硬套的教条主义；

（5）主调是：建设更多具有中国特色的社会主义新型建筑；

（6）重视和信奉以老子和屈原为代表的楚文化和华夏文化。

二、创业者的解读

约我写这篇文章后，我请教高介华先生这位《华中建筑》的创业者，介华先生的解读对于曾从事同一事业的我启发很大，这里不妨摘录几条与各位共享。

高介华先生在《试议"编辑必须是专家"及"编辑的文化修养"》的编辑学学术报告中曾如是说：

- 我奉命办《华中建筑》时已是56岁高龄。我是一名建筑设计人员，哪里懂什么编辑呢？可是，我一旦学到一点点本领，就忽然产生了"办刊梦"——试图运用自己业务经历以求超越。

- 26年（1983—2009年）的办刊经历说明，要把专家的优势和提高文化修养用到办刊上，居然与今天的主题十分吻合。

- 从一接手，我就只把"华中建筑"这个刊名作为一个符号，一切业务不受它的"地域性"限定，采取了"古今并蓄，中外兼容"的八字方针。

- 从《华中建筑》创刊伊始，我们办刊理念的哲学基点是《老子》所说的"反者道之动"。用我自己的话说就是，你要那样我就要这样——背道而驰。国内的几家建筑名刊多注重"输入"，着力于西方建筑文化的进口。《华中建筑》却反其道而行之，注重中国优秀建筑文化的"输出"。对于西方建筑文化，并不排除，但采取批判吸收的态度。

- 正是由于《华中建筑》的"输出"特色，又"立足中华，海纳天下"，据"中国知网"《华中建筑》发行与传播统计报告（2010年10月编制），2009年度反映，该刊的机构订户为3713个，遍布欧、美、澳、亚四大洲，17个国家的高端机构；在高校领域，包括英国的牛津大学；个人订户遍布26个国家和地区……作为一家在许多方面居于劣势的地方建筑学术期刊，现在也只能如此了。

特别应当指出的是，除了办刊，《华中建筑》还做了四件大事：

（1）持续召开了11次全国建筑与文化学术讨论会，被认为是推动了"中国建筑新文化运动"的发展，并建立了中国建筑学会下设的"建筑与文化专业委员会"，挂靠于《华中建筑》开展多种活动；

（2）编纂出版"中国建筑文化研究文库"；

（3）推动钱学森先生所创"山水城市"学说的研讨与实践；

（4）对《华中建筑》26年资料的大体清理，提出21个有待传承的课题。并提出关于《建立〈华中建筑〉文化产业联合集团责任有限公司》的策划书（草案）。

听其言，观其行，睹其果，感到26年来，《华中建筑》编辑部的成员为建筑文化事业的献身精神和锲而不舍的努力很了不起！我不能不为之感动和钦佩不已。

三、"三有"与"三自"

一个地方性建筑科技期刊，在短短的26年间，登上了几个大台阶。由一个不起眼的季刊"异军突起"，成为泱泱大国建筑期刊群中的佼佼者，名列第四位，是何等的艰难曲折，这里有多少值得学习和借鉴的经验呵。笔者这里只想就"三有"和"三自"，作为编刊关键环节谈谈个人的浅见。

"三有"——有主导思想，有文化追求，有高端目标。

"三自"——自信、自胜、自强。

介华先生在2013年5月30日复我的信中说：

"我从创刊（1983年）始，我有自己的办刊理念——"反者道之动"（老子语）。发刊词中我已经申述明白，一定要有自己的特色，别人重在输入，我则重在输出（文化），这是出于中国的国情、民情、风俗；而且要攀登建筑科技领域的制高点。"

此话引起我的共鸣和振奋，立刻找来《老子》一书，查阅此话出处的确切位置。原文为"反者道之动；弱者道之用。天下之物生于有，有生于无。"这21个字太能说明《华中建筑》能"异军突起"的思想根源了。这是该刊的源头创新，办刊理念创新，是传家宝，值得珍惜。

"反者道之动"，用今天的话说叫"逆向思维"。要想从无到有，只跟在别人后面爬行，或者搞山寨版是不行的，必须从能做出新鲜的、有滋有味的面包开始，而不能靠搜罗别人的面包屑混日子。必须做到你没有的我有，你有的我比你的好，你输入，我输出，而且要攀登制高点。

"反者道之动"的另一层意思是寻根究底，不仅知道"有什么"，而且要明白"为什么"，输入的东西必须批判地吸收，否则，中毒受害的危险很大，许多生搬硬套的引进就是这样的恶果。我们有一边儿倒学习苏联老大哥的教训，也有东施效颦地盲目跟着外国的建筑流派走的教训，这些都是缺乏自己独立思想、缺乏自己的文化追求、缺乏必要的理论研究、建筑评论和科学评估的恶果。

《华中建筑》编者能坚持实践这"三有"，才会有今天的高水平、高质量的文章、版面设计、印刷是毋庸置疑的。

所谓"三自"既是对编者而言，也是对文章的作者和读者而言的，在这方面三者取得共识，才有可以输出的中国优秀建筑文化产品。

四、关于"三自"中的自信

自信，首先是指编者对楚文化、华夏文化的自信，对中文作者的自信。所以敢于提出和实现"输出"中华优秀建筑文化的奋斗目标，并且编辑出版"中国建筑文化研究文库"，组织相应的活动吸引对此有研究的人写文章。特别是对许多年轻的建筑师和年轻作者的重视，使刊物的作者群新人不断快速增长，好文章、好作品陆续不断地大量涌现出来，才可能由季刊短时间变成双月刊，到现在的月刊，即成为内容丰富、展示多学科成果、综合性很强、厚达200页月刊。

五、关于"三自"中的自胜

老子讲："知人者智，自知者明。胜人者有力，自胜者强。"（《老子》第33章）意思是，真正能战胜自己的人才是强大的人，立于不败之地的人。

介华先生在"报告"中，解读"编辑"这个角色时指出，早在春秋时代，孔子就是一名编者，随后他列举了《左传》编者左丘明、《吕氏春秋》主编吕不韦、百科全书型《淮南子》和有史论及史评的《史记》编著者刘安和司马迁。他鼓励从事编辑工作的同仁，看到编辑工作的高尚和重要，应当为从事这个职业自豪和奋斗。同时，他提出"编辑必须是专家"，"必须不断提高编辑自身的文化修养"的要求。一个编辑部有这样的带头人，在有这样眼光和土壤的环境中工作真是幸事，难怪《华中建筑》从诞生、成长、成熟能够这么快。

六、优势和前景

仍然从老子的"反者道之动"说起。如前所述，与此相连一气呵成的还有16个字，也很值得重视。因为，前5个字，30年来《华中建筑》做得不错，已经取得令人注目的成绩，这是已有的优势，今后30年，是否为实现后面的16个字也做些努力这是笔者的期望。

为了写此文，我粗略地翻阅了2013年第1~6期《华中建筑》，总的感觉，优势很大，基础很好，前景远大。

虽然一时难于实现高老先生策划的《建立华中建筑文化产业联合集团有限责任公

司（草案）》，但可以发挥和施展的空间很大。笔者有如下看法。

（1）目前刊物的常设栏目（或称"基础版块"）既科学又合理，并已成为贵刊的基本结构形象。它们是："城市"、"论坛"、"技术"、"实践"、"规划·园林"、"建筑文化"，既囊括了建筑科学技术文化的主要内容（城市、规划、发展建设，园林、建筑学），又保持了《华中建筑》与国内外同类期刊的区别和特色。这些基本栏目（版块）是每期必保的，根据需要还会出现一些弹性栏目（版块），如今年3期出现"建筑教育"栏。

（2）《华中建筑》突出了"论坛"的重要性，是该刊的一大特色。表明该刊重视观念、思想、建筑哲学、理论创新、源头创新、思路创新的作用，这是十分难得的。目前除了刚刚问世不久的《建筑评论（丛刊）》和《建筑史论文集》其余几乎都是以建筑设计和建筑实录内容为主，缺少建筑理论刊物。

事实上是观念、哲学、思路引导设计构思而不是相反，所以目前这么安排是十分得体的，符合思维规律的。研究、评论建筑哲学观念、设计理念是设计的起点和全过程所必需的事情。正如台湾建筑文化泰斗汉宝德先生所指出的，设计，特别是建筑设计是一种理性行为，它不同于文学艺术创作。这话是汉老在其2012年出版的新作《设计型思考》中说的，我非常赞同他的观点。该书是一大贡献，建议凡关心建筑设计的同行不妨找来看看，定会有所启发。

至于为什么国内设计水平提高甚慢？笔者认为与不重视理论和评论关系极大。这里引两段话，供各位思考。一段是撒切尔夫人所言："中国是无须重视的国家，它只生产洗衣机和冰箱，不生产思想。"另一段话是一位美国教授所言："十年前在美国也曾流行过一股汉语热，但很快就消失了。如果汉语背后没有文化，文化背后没有思想思想背后没有精神也终究会消失。"我不禁要问：我们目前的建筑文化有多少思想和精神？

（3）希望在此次总结《华中建筑》30年时，能听到更多的朋友"挑毛病"，提出诚恳的建设性意见，以保持和发扬该刊实践"反者道之动"的好传统。这里，我始作俑者，如果讲得不对欢迎批评。

首先，我不同意讲《华中建筑》列为第4位便是处于"巅峰状态"。科学技术的发展是没有巅峰可言的，更不应当以排名次论英雄。各有所长，各有各的贡献和特色没有可比性。所谓特色便是片面性——是真理片断的持有者。"双百方针"本质上就是让片面性做贡献。须知，片面性是历史发展的动力。"反者道之动"也含有这层意思，所以，保持特色而不要求全责备，求全责备是没有好前景的。

再者，我不同意讲"《华中建筑》作为地方性刊物也只能如此了"。如今是地球村，是网络世界，"世界是平面的"，《华中建筑》可以发挥的天地还大得很呢！

第三，不要让"电子版"束缚了头脑和手脚，编者千万不能仅只做"电子版"的文章。那样将会失去许多珍贵的手头和口头作者，这些不会"电子版"操作的作者的作品是需要保护和吸收的范围。

第四，作为"建筑文化"和"论坛"的作者面，似应扩大到关心建筑科学和文化发展的读者。需要多听听建筑界以外的声音。只搞"先锋论坛"似乎太狭窄了。况且Comments forum译作"先锋论坛"也不名副其实。而且，评论的对象也需要扩大，才有益于建筑学科的建设和发展。

第五，尊重作者的文责自负。凡属于重要的观点和关键词的修改，必须经过作者本人同意，否则会失去一些有创见的作者，那将是很可惜的事情。

——原载《华中建筑》2013年第10期

48年研磨的"砖头"

——阎凤祥《诗意栖居——重读建筑学》

"建筑是什么？如何建筑？未来的建筑向何处去？……"这些与每个人有关的问题一直让笔者关心和思考。总想多听听拥有14亿人"建筑大国"的中国答案。如今读到阎凤祥先生的大作《诗意栖居——重读建筑学》（中国轻工业出版社2011年6月出版），感到值得向同好者推荐。

闫凤祥先生1962年毕业于中国工艺美术学院装饰系（现清华大学美术学院环境艺术系），先后在建筑科学研究院理论历史研究室和设计部门工作，有长达半个世纪的理论研究和设计实践经验。

该书洋洋90多万字，内容丰富、视野广阔，观点鲜明，引人深思，是对学习中国建筑学理论很有参考价值专业书。

全书分上、下两册，共9篇，依次是定位篇、美学篇、艺术篇（上）、艺术篇（下）、实用艺术篇、背景篇、理论（哲学）篇、文化篇、设计篇，共24章。

作者称48年之功完成的《诗意栖居——重读建筑学》这部巨作，是48年研磨的一块"砖头"，是他"关于建筑和建筑艺术问题的学习和思考笔记。"其内涵的丰厚是可想而知的。成为20世纪50年代以来，现代中国建筑理论60多年来演变的历史见证。

作者在序中开宗明义："拙述仅重申一个简单事实：建筑是住所和环境，衣食住行用之一，是艺术型工程和使用艺术，生活学科和经典学科，有悠久历史和文化，不属于科技或文艺。在环境-城市-建筑-用品的产业和生态链中，位于中坚和核心。在历经原始建筑-古典建筑-现代建筑之后，21世纪将走向生态建筑。当代中国建筑学走出困境，迎接挑战，需要重树主体学科的定位、界别、理论和文化。"

为了回答"建筑是什么？建筑艺术是什么？如何解读适用、经济、美观三原则？怎样迎接生态建筑的来临？……"这类问题，书中第一篇"定位篇"（1–57页）做出了回答。其中将国内目前已有的诸多答案概括成为对建筑学的6个说法和命题：把建筑分别归属和定位于"工程""技术""艺术""文艺""双学科"及"是也不是双学科"。在梳理了这些不同角度的说法之后，作者的结论是，要重铸建筑和实用艺术学科、组建广义建筑——实用艺术学科体系。

论述建筑属于实用艺术的观点时，书中特别引述了《简明不列颠百科全书》1985年版4卷321页，德国学者的主张："1. 任何建筑如果不能恰当地满足功能要求就不能认为是美的；2. 如果一座建筑满足了功能要求，它就因这一事实本身而是美的；3. 既然如何人工制品都和它的功能有关，一切人工制品，包括建筑，都属于实用艺术。"

关于当前中国建筑理论的现状，作者如是说（见628页），在《广义建筑学》和《生态建筑学》所奠定的建筑学外延的疆域内，建树辩证唯物主义的建筑观、建筑美学观、创作观和设计方法论等内容，并以经典的"大学科"的规格重建建筑学。至此"逐步找出并创建自己的建筑理论脉络与体系"（吴良镛语），应该可以说已经初具眉目和雏形，已经出生和问世，从而也就可以说基本上告别了理论的空缺和断层状态，迈入"理论建设"的门槛；为构建建筑理论框架和理论体系，重铸建筑学科，再创今日辉煌，举行了奠基礼！

作者认为，"我们（中国）的建筑理论已经呼之欲出"，"中国建筑的辉煌是指日可待的"。他强调说，其关键是落实钱学森教授"建立建筑科学大部门"的思想，钱教授已给我们指明了大方向：

第一，用马克思哲学指导建筑科学；

第二，迅速建立建筑科学大部门；

第三，这是社会主义中国建筑界和城市科学界同志不可推卸的责任。

诚然，以上所引述的均是阎先生的一家之言。难能可贵的是，此言是在克服"六无"——无项目、无计划、无基金、无领导、无合伙（团队）、无鉴定验收的十分困难的条件下完成的，不能不让人钦佩和感叹这种为学术理论的献身事业的学人精神。

显然，读此书的人未必会全接受作者的结论，这应属于正常现象，对于类似"百科全书"的建筑问题的解读绝不能求全责备于一个人或一本书。阎先生这块砖能奠定一点基础确实就如作者所言是"尽力了"。

老子云：反也者，道之动。此书如能激起更多人对建筑理论问题的思考和争论，是否也是它的一份贡献？

——原载《重庆建筑》2013年第10期

从"札"字说起

——读马国馨《礼士路札记》

每见到一本书，我习惯于从序言、后记和目录读起，因为序言和后记是"厚积薄发"之作，是作者直面读者的对话，一般都文字不长，但有以少胜多之妙，有导读和索引的功效，便于开卷者决定是否将此书继续读下去。

该书书名中的一个"札"字引起我的兴趣。"札"字指古代写字用的小木片，"札记"指"读书时摘记的要点和心得"，这种言简意赅的文章最合我意。

建筑书评是建筑评论的重要组成部分。但是，写书评被许多人认为是"费力不讨好的事情"，而马国馨先生不做如是观。这也是引起我要读完此书的重要原因，他说："对于有人邀我写评论或作序的事，一般我都尽力而为……因为这是对对方的尊重……是一次很好的学习机会……对自己来说是求之不得的再学习和充电……也可以利用机会发表一下自己的观点和看法。"这三条写评论或作序的理由对我就有启发，一般人是很难作到的。全书43篇文章基本上都是评论与序言。

他的评论与序颇耐读，是因为马国馨院士博闻强记，手脑勤快。他集萃了那么多他认为好书佳作，名家名言，更增加了对我的吸引力。而且，我们又属于同代人，又都是学建筑专业，共同语言很多，只是难得有机会聚谈，这本书在一定程度上弥补了这个遗憾。

43篇文章写作于1997—2011年，十多年时间，作者于百忙之中写了多少字啊！如果加上他2011年出版的《寻写真趣》《清华学人剪影》两本书，他过人的才华横溢，又勤奋笔耕、有感而发的情况可想而知，不能不让人钦佩不已。使我也不尽在此"札记"一次，向同好者推荐此书。

此书有几个特点值得提倡与推荐：

（1）信息量大，是博览群书、熟读精思之作。不知作者古今中外、专业内外的书读了多少，才能有"读书破万卷，下笔如有神"的境界，一篇千把字的序，作者也能思如泉涌、滔滔不绝、广征博引、评古论今，而且有实例、有故事、有插图，做到可读性和可视性兼得。

（2）视野广阔，有宏观视野，又能从现实出发。作者的评论有很高的目标，能见微知著，进行中外古今的比较，能够以理服人，以情感人。让人不会觉得是在说官话、大话，是在用大道理压小道理。

（3）论述摄影艺术的五篇文章是该书的亮点。鉴于作者是建筑摄影的高手，又有摄影理论的修养，才能写出这种佳作。特别是"建筑摄影的绝唱——以纽约世贸中心为例"这篇尤见功力，是论述建筑摄影的力作，值得爱好建筑摄影的朋友一读，该篇几乎是阅读此书的高潮和兴奋点，能使你觉得有这样几篇文章的书，买它是决不会后悔的。

（4）真诚地评论书、事和人。作者不随波逐流作那种"捧杀"或"棒杀"的评论。书中娓娓道来，是和书的作者商讨，共同追寻出现有些不足的原因和过程，其评论既严格又宽容，让人比较容易接受。

（5）思想的火花和智慧的珠玉随处可见。正如作者不无自豪地说，"自己觉得有自豪的地方，那就是经历了民国时期、日本侵略沦陷时期和中华人民共和国时期三个阶段，脑子至今也还清楚。"书中许多论述都引起我的共鸣，大概这也是我写此文的主要动力之一吧。

以2010年写的《陆分之壹的实践》序为例。文章先是引述了有关新疆维吾尔自治区的战略、资源、国家安全的重要性和发展远景的情况和主要数据（这是作者2005年参加中国科学技术协会年会上摘记的），随后，论述科学发展规划的实质、重要性和特点，特别强调了"不谋全局者不足以谋一城"，给人以深刻印象，而后，列举了规划的特点，即：

（1）规划要全面，不仅要包括物质建设，还应当包括市场建设和社会建设的内容；

（2）规划要有高远目标，是系统设计，具有全局性的拉动作用；

（3）规划是时间跨度长，变量少的一种策划和谋划；

（4）规划应当着眼于缓解经济社会发展的约束；

（5）规划应当根据自身的发展特点，中国要有自己的发展模式和规划研究；

（6）规划制定要社会化、学术化，在执行中则要统一思想。

这些充分强调了规划工作的前瞻性和重要性。（这又是作者最近看到国家开发银行一位领导关于科学发展规划的论述的启发）

由此可见，如果没有作者持之以恒的学习精神，日积月累，一时半会儿应邀写序，是写不出这样有血有肉，有实践有理论，发人深省的文字的。

——原载《鞍山科普》2012年第2期

积玉点成大器

读《玉点——建筑师刘谞西部创作实鉴》

一部与荒漠有关的西部建筑实录——《玉点——建筑师刘谞西部创作实鉴》，是著名建筑师刘谞30年坚持干自己喜欢的事的实录。

对他的事业，他说："还在想，梦能成真！还在走，这是我的坚持与自信！还在爱，给我青春与成长的共和国土地的六分之一！"

刘谞对建筑科学和艺术执着的爱令人感动！

我兴趣盎然地翻阅了这本300多页、36万字、图文并茂的"实鉴"，认为这真是本值得一读的好书。

刘谞的名字很有意思：辞书上说，"谞"是"才智"和"谋划"的意思，我是认识刘谞之后才认识这个字的。人如其名，短短30年他的事业取得了丰硕成果。

在新疆，他有20多项主要作品获得国际国内各种奖项，他设计并完成40多项大型工程，他发表于国内各学术刊物的有影响的论文、论著达40多篇。刘谞从事的是出思维产品的建筑设计，思想立意是他设计的灵魂。从他的设计中可以看到他的设计作品能很好地把建筑的功能和造型统一起来。

我欣赏他早期设计的新疆工会大楼。是用通天的圆柱为承力点来突出工人阶级的高大雄伟、顶天立地的形象，而东西南北四方的大柱造型的给力，引发人有了不同的联想，此作品在入选时受到了好评。

后来又看过他设计的吐鲁番宾馆新馆等作品，读了他"从建筑师到建筑商"等论文，感到他的创作脚步十分扎实，他的作品在与时俱进！短短的30年他的事业取得了丰硕的成果。

读这本书也引起我20多年前的回忆。那时我与刘谞初识于新疆科技馆的中青年中国现代建筑创作小组会场上，他穿着鲜红色的线衣，冲上讲台向演讲者提问，问的什么问题我已记不清了，只是对他的冲劲印象深刻，我当时就感到这真是个敢说敢为的青年，可是我却不知道他那时就已经主持设计了新疆当时的第一高楼——工会大楼（1987年，高97米，建筑面积15000平方米）。

　　我喜欢读这本喜怒哀乐、五味杂陈的"实鉴"。从写作风格上说，此书别具一格。我也曾在"大漠孤烟直，马鸣风啸啸"的新疆生活了17年，因此和他有许多共同语言，共同感受。20世纪60年代大学毕业到喀什，这个中亚伊斯兰宗教中心城市在我眼里几乎是一片废墟。而今，在书中我见到刘谞挂职副市长的喀什已今非昔比，我能体会到这其中创业的艰辛，以刘谞为代表的边疆优秀的建设者，使中国的丝绸之路重现了辉煌！

　　"玉点"此书还有着非比寻常的"图文并茂"的特点。书中既有设计作品的形象记录更有设计立意构思成形前的思路印迹，用文字的方式推进思想，用图像的方式促进加深理解，使文字和图像两者交融，形成了与读者有力的互动性思考和启发。

　　古人刘徽曾说"析理以辞，解体用图"，就是图文的各自功能不应偏废。米歇尔·福柯在其名著《知识考古学》中也强调"视觉信息和言说信息是两种平行的知识形态"，学术话语多以文字出现，暗示着一种理性的思辨和权威性，图像是静默的感性，充满了感情却没有说服力。图文并茂有利于设计行内与行外读者的相互沟通和理解。

——原载《建筑时报》2012年1月9日

中国民居建筑文化研究的新视野

——读《四川民居》所想到的

一、四川民居研究的背景

拜读李先逵先生的大作《四川民居》使我有一种耳目一新的感觉。

作为陆元鼎教授主编的《中国民居建筑丛书》之一，李先生积30年来锲而不舍的努力完成了《四川民居》这部72万字的巨著，于2009年12月由中国建筑工业出版社出版。

《四川民居》作者始于改革开放的20世纪70年代末，建筑界再次关注民居研究的新时期，认真研究吸收多年来中国民居建筑文化研究的积累，加之自身长期深入现场的调查研究，使该书资料更加丰富、视野更加高远。

四川是典型的移民大省，民居文化资源极为丰富。四川在明清两代即有"湖广填四川"等大规模的移民活动，当地文化与移民文化相结合成为自成一体的巴蜀文化，既是一个相对封闭的环境中形成的，又是不断吸收外来文化中变化发展的典型。研究和借鉴《四川民居》研究的新成果、新经验更有其现实的深远意义。

《四川民居》和丛书的出版标志着我国民居建筑文化研究已进入一个具有新视野、新角度、新追求和新拓展的阶段。

作者"力图从建筑文化学和人居环境学角度对四川民居建筑研究作新的探讨，以期推进地域主义建筑理论，引领建筑现代化富于中国特色的创新。"作者为自己制定了很高的学术目标。

该书共13章，特别设置了自然人文环境、四川民居源流、聚落分布选址与类型特征、场镇空间形态与环境景观、民居类型特征以及民居建筑文化保护与传承等内容，显示出作者的新视野和相应的学术功力。

从某种意义上讲，"四川民居"是中国民居研究的缩影。从这个意义上讲，对四川民居的关注和研究，对于推动中国建筑文化的研究和提高将会给力多多。

二、四川民居与居民

该书改变以往研究者往往主要从建筑设计应用技术角度出发，着重个体和技术层面的研究，深入到聚落整体及人居环境角度的研究。进行建筑文化学、人居环境学和社会学、民俗学、民族学、心理学、行为学等多学科的综合研究。

作者研究民居时，对居民和居民社会研究给予极大的重视。为此开卷就设置了人文环境、四川民居源流、聚落分布等专门的章节。使我们对四川民居有了更加全面深入的认识。改变了以往的民居文化研究，往往只从专业角度就建筑说建筑，甚至到了只看建筑技术等细节，对于民居的主人—居民和居民社会的种种物质和精神需求关注不足，结果极大地限定了研究的深度和广度的现象。

民居是表，居民是里，民居是形，居民是魂。研究民居最忌顾此失彼。兼顾两者恰恰是《四川民居》的另一个突出特点。

笔者体会，兼顾民居和居民社会的研究是以人为本思想的体现，这样做起码有四方面优点：

（1）会加深对民居是建筑文化之母认识。民居是城市与建筑的源头，不仅是现代建筑风格的缘起，更是建筑内涵历史进程的根源和积淀。

（2）进一步证实民居是居民社会的镜子，它真实具体的反映着居民当时当地的物质和精神需求，以及现实满足这些需求的可能性的环境、条件及居民们的创造智慧。

（3）民居建筑文化是中华建筑文化宝库的重要组成部分，是多民族共同创造的硕果，内涵极为丰富，是推进中华建筑文化现代化发展的重要起点和基础。

（4）居民是民居中的名副其实的主人，因之民居乃是创造"公民建筑""公民城市"的真正起点和坚实基础。

当加深上述认识之后，有助于克服借鉴民居成果时屡屡发生的只见民居建筑不见建筑主人——居民的现象，只见其形而忘其意的错误。

三、四川民居与建筑模式语言

《四川民居》的第三个突出特点在于，经过细致深入的研究之后，著作形成了一系列四川民居特有的建筑模式语言。如聚落选址的几个原则、场镇类型的八个特征、民居的诸多类型、山地营建的十八种手法等。这些专业术语的形成因为有着扎实的基础将会有着持久的生命力，这是对民居建筑文化研究的重要贡献。

众所周知，新术语是新理论产生的前提和先导，一个术语往往可以以一当十，以一当百概括丰富的内容。如《四川民居》在介绍四川民居结合地势，利用地形，争取空间，匠心独运的山地营建手法时概括为六类十八个字（该书228～232页）：台、挑、吊，坡、拖、梭，转、跨、架，跌、爬、靠，退、钻、让，错、分、联，称为"山地营建十八法"。这些术语手法对于从事山地建筑和城市规划设计的人很能开阔思路，乃至直接引用。

中国的不重视现代科学技术术语（模式语言）和建筑理论的弊病由来已久，因此大大推迟了中国建筑科学技术发展的进程。

笔者认为，处于新时期、新阶段的新建筑应当也能够有自己的新视野、新经验和新的建筑语言、新的建筑理论。

当中国民居建筑文化研究成果，能如该书达到形成科学简练的建筑模式语言和理论境界时，理论上便趋于成熟。实践上才便于更多人理解其深刻的文化内涵，便于人们借鉴和应用这些模式语言，解决自身遇到的城市规划、建筑设计和施工的具体问题。建筑风格上才能真正排除伪劣假冒的地域主义——靠照猫画虎、表面上套用一些民居的建筑形式和手法，粘贴一些已经失去原有意义的符号如大屋顶、斗拱、吊脚楼等谎称"民族形式"和"地方风格"的做法。

民居研究是"见微知著，开源发流"事业，也是艰难玉成的事业。如今已经有了《中国民居建筑丛书：四川民居》等一些建筑文化研究的基础，已有的新经验、新成果开拓了人们的新视野、新思路，让人期望在更多的后继者接力式地坚持下去的情况下，出现中国民居建筑文化研究，在中国建筑文化研究的整体上，发挥推进地域主义建筑文化理论、引领创造富有中国特色的现代化城市与建筑作用的新局面。

——原载《重庆建筑》2011年第9期

山西的大院文化

——北京晋商博物馆观后感

作为一家私人博物馆，北京晋商博物馆收集了4万多件展现晋商历史变迁的文物，为人们了解和研究晋商文化作出了极大的贡献。

大院文化曾经是晋商兴衰的起点和终点。晋商文化中的许多内容来自山西的大院文化。笔者对山西大院文化有着特殊的兴趣，一直在思索：历史上曾经辉煌的晋商为什么说垮就垮了？它衰亡的原因是什么？此外，山西的大院遍地都是，如何认识并对待这一历史现实？

晋商博物馆给了笔者追寻答案的思路，促使笔者对晋商文化兴衰的500年有了一些新的思考，结论是一句话，要走出山西大院文化的情结。

晋商展览清楚地解读了晋商之兴，是源于封建时代大院文化的背景。当时，中国交通阻隔、物流困难。北方"九镇"关外的蒙古、宁夏、甘肃、新疆以及辽东等地区缺盐少茶，吃粮就医都十分困难。500年前的明代官府颁布了鼓励民间物流的优惠政策——出让一部分食盐专卖权给民间物流有为者，即"盐引"。晋民素有吃苦耐劳、勤俭持家的传统，晋商借此优惠政策，发挥其靠近边关的区位优势，不远万里，长途贩运食盐、茶叶、粮食、药品等，利用中间的巨大差价获取丰厚回报。晋商的历史贡献主要在于信守商业道德，沟通南北物流，创立票号制度，积累商业管理经验等。

山西大院文化的优秀传统是重视文化教育。这在常家和孔家体现得最为突出，可惜展览未能充分展示。如常家家训就曾提出"学而优则贾"、"作事必须谋始"、"出言必顾行"等立身处世的重要原则。这是常家300年兴旺发达的重要原因。

104年前，孔家在太谷创办了铭贤学校（山西农业大学的前身），培养了众多英才。在一张并不完全的23人铭贤学子名单中，有14位为中国作出重要贡献的精英，其中，院士、教授、专家9位，如侯维煜（中央党校副校长）、郝德青（对外友好协会会长）、赵品三（国家文史馆馆长）、谭绍文（原天津市委书记）、罗钰如（原国家海洋局局长）、刘康（原五机部部长）。这是铭贤学校结出的累累硕果。

经商发达后，晋人在故土——山西兴建了家族聚居和从事商业活动的场所。山西的大院文化是晋商的文化形象，也是一份丰厚的文化遗产。展览中的"重点宅院分布图"展示的就有21家，包括乔家大院、渠家大院、阎锡山故园、常家庄园、曹家大院、孔祥熙宅园等。

山西大院的内容丰富、种类繁多，不仅有生活用房，还有茶叶加工销售、票号、镖局、药店等以及与书院、祠堂、园林相关的生活生产设施。由于这些宅院多建于封建时期或民国时代，在文化方面，它们有着许多共同点。

分析500年晋商活动的衰败原因，笔者以为主要是晋商缺乏文化创意。多年来，晋商几乎没有多少自己创造的名牌产品，他们把积累的钱财大量用于买地建房，这种农业时代以守成为主的经营方式是大院文化的特点。一旦历史背景消失，优惠政策不在，交通发达起来之后，晋商在新的历史时期缺乏市场竞争力，自然就会衰败下去。回顾晋商500年来的兴衰史，它与近30年浙商、温州的小商品市场的兴衰过程有相似之处。

文化兴国的关键是一个"创"字，靠新的创意、靠原创性，而不是靠物资、资源和名牌的仿制品。从这个意义上讲，发展文化事业和文化产业、出文化产品必须"谋始"——提高文化素质，重视教育，培养人才，研究"创意"，形成有"原创性"的专利产品。因此，"学而优则贾"是绝对必要的。

北京晋商博物馆展示的文物不少，而对于晋商文化的研究和解读不够，这是北京晋商博物馆的不足。

——原载《中国建筑报》2012年1月9日

形神兼备的建筑艺术摄影

——张锦秋建筑作品艺术摄影集《光影大境》欣赏

尽管我们早已进入世界建筑大国的行列多年，但是，真正堪称上品的建筑摄影却凤毛麟角。大多是拍成有光有影而仅仅是徒有其表的建筑照，希望找一幅能够抓魂摄魄的拍出建筑作品精气神儿的建筑照片却难上加难。这是笔者多次参与组织建筑艺术摄影大赛评选的切身体会，往往选不出一等奖，只得降格以求，包括我见到的不少建筑作品摄影集，几乎很少例外。

眼前，中国摄影出版社2013年8月隆重推出的这本《光影大境》（柏雨果、肖云儒主编）则别开生面，让我颇感意外，爱不释手。本来，拟用其催睡午觉，一看却精神大振，睡意顿消。我被这一建筑大师张锦秋，摄影大家柏雨果，著名作家、文化评论家肖云儒精诚合作的硕果感动了，它称得上是一部形神兼备、形散神不散的建筑作品艺术摄影精品集。

曾经我手的数不清的房地产建筑画册和不少建筑作品集，尽管大多图文并茂、印刷精美，但在此书面前也会黯然失色，如过眼烟云，旋即印象模糊，竟让我记不起哪本可以与它相媲美。

这是为什么？

此问，促我动笔写这篇短文，请教编者、作品创造者、艺术摄影者和众多读者。

黄帝陵祭祀大殿（院）作为圣境篇的第一幅吸引着我反复欣赏：太宏伟壮丽，太有召唤力了！仿佛有天籁在呼唤，让我坚信中华民族的伟大，让我皈依、让我加入祭祀朝圣的队伍，让我与大地山河融为一体，投入振兴中华建筑文化的壮举。

在此画面的大面积空白处，编者画龙点睛地只用了42个字点评："十分注意把握'象天法地'的庙堂传统与'点画自然'的山林意识之间的无缝衔接与自如转换；这就是张锦秋。"太准确了！这就是建筑师的建筑哲学观念，这就是建筑作品的魂魄所在，我被作品的图像和文字征服了！42个字胜过千言万语的自说自话。看来，作家、摄影家被建筑师和她的作品深深地感动了，否则是不会有这样的摄影集问世的。它启示我们应当怎样完成建筑摄影精品。

建筑是环境的艺术和体验的艺术，摄影是二次创作的光影艺术，不入境界是拍不出精品的。据肖云儒主编介绍，柏雨果、许还山、邹人倜、李亚民和我等几个老哥们，像发烧友那样投入，倾囊奉献旧作，热心补拍新片，在成千上万幅的作品中披沙拣金，寻找有新意的角度，有意境和意趣的构思，以及玩光弄影的技法。要考虑建筑和摄影双重创作的艺术标准，还要考虑所选作品能大致勾勒出我们这个城市，勾勒出城市中这个杰出的女性。最终，通过摄影家的"大境"再现了张锦秋大师建筑作品的"大境"。

从体验"大境"、把握"大境"到用光影表现"大境"可绝非易事。编者们大家经过与张锦秋、韩骥夫妇认真地商讨沟通，将她的作品大致梳理成三种境界：圣境、画境、梦境，并按此分类。圣境是神圣的殿堂；画境是民众的家园；梦境并不是梦，而是梦的实现。能做出三种境界，显示了建筑师全纬度的努力和水平。正是由于编者和建筑师"心有灵犀一点通"的境界，很快就把读者引入"大境"了。

不会做梦的人是成不了大艺术家的，也不可能设计诗意的栖居。中国是个诗的国度，华夏是个诗的民族，中国人很早以前就追求诗意的栖居。中国传统园林建筑精品和山水城市的营造便是古代诗意栖居的明证。张锦秋大师正是继承和弘扬了这一传统，才创造出如此有中国气魄、中国神韵又是现代功能的画境、梦境的杰作。我有幸在三唐工程、大唐芙蓉园和曲江遗址公园中享受诗意的栖居。因而，这本大书让我曾有的诗意享受重温心头。是的，一位蜀地的女性何以有盛唐时期恢宏博大的文化气魄，无疑是十三朝古都和八百里秦川的文化基因起了作用。

画境篇的群贤庄小区的几幅照片也吸引我多次欣赏。这不仅是画境，也是圣境和梦境，是公仆的圣境和公民的梦境。当它们在中华大地九州方圆多处落地生根之时，大概便是中华民族文化再次复兴崛起的时日吧？

该书不是一本通常的建筑师作品摄影集。在读"图"的时代，人们常常会忘了"底"的作用。近一千八百年前，魏晋时的数学大家刘徽便提示我们要图文并重——即今天我们所谓的"图""底"并重。文是"底"，是根据，是内涵，图则是外延表现。只读图难免肤浅和片面，只重文则没有图的快捷和抢眼。

十分难得的是，此书是文图双璧合成，因此，它的受益者市场远远不应是目前的1200册。可以出普及本、简装本，让国内外更多的读者受益，理解建筑师的哲思，体会作家的文字，欣赏摄影家画面的高超技艺，培养既重图又重文的阅读习惯。此意当否？望编者、作者、出版者和读者指正。

——原载《建筑》2014年第3期

文物建筑生态保护的成功案例

——学者型建筑大师唐玉恩的新贡献

唐玉恩女士是蜚声中外的建筑大师。她和她的团队完成的众多建筑作品，几乎是每每荣获大奖或多种奖项，而且这些作品往往像上海图书馆一样，成为当地颇有特色的标志性建筑。

到底为什么能达到这般境界？

当我读到她《上海外滩东风饭店保护与利用》这部近作（中国建筑工业出版社2013年11月出版）时，似有所悟：

关键在于，作为此项工程领军人物的唐玉恩，她是一位学者型建筑大师。她一直不满足于只有物质的建筑作品问世，每有新设计之前，总要作追根究底的研究，追求同时能构筑建筑理论的大厦，获取设计与研究的双丰收。

据我所知，她的每一个建筑作品都是厚积薄发的成果，不仅是建筑创作和图面上的工作成果。她在设计前期研究工作投入的精力和时间，大大超出画图的投入。因此，其设计作品的文化内涵、成熟的细部设计都有不俗的表现，而且在完成设计的同时，往往还会有研究成果问世，如结合大量调研及上海几个旅馆设计完成后便有《旅馆设计》一书的出版。这次也是一样。即使一时不能成书，也会以学术论文的形式不断及时总结积累设计经验，发表在《建筑学报》《时代建筑》等权威期刊上，与同行切磋得失。鉴于持之以恒的勤学多思，虚心听取各方意见，她硕果累累，终于成为被许多中青年建筑师尊重和学习的榜样。

这次上海外滩东风饭店保护和利用的设计与施工，是贯彻威尼斯宪章的成功之作，该书是其设计思考研究的最新成果。

50年前的1964年5月25—31日，在威尼斯召开的第二届历史古迹建筑师与技师国际会议上，通过的《关于古迹保护与修复的国际宪章》（简称威尼斯宪章，共16条），是世界公认的权威性指导文献。上海外滩东风饭店的保护和利用工程进行的全过程，正是体现威尼斯宪章精神的过程，其经验十分珍贵，值得学习借鉴。这些特别集中是体现在贯彻16条的前三条上。

　　威尼斯宪章的第一条郑重宣布：历史古迹的要领不仅包括单个建筑物，而且包括能从中找出一种独特的文明，一种有意义的发展或一个历史事件见证的城市或乡村环境。这不仅适用于伟大的艺术作品，而且亦适用于随时光逝去而获得文化意义的过去一些较为朴实的艺术品。

　　这里明确了文物古迹的保护对象——单个建筑物，独特的文明，有意义的发展，历史事件见证，有文化意义的朴实的艺术品。

　　东风饭店在多个方面属于需要保护和利用的近代文物。它的前身是1864年初建成上海总会使用的外廊式3层的朴实的建筑。150年来，这里见证了上海外滩黄浦江畔近代建筑精华明珠链的形成，它也不愧为明珠之一。1910年在原址新建成6层大楼，在第一座后加新古典主义风格加巴洛克装饰的建筑，已是现在修复的模样（见《上海外滩东风饭店保护与利用》第60页）。

　　当年，在上海点石斋印刻的关于上海总会的题画诗的诗句：他乡逢故交／相见一握手／东西南北人／欢然此聚首／一室话同心／三杯笑开口／聚散本无常／浮云变苍狗／人事有穷期／斯地垂不朽。

　　此诗充分显示了这座建筑，它作为人们对上海外滩城市文化历史美好记忆的深厚情意。上海有关各方能够独具慧眼圆满完成这件成全"斯地垂不朽"历史建筑的保护利用并再续华章的盛事，可谓功莫大焉！

　　不堪回首的是，经过十年浩劫和前一轮的"大拆大建，从零开始"，我们全国各地多少城乡文物建筑"拆毁"于非命啊？十八届三中全会强调重视生态文明建设，这太重要了！此次上海做出的成功案例，值得我们学习借鉴。

　　记得20世纪，有一位法国历史学家曾说："中国人经常做的一件事情，就是不断让历史归零，中国是一个没有历史的国家"。与"历史可以使人明智"，"前事不忘，后事之师"这些古话联系起来思考，会更加觉得此言意味深长。

　　唐玉恩大师强调："建筑是有生命的。更好的保护与利用关乎社会的可持续发展，关乎城市历史文化的延续传承，这是当代建筑师的社会责任。"正是由于满怀对城市历史文物生命的关怀和社会责任，她和团队的全体成员，在出色完成建筑物实体保护利用工程设计的同时，奉献了这部既是总结也是建立历史档案的大作，洋洋50万字，150多页，图文并茂、制作精美、理论与实际经验并重的书籍。读此书时我自然产生了对作者的敬意。

　　郑时龄院士在此书序言中指出这项研究设计工作艰辛特点——"六个需要"：需

要文献考证，需要解读历史图纸，需要现场勘测，需要工程技术和施工工艺的支撑，需要现场指导和监督。由此可以想见，唐玉恩和她的团队多年来劳作的艰苦情景。

　　根据我的体会，在保护城镇、建设城镇的过程中，需贯彻"保存、保护、发展"的科学发展原则。即：

　　（1）妥善保存城镇历史文化遗产；

　　（2）科学保护城镇自然生态资源（包括历史文物建筑的生态资源）的可持续发展；

　　（3）发展协调高品质的人居环境。

　　这三个原则中，城镇发展是硬道理，是终极目标，城镇的保存和保护是发展的基础。没有发展，保存和保护便失去存在的价值，没有保存和保护就不能保证城镇的可持续发展，就不能保证城镇传统文脉的延续，不能保证自然生态资源的平衡。因此，保存、保护、发展这三个方面是辩证统一的又是缺一不可的。东风饭店的保护利用实践也再次证明这些。

　　显然，要贯彻这六个字，必须以研究领先和把研究贯彻于全过程的始终。因为，没有认真的科学研究，从一开始就分不清要保存什么？保护什么？可以发展什么？

　　上海东风饭店的保护与利用工程，始终贯彻了研究领先和贯彻始终的做法，因此准确地把握了保存、保护、发展的方法和尺度。前面郑院士所说的"六个需要"，无疑都意味着需要以科学研究为前提，才不至于发生根据不足的设计和没有调查研究的瞎指挥、胡折腾的情况。

　　这也正是本文作者强调和尊重学者型建筑大师的原因。

　　《中国文物古迹保护准则》（2000年）第六条："研究应当贯穿在保护工作全过程，所有保护程序都要以研究的成果为依据。"第七条："保存真实的纪录，包括历史的和当代的一切形式文献。保护的每一个程序都应当编制详细的档案。"上海在东风饭店保护上做了一流的工作，再次证明这些国内外先进经验乃是成功的起点，值得重视。

——原载《重庆建筑》2014第3期

叶廷芳《建筑门外谈》书后

——兼论中国知识分子的社会担当

叶廷芳先生是建筑界的老朋友，他的文章常常给人一种超然物外的感觉，业界普遍认为他有艺术个性。平日他不趋炎附势，做事不失原则和公平，他的这种做人原则得到朋友们的欣赏和赞叹。

一、他与贝多芬的心是相通的

作为一个同样受过命运袭击的人，贝多芬英雄主义精神深刻地影响着他。每次去德国，他总要设法去一趟波恩——去看贝多芬的故居。他说："是这个城市的伟大儿子，乐圣贝多芬把我吸引。看到他亲手写下的那奔腾跳跃的音符，就仿佛看到他那颗狂奔怒吼的灵魂，贝多芬那熊熊燃烧的生命，从而自己那本来缺乏热度和烈度的生命被其点燃了。"

贝多芬在面临不幸遭遇时发出的怒吼："我要扼住命运的咽喉，不让它毁灭我！"终生激励着叶廷芳先生。

作为卓有成就的德国语言文学家，叶廷芳先生有着中外广阔的文化背景、丰富的知识理论储备。几十年来他却一直关注建筑并潜心研究建筑，建筑界的朋友们也从未把他当成外人，常邀请他参加建筑界的学术活动，倾听他别有新意的见解。

他是从建筑文化、建筑美学出发而与建筑学结缘的，并为在建筑中注入人文精神和现代精神，为提高建筑的审美品位而奔走呼号。

多年来，建筑领域的"三俗"现象很严重。一方面是物质现代化迅速大发展，一方面却是社会精神和道德的迅速滑坡，作为人类文化综合反映的建筑实体和城市建设，也同步反映了这一大的文化背景。针对当前不少建筑不美的问题，叶先生曾直言不讳地指出，很长时期以来，建筑几乎成了文化和美学的禁区，甚至到了不敢"美观"的地步。即使已到改革开放的20世纪80年代，北京某名牌中学的一座新盖的教学楼，只是讲究了一下"适当美观"的问题就引起很大争论，他认为这是我们的建筑长期在低层面徘徊的重要原因。

　　在关于国家大剧院造型设计的激烈争论中，他针对当时业主委员会提出的"三个一看的原则"（即：新设计的这个大剧院必须"一看就是个剧院，一看就是中国的，一看就是建在天安门旁边的"），抢在大剧院设计评审委员会第一轮评审以前，连写三篇文章，用悉尼歌剧院（图3）、朗香教堂等实例反驳"三个一看"的陈旧观点，以阻止又一个大屋顶产生，分别发表在《建筑报》、《光明日报》、《人民日报》上。

二、他认为，"保存、保护"建筑遗产是人类必须遵循的科学规律

　　如同对德国文学一样，叶廷芳对建筑的理解和热爱到了痴迷的地步。

　　他把建筑看作是造型艺术的一门，是一种大地的雕塑，而且是一种不依你的意志而存在的客观审美对象，"它随时诉诸你的视觉器官，迫使你立即产生情绪反应——愉悦抑或厌恶、轻松抑或压抑"。因此一座建筑一旦耸立而起，它就不同程度地参与了人的情操的塑造。他的结论是："可以说，一部建筑史就是一部人类文明发展史。宏观地看，一个时代的建筑水平，是一个时代人类智慧发展程度的标志；一个时代的建筑风貌，是一个时代人的精神面貌的外观。"

　　根据他的分析，最初人类在与狭义的动物分手的时候，如果说在一个相当长的时期内，在觅食的方式上仍与动物差别不大的话，那么在改善栖身条件方面，其长处却明显地显示出来，最后离开了蹲伏了多少万年的黑暗洞穴，住进了用自己的肢体构筑起来的"掩体"，然后，由这简陋的掩体发展到风雨不动的"房屋"，由房屋发展到巍峨的殿堂，进而发展到今天高耸入云的摩天大厦……人类就是这样一步一步把所有其他动物远远甩在后面，而成了"万物的灵长，宇宙的精华"！

　　他提醒人们要注意环境对人的情操的影响——它的潜移默化的作用，所以城市规划应有全面眼光，在宏观美学上要有一个主题，要讲整体性和艺术感，具体到北京，"必须在美学上给予古都北京以明确的定位，以南北中轴线上的皇家建筑为主体，以它的高度为天际线，以它的金碧辉煌为主色调，其他建筑都处于服从地位"。他的这一建议得到广泛反响，并被吸收到北京市的城市总体规划之中。

　　在保护古都风貌时他强调，古都风貌的概念不是简单地把古建风格与古都风貌混为一谈，不能用大量的古式单体建筑充塞古都，造成与古都风貌不和谐，旧北京作为独立古都的存在，其价值是无与伦比的。因此保护古都的原貌是我们的百年大计、千年大计。他写了《什么是古都风貌》、《谈谈古城保护》、《古城改造不要伤筋动骨》、《走出古城保护的误区》、《维护文物的尊严》等多篇文章阐述自己的这些见解，其中为保

护圆明园就写了20多篇，呼吁要保护圆明园的"废墟美"，他甚至被对方讥讽为"废墟派"。然而恰恰是他坚持把重要的建筑遗存列入审美范畴，提出"废墟美"的概念，先后两次在《光明日报》发表文章，提倡废墟文化和废墟美学，引起社会热烈反响。君不见2014年高考北京市的语文试题现代文部分就是以叶廷芳的文章《发现之美》出题的。

叶廷芳在20世纪80年代写的长文《伟大的首都，希望你更美丽》，曾被多家报刊转载，引起百姓的街谈巷议。当时他先后在《人民日报》发表的《请建筑师出来谢幕》《建筑是艺术》等文均引起读者广泛共鸣。

三、他认为，建筑要创新必须走出"工匠心态"

他坚持建筑一定要创新，而要创新建筑必须"走出工匠心态"，不要让"一切已死的先辈们的传统，像梦魇一样纠缠着活人的头脑"（马克思语）！

什么是工匠心态呢？

叶廷芳先生认为，"匠人的习性是重复"。工匠常常按照既定的或传统的模式行事，依样画葫芦，工作大多是重复的。他分析，与现代艺术家以重复为耻、以创新为荣的普遍文化心态不同的是，我们中国人维护传统的精神和能力之如此之强，某种意义上说，其文化心态形成的原因总是源于一种封建时代工匠心态的特点，即师承师傅的，沿袭前人的，一般不敢越雷池半步；与此同时既得不到系统的历史知识，也不可能获得横向的参照，学习吸收已经发展了的多元化的美学艺术理论，这是工匠心态的局限性。

在回顾我国建筑史始终以木构形式为主体，并被人长期称此单一局面为"超稳定结构"时，他很感慨，对这些以及对《建筑慎言艺术》《建筑慎言创新》《建筑慎言接轨》等舆论，他写文章反驳，认为这些是改革开放的"不谐和音"，是"艺术发展的绊脚石"，它们反映了这些言论的作者们"泥古、拒外、厌新"的思维定式。

叶廷芳认为，中国的"匠文化"是非常强大的，建筑师要创新必须走出工匠心态。

他强调建筑师是创造者，建筑师像其他艺术家一样，天性是创造。我们不能忽视建筑师的艺术劳动，不能把建筑师视同工匠。建筑师是用色彩和线条表现建筑的活力，表现人的情感，表现民族的特质和精神……这些都说明建筑师的创造是艺术劳动，他希望中国能出现更多像文艺复兴时期的米开朗琪罗或巴洛克时期的贝尔尼尼那样的有创造性的大雕塑家、大建筑师。

对于真正有创造性的建筑精品他由衷地赞叹。他热情讴歌悉尼歌剧院，对其表现的创造活力和天才奇想尤为钦佩，他写道："……作为一座建筑物，你本身绝妙的艺术风貌和周围那如画的风光交相辉映，好一派诗情画意的展现；作为一座歌剧院，你体外从"形"上焕发出的艺术光彩与你体内从"声"里弥漫出的艺术气氛融而为一，可谓表里如一的艺术实体！"真是赞美有加。

四、他实践着知识分子的社会担当

孟子曾说，人人都受经济的支配性影响，只有士人能够超越于此。

叶廷芳先生可谓是人格楷模，在精神上他有着超然物外的境界，在学术上他有着无畏的勇气，在生活中他实践着知识分子的社会担当。

他的人生哲学是"有一分热，发一分光，为了社会的完美不遗余力"。这些朴实的语言与他的实际行动对照时，更能体会到他内心世界金子般的光彩。他在他的中学母校演讲时曾以《虎的勇气、鹰的视野、牛的精神》为题，要求青年学生们以这样的人格结构来铸造自己的精神人格。实际上，这也是叶廷芳自己成长和治学过程中提炼出来的人格模式的标本。

叶先生的本职工作是中国社科院外国文学所研究员、中国德国文学研究会会长，曾出版《现代艺术的探险者》《现代审美意识的觉醒》《卡夫卡及其他》《美学操练》等10余部著作以及编著、译著等近50部，还有相当数量的散文、随笔和评论文章。在德国文学研究领域取得了骄人的成就。

他还曾任全国政协第九届、第十届政协委员，他的繁忙可想而知。但是，叶先生坚持关注并积极参与促进中华民族文化和思想的传承与创新工作。他不仅真挚负责地从事舆论文字方面的大量工作，还常常身临其境到现场促进落实。

当他听说仅1994年、1995年这两年，全国文物遭受的破坏即超过了"文革"时，他非常震惊和焦虑，决心投入抢救行动。此后他20年如一日，竭尽全力地为保护古城镇和全国重点文物奔忙，做了健全人都难以胜任的大量工作。他还先后多次通过写提案、发表文章等方式，呼吁全社会关心城市生态、维护文物尊严。年近80的叶先生曾两次与谢辰生、陈志华、毛照晰等老专家，不辞辛苦地远赴苏州和建德参加保护古村落研讨会，一起签名发表"苏州宣言""建德宣言"。

《建筑门外谈》一书凝聚了他对建筑的心血。全书从整体上生动地体现了他对建筑科学发展观的原则链——保存、保护、创新发展的重视，从妥善保存城镇历史文化遗产，科学保护自然生态资源，创新协调发展城镇高品质的人居环境的高度，全面阐述了他的建筑观点，对建设政治、经济、社会、文化、生态"五位一体"的文明极有参考价值的内容，读起来也生动有趣、很有启发。

有记者曾问他，您那么忙怎么还要做这些？他的回答是："只要对推动社会文化有利，现在我还能做一点儿就做一点儿。"

面对中国建筑文化创新与建筑教育差强人意的现状，太需要像叶先生这样有担当精神的知识分子了！他的社会责任感，他的忘我精神实在令我感动，于是欣然提笔写下这篇感念文字，以表达我对《建筑门外谈》作者叶廷芳先生的衷心敬意。

——原载《北京观察》2015年第6期

深化评论思维，提高整体设计水平

——中国建筑评论理论与实践评述之二

一、建筑评论的现状

多年来，我国的建筑评论一直处于边缘地位，不少人甚至认为，评论是设计的附庸，可有可无，媒体和房地产开发商可以任意发挥。一些建筑师介绍自己的设计时往往自说自话，有些自我感觉过于良好。虽然互联网上的建筑评论量很大，但多以自发、散兵游勇、视觉审美的评论为主。总之，这几个方面的建筑评论几乎把数量有限的专业人员科学的、深入具体的建筑评论声音湮没了，因而对提升建筑设计创新整体水平的作用十分有限。

这种状况源于媒体和网络评论自身的特点。其特点正如朱光亚教授在《当代中国建筑设计现状与发展研究》专题报告所言：①大多提到的现象刚刚触及本质而不能展开；②大多激烈而欠缺剖析；③大多止于提出问题而无答案；④声音达不到上层。

刘向华博士列举了一些来自视觉审美的评论：21世纪以来，各种恶俗建筑似潮水般涌来，如一组赤裸裸圆形方孔大钱的沈阳方圆大厦，建筑师李祖原设计的"龙图腾"北京盘古大观，更是以其"具象设计、微物放大"的手法跻身中国最丑陋十大建筑之列。沈阳方圆大厦还先后入选美国有线电视新闻网和英国《卫报》旗下网站的世界最丑建筑排行榜。

笔者曾亲历畅言网组织的2012年十大丑陋建筑的评选。见到全国各地多年来堆集起那么多丑陋建筑，很是感慨！江苏无锡一下子冒出5座"白宫"，全国出现大量山寨版的天安门、白宫、鸟巢，还有酒瓶、铜钱、乒乓球拍等形状的建筑，不知浪费了多少人力、物力、财力、资源和能源！让纳税人目不忍睹。

难得的是《美术观察》，从2015年初开始组织了"建筑创新对城市建设有贡献吗？"的专题讨论。用21个版面荟萃了讨论成果，包括6篇文章和10余人的发言，是建筑界自身的反思和剖析，乃是名副其实的正能量声音。笔者认为，这是一次有助于提高建筑创新整体水平的建筑讨论，值得关心建筑创新的朋友研读和借鉴。

这次讨论的特点是，对目前建筑创新的乱象针对性强、主题明确、有个案实例、有深入的分析、有解决问题的答案、有理论和实践的说服力和启发性。

二、罗兰比喻的启示

建筑设计属于应用科学技术。目前建筑创新的乱象再次提醒我们，建筑设计创新绝非是"眉头一皱，计上心来"那么简单的事情，它是根据相应的基础科学原理，以应用科学技术为基础的事业，不单单是视觉审美范围的操作。

130年前，美国科学家罗兰在回答"科学与应用科学究竟何者对世界更重要？"时，曾说："为了应用科学，科学本身必须存在，如果停止科学的进步，只留意应用，我们很快就会退化成中国人那样，多少代人以来他们没有什么进步，因为他们只满足应用，却从未追求过原理，这些原理就构成了纯科学。中国人知道火药应用已经若干世纪，如果正确探索其原理，就会在获得众多运用的同时发展出化学，甚至物理学。因为没有寻根究底，中国人已经远远落后于世界的进步。我们现在只将这个所有民族中最古老、人口最多的民族当成野蛮人。"

罗兰针对人们普遍忽视"原理"、忽视"纯科学"的现象，用"面包"和"面包屑"的比喻说："当其他国家在竞赛中领先时，我们国家（美国）能袖手旁观吗？难道我们总是匍匐在尘土中去捡富人餐桌上掉下来的面包屑，并因为有更多的面包屑而认为自己比他人更富裕吗？不要忘记，面包是所有面包屑的来源。"

请各位想一想，我们设计建造的建筑、城市、园林，不也应当像在为人们制作"面包"吗？我们设计建造了多少自制的"面包"？又在多大程度上靠"面包屑"过日子？我们何时才能从"中国制造"升华到"中国设计"的新境界，不再满足于为别国的设计搞初级制造呢？所以，在经济和社会文明发展中重视设计创新非常重要。人们说设计是建设工程的灵魂和基础也是这个意思。

三、设计创新和"设计型思考"

不久前，台湾建筑界学术权威人士汉宝德先生创造了一个概念——设计型思考，而且以此为书名写成一本书。这是一部从失败说起、从找茬说起、从思考说起的书，能授人以渔、充满哲学智慧和实践经验，还能启发人们思考并值得设计界内外人士认真研读的书。

什么是设计和"设计型思考"，书中释义："设计是把问题弄清楚，设法解决而已；在生活艺术中，创造的活动称为设计，是一种感性和理性结合的反应；设计还是文明进步的基本力量。设计型思考是系统思考的方法，是以创意为中心的理性思考的过程，是现代人达成梦想的手段。创造性思考需要一个理性的架构来撑持才能完成设计任务。"

设计思考的起点和途径，书中表述："设计型思考的起点是改善现况，丢开过去，所以先要找过去的茬，也就是对现况不满。设计就不能认命。由于我们认命的生命观，使我们放弃了对现况不满的态度，失去了发掘问题的敏感度。设计是创造行为，而计划是有系统的做事方法，这两者是相辅相成的。计划与设计原本是一体的，以计划为手段，达到设计的目的。"

汉宝德先生书中这两段话，把什么是设计及设计型思考讲得明明白白。表明了找碴儿和对现况不满是进行建筑评论的重要条件，而评论是推动和提高设计创新整体水平的基本动力。此外，汉老还强调了计划作为手段的辅助作用。如"铜钱""白宫""天安门"……这类所谓设计创新往往一开始就走上歧路，还容不得别人的评论，又怎能有成功的正能量设计成果？

四、设计思维的特点

创新，或者说原创性的设计是指独一无二的设计思想和设计行为。所谓创新，它只适合此时此地此项目的特定要求及相应的客户（client）和用户（user）的需要。必须"让以用户为主体的相关利益者'参与'到设计过程中，这在后现代设计观念中比任何'主义'都有更持久的生命力"。它不是模仿和重复别人的设计思想和设计模式的行为。原创性的本质特点在于创新性、突破性、开拓性和综合性（兼容多方面的意见），其过程要经历准备、酝酿到突破等不同的阶段。设计思维的本质特点与一般的思维特点是一致的，需要遵循共同的思维走向规律。

人们思维走向的要素、要点与境界

思维走向的要素		要点	案例
有效思维	1规律、规则意识	按照规律（如自然规律、社会发展规律、市场经济运作规律等）及法律、基本规划等进行思维	游泳必须符合重力规律、经济行为需要顺应市场规律

续表

思维走向的要素		要点	案例
有效思维	2情景意识	灵活地对待和运用平时信奉的规划或规范	宗教和道德理论均主张"不许说谎",对病人则有时不得不变通
	3角色意识	按照不同情景中的角色进行思维	如一个人可能在公司是经理,回家又是丈夫、父亲
	4换位意识	一方主动地站在对方立场上思考	某种意义上是对角色意识的补充,是否可能合作和双赢
	5风险意识	牢牢地确立风险意识,才能对种种意外的困境、危机与凶险应付裕如	风险大致分三类:自然灾害、社会灾难、个人生命危险
	6表达意识	通过语言把已经考虑好的想法准确地、合情合理地表达出来	语言表达不准,效果必定大打折扣
创造思维	1学习意识	学习意识是思维的前提,尊重前人和同代人已有的成果	是推陈出新的基础
	2问题意识	问题是人们思维中最珍贵的东西	学问包括"学"和"问",没有问题,何来学问?
	3批判意识	对学习意识打下的基础进行清理	拆毁基地上的旧建筑,才能建新建筑
	4叛逆意识	揭露出被掩盖着的相反维度,为思维注入新的契机	设了纱窗蚊子飞不进来,而房间里的蚊子又如何飞出去呢?
跨越思维	1张力意识	指"入世"和"出世"之间的张力	中国文化主张"儒道互补",有入世的情怀,主张"知行合一",又有"出世情怀",主张无为而治
	2品牌意识	对丰富精神生活的自觉认同和追求	超越意识的束缚,精神生活会越来越丰富
	3角色意识	超越思维中追求的最高目标	冯友兰认为的四个境界是:自然境界、功利境界、道德境界和天地境界

资料来源:顾孟潮据俞吾金发表在《解放日报》上的文章《我们应该如何思维》整理。

建筑设计创新的科学思维是从有效思维开始的。有效思维阶段:强调law意识、情景意识、角色意识、换位意识、风险意识和表达意识,这是设计型思维的起始阶段必须经历的有效思维过程。

建筑设计真正希望有所创造,即进入创造思维阶段必须具备学习意识、问题意识、批判意识、逆向意识;进入思维的跨越阶段必须具有张力意识、品位意识和境界意识。

总之,设计产品是思维信息产品,必须三思而行,必须先后完成思维全过程的三个阶段，即感性思维（有效思维）阶段，理性思维（创造思维）阶段和跨越思维阶段，如此才能得心应手地完成达到一定境界的设计作品。借助这个思维走向"要素、要点与境界表"，对我们一些设计作品的准备、酝酿到完成的设计全过程加以评论、剖析，便会发现存在问题的关键是什么，才能找到从整体上提高设计创新水平的出路。

五、原创性人物举例

这里举几个古今中外原创性人物的观点和做法，供有兴趣的同行参考。

1. 史蒂夫·乔布斯（1955—2011年）

举世瞩目的乔布斯，将其最宝贵的经验概述为10个关键词：嫁接、信任、勇敢、轨迹、倾听、期待、成功、人才、求知、可能。

这些话似乎是老生常谈，但当我们用乔布斯的人生轨迹解读这些关键词时，就会体会到其丰富而深刻的内涵。这10个关键词既是他创新思维的路径和方法，又是其创新哲学和创新成功的轨迹。

乔布斯对批评有独特的见解，他常说"别关注正确，关注成功"。乔布斯的话对我们深有启发。创新不能让已有的所谓"正确"挡路，批评往往是突破的开端。批评是理论创新、思路创新的起点，这些属于源头创新，而不是满足于"微创新"。

乔布斯每实施一项创新几乎都从批评开始，这是他长久以来反主流文化的习惯做法。他认为，批评与建设没有可比性，不能随意地讲批评和建设哪一个更容易。笔者认为，这是因为：怀疑和批判是建筑评论的灵魂，往往是建筑评论的创新，为建筑设计的创新打开新的视野和新的思路。建筑设计实践又给予评论者新的启发和灵感。设计和评论互动双赢、比翼齐飞。

2. 菲利普·约翰逊（1906—2005年）

约翰逊强调，建筑创作是从脚底板（footprint）开始的。这是建筑大师的回答，要想真正体验到未来使用建筑空间的主人（是用户而不仅仅是客户）的角色需求，必须从脚底板开始进入角色，这属于有效思维的方法和思路。

自古以来，中国建筑就十分重视脚底板的感觉。从建筑景观的层次来说，这是"零层次"的感受，是接触的真实感觉。设计园林建筑和纪念性建筑，必须十分重视地面的做法、地面材料的选择，这有助于人们进入诗情画意或庄严肃穆的境界。建筑作为环境的科学和艺术，设计者的创作从脚底板开始、深入现场就显得尤为重要。这是阅读大地、体验环境情景、体验建筑主人的角色需求和设计创新的可能性、激发设计创新灵感的基础。

3. 计成（1582—1642年）

计成的名著《园冶》，早已被世界园林界公认为园林史上最早的理论经典。此书无疑是中国人自制的"面包"杰作。

《园冶》提出园林设计与建造的"六字真言"——因、借、体、宜、主、费。可谓抓住了建筑作为环境科学和艺术的精华。

《园冶》特别强调主人（用户）的作用："世之兴造，专主鸠匠，独不闻'三分匠，七分主人'之谚乎，非主人也，能主之人也。"这是提醒设计师需要反思，自己到底是真正的"能主之人"还只是"鸠匠"层次的设计人？切忌自我感觉过于良好。

《园冶》全文不过14500字，内容十分丰富，非常耐读，是世界公认的原创性著作。读原书可能会有些难度，但值得下功夫精读，据最近出版的《园冶读本》作者王绍增先生说，他"经历近50年之后，才摸索到读懂《园冶》的基本方法"。因此，我坚信该书有助于读者领略《园冶》的精华所在。

笔者认为，尽管近400年过去了，但《园冶》的许多理论至今仍可以与现代科学理念接轨。在《园冶》理论的引导下，我们会比较容易地走上创作具有中国特色的建筑艺术精品之路。遗憾的是，目前以国内媒体、专家为代表的大众和舆论多是迷信外国，很少介绍这些中华民族文化的精华，似乎环境观念、生态意识等全都是"舶来品"，中国全都要从零开始，向外国人学习，这是很错误的想法和做法。

4. 钱学森（1911—2010年）

著名科学家钱学森对建筑科学和艺术有着深刻的创造性论述。钱老对园林学、园林艺术做过科学的定性和定量分析。他强调，中国园林艺术是更高一级的艺术产物，而外国的Landscape、Gardenning、Horticulture都不是"园林"的相对字眼，不能把外国的东西与中国的"园林"混在一起。

钱老主张，兴建绿色节能建筑以构建"山水城市"。这是否可理解为，这是钱学森先生科学地继承并创造性地发展《园冶》理论结成的现代硕果呢？

总之，笔者期望，我国的建筑评论应从理论和实践上早日实现从整体上促进中国建筑设计创新水平提升的目标，早日形成评论和设计创新互动双赢持续发展的形势。《美术观察》刊出的"建筑创新对城市建设有贡献吗？"专题讨论便是可喜的开端。

——原载《新建筑》2015年第2期

反思与品评

所谓"反思与品评"就是评论。以反思与品评"建筑设计与研究走过的65载漫漫历程"为主题研讨很有深意。过去这方面的问题主要就是"四缺"—— 缺乏必要的建筑理论建设；缺乏科学民主的研究讨论让人讲真话的环境；缺乏实事求是的评论队伍；缺乏监督纠错的评论机制。这是造成一些带根本性的错误屡屡重复出现却无法纠正的根本原因。

评论是及时纠错的必要机制。多年来，建筑评论始终未被摆到应有的位置得到重视和保护，更没有形成相应的建筑理论标准和机制。为此，65年来付出惨重代价。华揽洪先生诞辰100周年时，到会的许多同仁均提及如何保证让人讲真话的问题。当然，为此付出惨重代价的绝不仅仅是华先生等几个人的问题，而是建筑事业的重大损失，这是我一再强调重视建筑评论的原因。

一、从建筑师自我品评说起

这幅表格已经有20多年的历史，今天重睹我们会有许多惊人的发现。

当年列入表中的建筑师只是崭露头角，但是，由于他们坚持了已建立和实践自己认定的建筑哲学观，今天几乎全部都是事业有成的（院士、大师、建筑家、理论家、评论家、教授、著名学者等）走向世界的中国建筑师。可见品评的价值。近30年后再反思品评一下肯定会有新的体会。

国内的建筑哲学示例

建筑师 （出生年）	本体论	价值论	方法论	备注
张永和 （1956）	人的活动舞台和背景	人是主体，建筑是客体	恢复建筑和人活动及经验的密切关系	指鹿为马的必要性
马国馨 （1942）	人生画卷的背景	实用加形式	提高建筑师社会地位，重视理论，植根本土，集体创作和个人并重	

续表

建筑师 （出生年）	本体论	价值论	方法论	备注
王天锡 （1946）			用通俗的语言表达建筑艺术深远意境	
王小东 （1939）		用文化拯救建筑	设计中追求个性、创造性、文化素养	
邢同和 （1939）	建筑是一棵有生命的树，建筑不是产品，而是建筑师创作的作品	以环境为母，以人为本，以文化为根		
布正伟 （1939）	建筑是以人类精神——理性与非理性的情感共同铸造且又变幻莫测的生活容器	没有至高无上的风格，也没有万般灵验的流派，一切都归附于现实环境整体美的动人创造	不"一边倒"也不"折中"，在两极并置中明理重情，入境圆融，以达"自在生成"之目标	从不同视角去关注建筑作品在各种自然环境与人文环境中所展示的品格、气质、表情、体态及其整体景象
张锦秋 （1936）	建筑是一个时代人们活动的场所和背景，城市文化孕育着建筑文化	为人民而创作	不以流派论高低，而是要发展民族文化，注重地方特色，强调时代精神	
陈世民 （1935）	建筑以人为主，为人创造生存环境空间	良好的空间既创造社会价值又产生必要的经济价值	不断寻求建筑设计的关键点，前提是分析建筑环境条件	目标：追求新的建筑空间

注：此表系顾孟潮根据曾昭奋、张在元主编《当代中国建筑师》及杨永生主编"建筑与文学"学术研讨会纪念册，顾孟潮、张在元主编《中国建筑评析与展望》中所载各位发言和部分学生来信整理而成，原载于顾孟潮著《建筑哲学概论》第165页。

二、走向世界的35年（1979—2014年）

从中国现代建筑评论理论与实践的视角，回顾近35年建筑评论的历程，有几个带有标志性的事件。

（1）1979年《建筑师》丛刊创刊。

（2）1982年12月29日，中国建筑学会《建筑学报》编辑部召开了北京香山饭店建筑计座谈会（［美］贝聿铭设计）掀起了一次众所瞩目、规模深度空前的建筑评论热潮。

（3）1985年2月3—7日，建设部设计局和中国建筑学会进一步探讨繁荣建筑创作，于北京召开中青年建筑师小型座谈会，起了调动建筑师主动性积极性的升热和推动作用。

（4）1987年［英］弗莱彻主编的《世界建筑史》首次载入中国现代建筑43幢，著名中国建筑师16位。

（5）1989年6月23日，《中国80年代建筑艺术优秀作品评选》结果揭晓，中国国际展览中心等十项工程获奖。

（6）1989年罗小未、张晨"建筑评论"在《建筑学报》第1期发表，首次全面论述建筑评论的定义、意义、评论标准、评论模式和繁荣我国建筑评论等问题。

（7）1999年6月第20届世界建筑师大会在北京举行，大会发布著名的《北京宪章》。

（8）2009年多家媒体联合举办的《走向公民建筑》评选结果揭晓。

（9）2013年王澍成为中国获得有"建筑界诺贝尔奖"之称的"普里茨克建筑奖"的第一人。

（10）2013年吴良镛教授获中国科学大奖。

三、奠基夭折的30年（1949—1978年）

从中国现代建筑评论理论与实践的视角，回顾前30年建筑评论的历程，也有几个带有标志性的事件。从这些标志性事件可以大致看出中国建筑界30年来的行程轨迹，又可以分前15年和后15年两个阶段，前15年是奠基上升的形势，后15年是每况愈下走向夭折的现状。我们再也经不起这样的折腾了。

（1）1952年5月，中央建筑工程部设计院成立。

（2）1952年9月，原建筑工程部设计处举行群体布置技术研究座谈会，苏联专家穆欣在发言中提出，建筑艺术是修建美丽舒适的住宅、公共建筑和城市的艺术，对人有很大的教育作用。

（3）1953年1月17—25日，《人民日报》先后发表社论《必须正确进行设计》《反对设计中的保守落后思想》；10月14日，又发表了题为《为确立正确的设计思想而奋斗》的社论。这些社论强调必须批判资本主义的设计思想，学习苏联社会主义的设计思想。

（4）1953年10月23—27日，中国建筑学会成立。

（5）1953年12月16日，原建筑工程部建筑技术研究所成立（该所为建筑科学研究院的前身）。

（6）1954年6月，《建筑学报》创刊。

（7）1954年9月29日，中央任命刘秀峰为原建筑工程部部长。10月13日，《建筑》杂志创刊。11月13日，中国派出以周荣鑫（中国建筑学会理事长）为首的代表团，参加苏联建筑工作者会议。

（8）1955年3月20日，《人民日报》先后发表社论《反对建筑中的浪费现象》，指出当时建筑业的主要错误是"不重视建筑的经济原则"。

（9）1959年，原建筑工程部部长刘秀峰主持了住宅标准和建筑艺术座谈会。会议结束时发表《创造中国社会主义建筑新风格》文章，引起国内外广泛热烈的反响。

（10）1963年5月20日，在梁思成、汪季琦的主持下，中国建筑科学研究院建筑理论及历史室举行了国外建筑理论与历史研究座谈会，提出把有代表性的国外著作翻译过来，在10～15年内编写一部建筑百科全书。

（11）1964年1月，《建筑设计资料集》出版。

（12）1964年1月11日，毛泽东指示，在全国设计会议举行之前，所有设计院都要投入群众性的革命运动中。

四、65年来存在的主要问题

本文将65年分为两个阶段来说，为了便于说明内在的因果关系。历史地、辩证地看到后35年存在的问题和成绩与前30年有着密切的联系，我们的反思与品评才更接近实际。这里提出的8个方面的问题，除了市场化和多样化的问题主要表现在后35年，其他几方面几乎是一以贯之的共同问题，只是存在的程度范围略有不同。

（1）在强调阶级斗争的年月里，中国建筑长期缺乏科学的理论指导。我们曾不惜工本盲目地全面照搬苏联建筑模式，不加分析地全面学习所谓苏联建筑经验，全面否定、全面排斥西方建筑流派和西方建筑理论，把自己封闭起来，极大地推迟了中国建筑的现代化进程。

（2）长时期以来，建筑被贴上政治标签。我们常常把建筑行为当成政治任务，把建筑过程当成群众政治运动过程，既不按建筑规律办事，又不按建设周期走。许多建筑行为常带有很大的随意性，如动辄赶时间搞献礼工程，用竹木代替钢筋建楼房，建干打垒房子、简易楼等等，更为滑稽的是搞建筑大跃进。毋庸质疑，这些都是违背科学的事。

（3）否定设计在工程建设中的灵魂地位和指导作用，"革"了设计的"命"。许多基本建设都是边勘查、边设计、边施工，甚至没有设计图也开工，对已定的设计不断随意改动。这样做的结果，不仅降低考察、设计、施工质量，破坏了基本建设的科学程序，更挫伤了设计工作者的主动性、创造性，大大降低了规划设计与施工水平。

（4）把建筑的商品化、市场化推向极端。把土地当成生财的金库，对房地产开发土地的用途和项目、标准没有科学的控制。这不仅浪费了土地资源，还建造了为数众多的垃圾建筑，房屋的空置率很高，给腐败行为以可乘之机。

（5）把大搞建筑的多样化和多元化当成最终目的。因此造成重形式、轻内容、无底线、无主导、群龙无首的混乱局面——看起来热闹花哨，实际上是低水平重复，没有内涵上的创新和提高。

（6）不深入细致地研究考虑本地区的具体情况。以高、大、洋、全、新为追求的目标，在城市建设中大拆大建，结果大马路、大高楼、大广场、高标准的大面积的住宅区泛滥，新老城乡整体破坏严重，历史文物损失严重。

（7）乡镇的建设一直未能与城市的发展协调起来。特别是农村的住宅建设基本上是处于自发状态，农村住宅虽然已经过几代更新，却一直在低水平重复，浪费了大量的资金劳力，十分可惜。

（8）四个"不重视"：不重视建筑评论的舆论环境建设、建筑理论建设、评论队伍建设、评论机制建设。设计与评论本是孪生兄弟，需要彼此携手才能比翼齐飞，处理不好两者关系则两败俱伤。对于一次次经验总结，往往只停留在评功摆好、讲成绩不讲教训的水平面上，结果让历史上已经犯过的错误不断重演，不合理的重复性建设更是不计其数。

——原载《重庆建筑》2015年第2期

冯纪忠先生被我们忽略了

——中国建筑师（包括园林师、规划师）为什么总向西看

今年是冯纪忠先生百年诞辰。很高兴，有机会参加第三届冯纪忠学术思想研讨会。

冯纪忠先生的学术思想给我最大的启示是什么？

是文化。文化是建筑师（园林师、规划师）的DNA。我们现在许多项目做不好的根本原因就是在于基因上出了问题：文化缺位，立意当然上不去，更不要说如冯先生要求的"情动"。

文化是一个民族最悠久的灵魂和最后一道防线。是的，这道防线是我们必须永远坚守的。这一点冯先生做到了。

冯先生曾问过同行者"你说建筑设计什么最重要？"当对方一时语塞时，冯先生说"想法最重要！""人与自然"这篇学术演讲充分体现了冯先生高屋建瓴的学术自由和独立开拓创新的精神。

冯先生说：设计就是要因势利导、因地制宜。借助势来导引，最终产生具体的形；借助心地与实地的结合做出适宜的空间形态。有势才能推动，象是推动出来的，而有了象才会产生具体的形。象前面还有意，借助着势，意推动成象，象然后才成形。这就是我说的意动。

1989年在杭州的国际讲座上，他曾有一篇题为"人与自然——从比较园林史看建筑发展趋势"的演讲（原载《建筑学报》1990年5期第39～46页）。在这篇演讲中，冯先生从"人与自然关系"这个文化制高点上，评述上千年的中国园林史，上百年的中外建筑发展趋势。他以独特的中国文化语言划分出"形、情、理、神、意"五个阶段。实际上这也是中国设计哲学和价值取向成熟的历程。冯先生言简意赅地论述了他的学术思想的精髓，成为建立中国建筑理论特别是设计理论的坚实基础，有待于后继者接力式地加以研究、传承和发展。

冯记忠教授这篇在中外建筑史园林史上具有划时代的里程碑意义的学术演讲，我不知读过多少次，总感觉未能完全理解冯老的深意，不敢冒昧地乱说，只写过一篇读后感《由必然王国走进自由王国——重读"人与自然——从比较园林史看建筑发展趋

势"》(原载《中国建设报》2012年2月6日建筑文化版)。后来，读了冯先生《意境与空间——论规划与设计》一书（2010年3月东方出版社出版）才似有所悟。

有人说：1600年前去世的诗人陶渊明在今天再一次死去，而且是在当代中国诗人的心目中死去……事实上，陶渊明的自然主义哲学与田园式的回归诗学不难在西方文化界找到知音。

冯先生就讲："今天，东西方算是'殊途同归'了。我们一要对'理'加把劲，二是不能放松整体把握'情'。因为'情'淡则'意'竭。"

为什么设计的立意不行？就因为对"理"没有下把劲，又没有"情"，只在艺术手法和技术手段上面兜圈子是出不了建筑杰作的。

——原载《华中建筑》2015年第7期

冯纪忠先生解读《大风歌》

——品读《冯纪忠百年诞辰研究文集》之一

冯纪忠（1915—2009年）先生，是我国著名建筑学家、建筑师和建筑教育家、中国现代建筑奠基人、现代城市规划学家、现代风景园林学家、中国城市规划专业及风景园林专业的创始人。

今年是冯纪忠先生百年诞辰，从年初开始建筑界已先后举行了一系列纪念活动。

余近日也在品读冯先生今年5月刚刚问世的《冯纪忠百年诞辰研究文集》（赵冰、王明贤主编，中国建筑工业出版社2015年5月出版）受益良多。

特别是读到该书第四部分161～223页的"诗论"，使我震惊地发现冯先生在诗词学问上的造诣如此之深，能与古今中外的诗词大家如刘勰、王国维、郭沫若、艾尔弗雷德·坦尼森（Alfred Tennyson）等讨论诗词问题，质疑某些被公认的诗词作品评价。第209页关于《大风歌》约400字的评述便是一例。

据《史记·高祖本纪》，公元前195年刘邦讨伐应布叛乱后回师长安，途经故乡沛（今江苏沛县东），乃置酒沛宫，与父老子弟欢聚，酒酣，邦击筑而歌："大风起兮云飞扬，威加海内兮归故乡，安得猛士兮守四方！"由儿童120人伴唱，邦自起舞。后入"乐府"，史称《大风歌》。

后世两千多年来对《大风歌》的赞扬之声不绝如缕。

而冯先生对《大风歌》作如下解读：

莫不是都被那"大"震住了？

诗史诗选往往指出刘邦此歌，什么雄浑、恢宏之类赞声不绝。郭沫若就说："气度雍容、格调高，是堂堂大雅。"

冯先生（2000年，即85岁）云：雅在何方。得意忘形，炫耀乡里，岂不狭小？威慑仅及海内，焦虑的是"守"，岂非内心空虚，一付无奈象？至死未悟，对内趾高气扬，与日后毒妇吕后受辱于外夷，低首下心，适成鲜明对比。安得猛士，更要问问自己，被你贤伉俪俎醢吃光了，其余又被臭脚水熏跑。

曹植说得好，"焉皇皇而更索"。秦皇汉武曹操等莫不望海兴叹，兴叹之余，无法打道回府，继续加威海内，轻松过瘾。求仙拜佛，一贯模式，垂范千古。

史家选家推波助澜之下，至今乾隆、雍正纷纷出笼，台上皇帝陛下喊得肉麻。看得台下，有的忘乎所以，有的憧憬神往，什么扬州十日，近及南京大屠，日据月据，似乎都属戏剧性不强，不登大雅。哀哉！偶读李贺《苦昼短》"刘彻茂陵多滞骨，嬴政梓宫费鲍鱼"。厥名直呼，那是什么时代，吾侪能不愧煞。

——原载《华中建筑》2015年第8期

诗化建筑（园林）哲人：冯纪忠
——品读《冯纪忠百年诞辰研究文集》之二

《冯纪忠百年诞辰研究文集》（下简称"文集"）总序的第一段文字，对冯纪忠先生在中国现代建筑史上的历史地位和价值的评说，共用了七个定语——中国老一代著名建筑家、建筑师、建筑教育家、中国现代建筑奠基人、现代建筑规划学家、现代风景园林学家、中国城市规划专业及风景园林专业的创始人。

粗看起来，总序这样写似乎有些"不胜其烦"，岂不知让人仍然有"言犹未尽"之憾，他还应是建筑理论家、诗化建筑哲人、中国文人建筑（园林）的承前启后者。这大概便是从"职业"角度和"事业"角度论人的区别：冯先生的价值决不仅仅是一位"职业的建筑人"，他老人家是以建筑为毕生事业的百科全书式的"事业人"。对冯先生历史价值的研究、认识和传承需要假以时日，像探索丰富的矿藏那样，日久天长地持续进行，将会不断有新发现、新感悟、新收获。品读此"文集"我不断有"于无声之处听惊雷"的感受。如冯先生解读《大风歌》的400字便是对两千年来定评作出石破天惊、惊世骇俗的颠覆。近日读到文集226～356页时再次有"听惊雷"之感，遂成此篇。

一、走振兴与发展中国文人建筑（园林）之路

中国文人建筑（园林）传统源远流长，越千年的往日已取得辉煌成就，被域外人士誉为"世界园林之母"。当王澍2012年获得建筑界诺贝尔奖——普里茨克建筑奖后，被看作中国文人建筑（园林）传统走上振兴和发展之路的标志，令人振奋。

赖德霖此文还列举了对中国文人建筑（园林）传统走上振兴和发展作出导向意义贡献的八位建筑家——童隽、刘敦桢、郭黛姮、张锦秋、汉宝德、冯纪忠、贝聿铭以及王澍。

2015年7月19—22日，在广东惠州南昆十字水畔善境沙龙成立并开议"中国学派"之举，旨在促进对走"中国学派"之路认识与实践的深化。

2013年10月出版的张钦楠大作《槛外人言——学习建筑理论的一些浅识》，把中

国文人建筑（园林）传统列为中国文化建筑传统的三大源泉之一（另二源为宫廷建筑和乡土建筑），并认为这是中国文人（包括建筑师、造园师、诗人、画家、雕塑家、家具师等）对中国建筑传统作出了杰出的、无可替代的贡献。还表示"如果哪怕年轻10岁，（我）也要踏遍祖国的山河去造访那些文人画家留下遗迹，翻阅他们的诗文画册，写一本《中国文人建筑师》以求教读者"（此书第55页）。书中举出古今从事文人建筑活动的12位文人——陶渊明、刘伶、谢灵运、王维、白居易、王禹偁、司马光、苏轼、朱熹、卢溶、陈宝箴和现代的王澍。足见文人建筑（园林）的重要意义和穿透时空的历史魅力。

余以为，所谓文人建筑（园林）恰恰是中国人诗意栖居的典型，它有着丰富的文化内涵，大为提高了人类生活质量和精神境界，故同意称其为"诗化建筑"，且认为冯纪忠先生是诗化建筑的哲人，贡献颇多，故与同好者切磋。

二、建筑的诗化

什么样建筑是诗化建筑呢？

余认为，既然"诗者，根情、苗言、华声、实意"（白居易语），那么"诗化建筑"就应当是有情、有言、有声、有意的建筑。显然，冯先生的作品和研究名列前茅。

怎么样达到建筑的诗化呢？

著名建筑师和编辑家高介华在论及"诗意的栖居"时曾如是说："让建筑达到诗化，切要地说，就是通过内外空间的组织渗透、因借等等，使之富有诗的意境。诗意是无穷的，寓意也可以无限。比如淡雅、清幽、崇高也许能体现一种诗意。据今人高旭东研究，中国古典园林源于崇高意识，又体现一种悲剧意识，我觉得有道理。有人说，建筑创作亦如写诗，可以有比兴、隐喻，亦如写文章，讲起、承、转、合，而融入诗、联、画、雕塑，乃其余事。所有这些在中国古典建筑中，矿藏极为丰富。"

冯先生乃是诗化建筑的哲人。

品读"文集"中冯先生有关论述和对其作品29项实例的具体言说与访谈后，我体会：冯先生确实像写诗作文那样对待每一次建筑创作（包括园林规划和环境设计），无论设计项目大小，他都力求做到"语不惊人死不休"。纵观他为数不多的建筑设计作品（包括设计方案），多为精品，总能给人"质朴、实用、养眼、动情"等诗化建筑的感受。

余所以尊冯先生为诗化建筑哲人，是因为他在完成诗化建筑作品同时还在钻研设计理论、立意、构思的方法论，即在设计与实施全过程中如何走出诗化建筑的蹊径。他走的并非古代文人建筑之路，而是诗化现代公民建筑之路，显得尤其难能可贵。

三、诗化建筑的生成

中外艺术史表明，一位艺术家的创作水平与他的眼光（艺术鉴赏水平）是成正比的。意指只有眼高才能手高（创作水平高）。因此，没有对诗词鉴赏的眼光和造诣，很难作出诗化建筑。冯先生是眼高手也高，不仅对诗词慧眼独具，在诗词鉴赏实践和诗词生成理论等方面均有很高的水平。这是他从事诗化建筑的坚实基础和起点。

以1989年冯先生"人与自然——从比较园林史看建筑发展趋势"的演讲为例看，一位建筑家能以独到的诗人眼光和语言，将上千年的中国园林史划分为"形、情、理、神、意"五个阶段，真是园林史家的绝唱，在园林史研究上达到如此境界，几乎是前无古人的创举。因之，他在诗化建筑的研究与创作很大程度上已臻至从必然王国走进自由王国的境界。

在"文集"的第四部分诗论（161～225页）中，可以读到他与《文心雕龙》作者刘勰（约465～532页）、《人间词话》作者王国维（1877～1927页）、当代大文豪郭沫若（1892～1978页）这些诗词大家讨论诗词问题并且建构了诗的生成理论与图式（见"文集"第216页）。由此发展出他的诗化建筑的理论和图示（见"文集"第150页）。

关于诗的生成冯先生做了细致的说明（表1），这既是对诗的构思生成过程的说明，也适合建筑设计构思生成的过程，十分重要。表中：主客、心景、物我、情景、心象等都和情与象相遇一个意思。说无象不成诗指的是表象或意象。英文image似乎是不分表象和意象。打个比方，物象如生矿，表象是物象经情的筛选淘洗，意象是表象经意的锻造。表象、意象皆离不开物象。意境不离意象，无意象不能成意境，所谓境由象生，但意境本身却无象。

诗的生成   表1

	（意境之雏形）意					
（主、心、我）情			澄怀味象	意象——	意境——	境界
		表象				
（客、景、物）象						

什么是意境和境界的区别呢？意境是指诗境，而境界指诗人的风神气度等，是意境中流露出来的。上面简图的顺序时程可以短到一刹那间，也可以是往复推进的，何况往时词义没有充分约定，所以概念容易含混不清。

在表2中，冯先生以郑板桥画竹过程为例说道：郑板桥画竹有所悟，他说："晨起看竹，烟光、日影、露点皆浮动于疏枝密叶之间，胸中勃勃生机，遂有画意，其实胸中之竹并不是眼中之竹也，因而磨墨展纸落笔，悠忽变相，手中之竹又不是胸中之竹也。"

罗中立油画"父亲"的构思生成此画的过程是"反复推进"的过程，但不像有些诗文是"一刹那间"，而是从1965年到20世纪80年代初，漫长地近20年经过《守粪农》、《粒粒皆辛苦》、《生产队长》、《父亲》四个阶段，亦即从眼中人物象—表象—胸中意象—手下终于形成有意境和境界的画作。

时空转换示意图　　　　　　　　　　　　　　　　　表 2

+情	+意	+情				
[眼中之竹]	——	[胸中之竹]	——	[手中之竹]	——	[画幅]
					流露	
物象	表象	意象		意境		境界

冯先生从人与自然关系高度切入，关于中国园林史五个时期划分的论述（表3），对于研究中外建筑史也有启发借鉴价值。如他1995年谈道："回想过去，建筑意识的变化。过去考虑功能，后来发展到空间，再后来就是环境，但是还是停留在物，到了20世纪七八十年代，人的问题提出来了。"（"文集"第3页）他提示我们：世界建筑的发展趋势同样也到了"意"的阶段，而我们大多数设计师还是停留在作"物的设计"对人的关注不够。

冯先生主张的中国园林史的五个时期　　　　　　　　表 3

1	2	3	4	5
形	情	理	神	意
客体	客体	客体	主客体	主体
春秋-两晋末	两晋初-唐末	唐初-北宋末	北宋中-元末	元明清

续表

1	2	3	4	5
再现自然以满足占有欲	顺应自然以寻求寄托和乐趣	师法自然摹写情景	反映自然追求真趣	创造自然以写胸中块垒
铺陈自然如数家珍	以自然为情感载体	以自然为探索对象	入微入神	抒发灵性
象征、模拟、缩景	交融移情尊重和发掘自然美	强化自然美组织序列行于其间	掇山理水，点缀山河思于其间	结体重组安排自然人工与自然一体化

据冯先生自述，方塔园的设计正是参照中国古代诗歌生成的方式构思生成的（见"文集"149～153页"时空转换——中国古代诗歌和方塔园的设计"）。他说：关于我设计这一文物公园的手法只提一点，那就是对偶的运用。且不说全园空间序列的旷奥对偶，还在北通道两侧运用了曲直刚柔的对偶，文物基座运用了简繁高下的对偶，广场塔院里面用了粉墙、石砌、土丘的多方对偶，草坪与驳岸用了人工与自然的对偶。与园已多年不见，这一次重会，园的翁郁与我之龙钟是多么有趣的对偶啊！（这该是87岁高龄的诗化建筑哲人久违之后忘情的感慨吧！）

四、"质朴、实用、养眼、动情"的建筑作品

为便于理解冯纪忠先生的设计构思和手法，这里摘录他对有关作品的说明：

（1）武昌东湖休养所：休养所，何必让别人看你呢？是你看四面八方。所以最好人家不要太多看我。景点，主要是看风景，是休养的意思，所以首先要管环境：基地的环境、视线的环境，使用也要考虑内部布局：考虑到怎么借景，视线、景观。如毛主席的房间、餐厅可以看到很远的风景，层高也压得很低，一般屋顶2.8米。毛主席戏称这里是"乌龟壳"、"碰鼻子拐弯"，可他到武汉偏偏最爱住在这里，在此接见过多国元首。其原因我很理解，到庐山毛也是爱住美庐，在专门为他建的别墅只住过一夜，就因为那些专门为他建的别墅往往是"非壮丽无以重威"的高、大、空。

（2）武汉同济医院：医院建筑须满足安静、清洁、交通便捷三个要求，即静、净、近，务必使病人得到最好的护理环境，医疗工作发挥最高的效能。为此，各个部门力求形成尽端。由于功能的选择而自然形成现在的形式，处理的非常简洁。创造了一点同六路，门厅朝不同方向形成六个尽端。

（3）方塔园：东湖的两湖两所（即武昌东湖休养所），就已经是风景区的建筑了。

那个时候，我也是按风景区的首要因素理解，联系四周的环境协调。不是从自我出发，而是从一个建筑看上去，四面八方都要联系起来。方塔园，我还是用的这个方法。按露天博物馆工程作。方塔园整个园子，就是要把"宋塔"烘托出来。

（4）何陋轩：何陋轩，感性比理性强多了，跟条件有关系。何陋轩在整个方塔园里感情最冲动、强烈，一挥而就，很多是后来想到的……人走过那个距离，视野也需要一个停顿。有一个蓬在那里，就不需要什么亭啊廊子的。另外，三层台基平面是转动的，把"变换的时间"固定下来了。

在冯先生的启示下，我找出唐代大诗人欧阳修（1007—1072年）《醉翁亭记》重读，方才理解冯先生91岁高龄时赞叹"此文中二十一个'也'字用得多好"的原因。他分析说："环滁皆山也"大范围的；然后一步一步，"其西南诸峰，林壑尤美"已经变成局部；"山行六七里"已经到里面去了，然后再看到亭子，这个"气"就顺了。从它来设计我们就能得到从大到小的一条线，这是一种"气"。"设计思考过程，需要的一种文章的'气'。"冯先生认为，有了"气"就有了"势"，"势"有推动力，这条线就起作用了，就能出现"形"。

我体会，冯先生的方塔园和何陋轩设计就是贯穿着这种"气"，其设计让人"得之心而寓之酒"，"时空转换"的"景致不同，而乐亦无穷也"。方塔园北入口的堑道就是蓄"势"之举，在积累"总感受量"，直待到广场让宋塔的魅力得以爆发出来。值得强调的是，这里的"气"和"乐"是"与民同乐"，是作为公民的主人的享受。这不是我们进了宫殿、庙宇，踏上神道、千步廊或高台阶前的"神之子""王之臣"的被矮化、被贬低而渺小的感受。当然，也不是某些建筑师设计的建筑在不断地搔首弄姿、自作多情，给人俗不可耐的丑陋感。腹有诗书气自华，诗化建筑自然有诗情、诗意，流露出来的形式自然能给人以质朴、实用、养眼、动情的感受。这种美不仅是建筑外形的美，更是心灵的美，更会存之久远。

五、冯先生的建筑设计哲学

1. 做"以人为本"的公民建筑设计师

突出以人为本做公民建筑设计是冯先生的主导思想。冯纪忠教授在2008年12月荣获"第一届中国建筑传媒奖"时讲："我怎么理解公民建筑呢？应该讲，所有的建筑都是公民建筑。在我们现在所处的时代里公民建筑才是真正的建筑。如果不是为公民服务，不能体现公民的利益，就不是真正的建筑。这句话是否说得太绝对？不！在我工作当中，依照我的理解和坚持，现在自问我是在做公民建筑。凡不是公民建筑的东西，我都加以批评或者不满意。……现在这次获奖，给我一个肯定，使我更加坚定地走这条路。……我相信，这样的理论，能够使得中国建筑走在世界顶尖水平。"

冯纪忠教授的这段话有着界定时代特征的历史重量，需要引起我们建筑界内外的重视，因为不少专业工作者往往仍然未意识到自己是在做臣民建筑或市场交易的工具，而缺乏社会责任感和公民意识。公民是与臣民根本不同的现代政治身份，"公民"是一种从历史上的"臣民"变化而来的"公民"。这种转化是民主意识和民主变革带来的，不是自发自然地就能产生的。需要认清的是，在许多国家里，从臣民向公民转化的象征意义大于实质意义，那里的人民虽然不再生活在国王或皇帝的统治之下，但却生活在某种现代专制之下，并没有成为社会——政治意义上的民主公民。既然公民社会是由臣民社会转化而来的，那么虽说已进入公民社会仍然会有大量的臣民建筑的遗存物存在。比如，臣民时代的宫殿、寺庙，陵墓、园囿以及臣民们自己直接居住使用的住宅、市场、墓地等。从广义上讲它们都属于臣民建筑，不同的仅仅是，前者是统治臣民用的建筑，后者是臣民自己使用的建筑。当我们登上北京景山知春亭俯瞰北京城区时，这种景象十分令人醒目醒脑。全城中，占据最佳位置和风水宝地的是金碧辉煌的帝王宫殿（万岁爷建筑）和绿色琉璃瓦的亲王府（千岁爷）的建筑，而当今被人们形容的十分美好的北京四合院是那些灰砖、灰墙、灰瓦的住宅，只能灰溜溜地靠边站——这些碎砖头拼凑起来的建筑，一遇到雨雪风霜，大雨大漏、小雨小漏，甚至突然倒塌压死人，一家几代人挤在一间小屋里生活，不得不在院子里搭上小屋小蓬解决分居、做饭、储存蜂窝煤、杂物等问题，……这类四合院均属于臣民建筑！

2. 走"与古为新"的现代主义之路

按冯先生说法，他做方塔园规划设计时，首先要贯彻的就是"与古为新"的精神。"与古为新"是一种什么精神呢？

冯先生解读"与古为新"四个字："为"是"成为"，不是"为了"，为了是不对的，它是很自然的。与古前面还有个主词（Subject）是"今"啊，是"今"与"古"为"新"，也就是说今的东西与古的东西在一起成为新的，这样的意思就对了。同时他强调"与古为新，前提就是尊古。尊重古人的东西，要存真，保存原来的东西。"

显然，"与古为新"是尊古的精神，又是为新的精神、创新的精神，古今共生共荣的精神。其所以重要，是因为今日之"新"，明日之"新"都是从"古（旧）"中逐渐分化和生长出来的。所以对待"古"和"今"的关系盲目采取"破旧立新"、"一张白纸"、"白手起家"、"从零开始"态度和做法是错误的。

"古"与"旧"是发展的基础。城市规划、建筑设计、造园都是"接着'古'和'旧'说和做"的事业，是"万人一杆枪"的事业、"今人和古人合作"的事业。这里的创新是"革新"不是"革命"，更不是"在白纸上画最新最美的图画"，把古和旧当作一张白纸，那才是历史的虚无和主观。

正如冯先生所言："我们在理论上也有桂离宫，发现中国古代的思想精华并将它转换出来是我们的目的，我们一步步向前走，不是单搞出中国的东西，而是和西方同步搞出世界的系统。"因此，可否认为，"与古为新"不仅仅是与遗存的古文物的为新，也是与古建文化理论精神为新，是图底互动、古今互动、中西互动出新的精神。

笔者体会，"与古为新"是因势利导、因地制宜思想的具体体现，也是保存、保护、发展建设的"建设生态链"这个普遍规律的具体化。实际上，冯先生自己在未提出"与古为新"这四个字之前已经在探索着这么做。如他在北京人民大会堂设计方案、上海七片居住区改造试验实践中都体现了这种精神。特别是，在方塔园规划设计中体现得更加充分——堑道蓄势，广场如砥，方塔贯气，低中见高；弧形断墙光影闪现，绿色如烟，让四面八方景观互相渗透；何陋轩台阶三层相继旋转30度的时空转换等等多是神来之笔。

国内外名家"与古为新"的实例也不少，如梁思成的人民英雄纪念碑、戴念慈的北京饭店西楼、张开济设计的天安门观礼台、杨廷宝、关肇邺设计的清华大学图书馆的二期三期工程，还提出三个尊重（历史、前人、环境）。国外莫斯科的舒舍夫设计的列宁墓、法国老火车站改成的博物馆，美国约翰逊的作品、贝聿铭的北京香山饭店等。

3. 通过"空间原理"解决建筑核心问题

冯纪忠先生为教学抓住了建筑的核心问题，20世纪60年代初便有《空间原理》问世，并且用于同济大学教学实践，这是一件十分了不起的事情，这是一个里程碑式的贡献，该《空间原理》堪称是提高我国建筑教育和设计理论、实践水平的利器。然而，它却长期被埋没不说，还要加以批判，这一历史性错误造成的恶果延续至今。建筑界内外许多人至今尚未建立科学的建筑空间概念，仍然停留在布扎学院派形式主义泥坑中挣扎，而不能自拔。

其实，古代中国人是最早感悟到"空间"是建筑的本质。《老子》第十一章（有利无用）云："埏埴以为器，当其无有器之用。凿户牖以为室，当其无，有室之用"。此言被建筑界公认为是把"空间"视为建筑本质的名言。赖特十分赞赏此《老子》一书，还曾向杨廷宝先生索要辜鸿铭翻译的老子的《道德经》。我们国人自己普遍重视这句话，反倒是在20世纪80年代后期，属于"出口转内销"，由赖特引起的。在意大利建筑理论家布鲁诺·赛维20世纪50年代有"空间是建筑的主角"的说法之后发生的事情。20世纪80年代初，即在冯先生《空间原理》问世的20多年后，国内曾先后出版了三本较有影响的建筑美学理论专著：[美国]托伯特·哈姆林的《建筑形式美的原则》（邹德侬译，1982年12月）、苏联建筑科学院编的《建筑构图概论》（顾孟潮译，1983年4月）、彭一刚著《建筑空间组合论》（1983年9月）尚远未达到冯著的水准。1998年[美国]安妮维斯顿·斯派恩的《景观语言》才正式提出"景观语汇"、"空间组织秩序"以及"语法"、"诗学"等问题，比起冯先生整整晚了30年。

4）实现感性思维和理性思维双驱动——让情动、意动领先

以前我是最怕读建筑实录、设计说明一类的文字，因为这类的文字往往有些强加于人的气势，只能硬着头皮看下去。而在"文集"中听冯先生谈作品，那真是一种享受。他那简练生动充满感情和智慧的叙述，感性和理性思维并行，定性与定量并重的特点吸引着我爱不释手地品读下去。特别是冯老提倡的"因势利导因地制宜"中强调"做调查实际就是为公民服务。调查了才会有理念"，"意动过程也同时将心地和实地加以结合，使生成的具体的形成为适宜的空间形态"等这类提示，我感到确实堪为执业建筑师的座右铭。

——原载《华中建筑》2015年第10期

柳宗元与冯纪忠

——品读《冯纪忠百年诞辰研究文集》之三

　　《冯纪忠百年诞辰研究文集》的"首届冯纪忠学术思想研讨会发言实录"部分，香港城市大学比较文学教授张隆溪先生有句话很值得玩味，他说，冯纪忠先生"好像特别喜欢柳宗元不太喜欢韩愈（这个我稍微有点不同意），我觉得韩愈也很了不起"。

　　这句话的前半句我有同感，后半句讲"不太喜欢韩愈"我倒不太觉得。但由此我直觉地感到有必要探讨冯纪忠先生为什么"特别喜欢柳宗元"这个问题，也就索性以此为题。因为"喜欢"这类直觉对于从事创造性思维的人极为重要，冯先生强调的"情动"往往也开始于直觉，从感性思维开始而后用理性思维追踪、解读、构思才能形成艺术作品——诗化建筑。

一、冯纪忠眼中的双璧

　　冯纪忠先生与唐代的柳宗元的心灵是相通的。

　　冯先生谈柳诗"双璧"之一的《江雪》，从"千山鸟飞绝／万径人迹灭／孤舟蓑笠翁／独钓寒江雪"20个字中，掂出"绝""灭""孤""独""寒"五个字的千钧重量。对诗人屡遭贬斥，却独立寒冬、仍怀壮志、求索不已的物境心境状态，感同身受敬佩至极，故对绘作猥缩一翁江雪图的做法不禁质问："那不是背离诗的境界十万八千里？"

　　此问让我又惊又喜，且悲从中来。想到被贬斥的柳君47岁英年早逝任上，仿佛听到他在京城仗义执言为刘禹锡被贬斥曹州鸣不平的呼声。然而，正是在永州、柳州生命末期的十多年内他达到事业的顶峰，不仅留下"永州八记"等文学名著、风景建筑学杰作，而且哲学上有《天说》《天对》等重要论著，被公认为杰出的文学家、哲学家、既有理论又有实践的风景建筑师。

　　冯老解读"双璧"另一首《渔翁》时与苏轼（1037—1101年）商榷，反对关于此诗的"白璧微瑕"之论，多有卓见。称"从人体动作来说，首联汲水燃竹是俯视，中联是平眺，因而末联应该是翘首遐观，还带有闲适的意味，而不只是回头"。……"舟在中流，云在岩上。云不是追逐渔舟，而是云与云之间相互追逐。诗人只是无意之间目遇逐云，以我心度云心，想来云也当染上'无心'而相逐嬉戏罢。这是'以心度物'。"

这里，冯老点出人与空间景物的互动——俯视、平眺、翘首遐观，让人不禁联想到方塔园堑道上的游人，不也是以同样方式与周围的空间景物互动吗？大概柳诗有助于冯老意动、情动的灵感形成吧？

二、韩愈、刘禹锡与柳宗元

研究柳宗元（773—819年）不能不提到同时代的韩愈（768—824年）和刘禹锡（772—842年）。作为唐代的散文大家，一般韩、刘并称，韩是唐代古文运动的倡导者，柳为主将贡献很大。刘禹锡也是著名的文学家和哲学家。

他们三位彼此相互支持与尊重，而且均对风景建筑情有独钟，当然这方面以柳为最。柳既是杰出的文学家、哲学家，又是"我国历史上首位具理论与实践的风景建筑家"。韩愈曾专门写了《柳子厚墓志铭》对柳的一生事业和品德给以高度评价，为农民出身的泥瓦匠立传《圬者王承福传》。

有趣的是，柳宗元自己是建筑师但绝不夺人之美，先是做文章记述其前任在风景建设上的贡献，又继韩愈之后为杨潜立了《梓人传》。

刘禹锡的《陋室铭》更是千古名作，其结尾句是"何陋之有？"推想冯先生方塔园内茶室以"何陋轩"为名大概也缘于此。

《陋室铭》全文仅81个字，它体现了中国古人的"何陋之有"建筑哲学观。

> "山不在高，有仙则名，水不在深，有龙则灵。斯是陋室，惟我德馨。苔痕上阶绿，草色入廉青。谈笑有鸿儒，往来无白丁。可以调素琴，阅金经，无丝竹之乱耳，无案牍之劳形。南阳诸葛庐，西蜀子云亭。孔子曰：何陋之有。"

《陋室铭》的"何陋之有"建筑哲学观体现在三方面：

（1）"山不在高"、"水不在深"，指出了建筑基地和居住环境的重要；

（2）通过对"陋室"整体生活环境的描写，包括对庭园与房屋的一气呵成，强调建筑与人的关系，强调建筑必须适合人的生活要求；

（3）以诸葛庐、子云亭为例，对不同种类又十分简朴的建筑物给予高度评价，发出"何陋之有"的慨叹：我这样的人，住这样的住宅，配我的身份，合我的需要，这不是很好吗？

如果我们细品《陋室铭》原文，可能将会对冯先生"何陋轩"的设计构思体会更深一些。

三、旷、奥、四谋与环境艺术

柳宗元《永州八记》中首创的术语"旷"、"奥"、"四谋"自冯先生发现和开始引用后，不断有人重复引用，但很少见寻根究底的，因此对柳宗元风景建筑学的理论研究难以深入，这是很遗憾的事。在"永州八记"中柳宗元一一记述了他在永州（湖南零陵）十年期间，建造景点、积极参与景区开发，亲自筹划钴鉧潭、龙兴寺、东丘建设，对风景分类、建设原则、对风景建设的社会意义作了精辟分析。对这些丰富的内容深入研究往往被忽略了。

"旷"、"奥"出自《永州龙兴寺东丘记》，第一段，原文为：

"游之适，大率有二：旷如也，奥如也，如斯而已。其地之凌阻峭，出幽郁，廖廓悠长，则于旷宜；抵至垠，伏灌莽，迫遽回合，则于奥宜。因其旷，虽增以崇台延阁，回环日星，临瞰风雨，不可病其敞也；因其奥，虽增以茂树丛石，穹若洞谷，蓊若林麓，不可病其邃也。"

"四谋"出自《钴鉧潭西小丘记》第二段文尾为：

"枕席而卧，则清冷之状与目谋，瀯瀯之声与耳谋，悠然而虚者与神谋，渊然而静者与心谋。"

很多人在研究旷、奥、四谋时，有只作为艺术手法对待的局限性。冯纪忠先生则从理性思维的角度开拓出"旷奥度"和"总感受量"概念，作定量性分析的做法已为我们作出示范。但在定性分析方面还需我们接力式地做很多工作。

笔者认为，仅从以上两段引语就可以看出，风景建筑学中包含大量的环境科学、环境生态学、环境艺术、环境心理学、旅游心理学等内容，需要我们用这些现代科学理念、理论来开发出柳氏理论的现代价值和意义。我把这种做法名之为"今为古用"。我觉得冯先生之所以能慧眼识金，发现旷、奥、四谋等价值，恰恰与用现代空间原理看问题（即"今为古用"的考察研究处置的方法，包括冯氏"与古为新原则"的提出也与此有关）的角度切入有关。这也是《建筑师华沙宣言》将建筑学定义为"为人类开拓生存空间的环境的科学和艺术"的原因。

环境艺术（Enviromental Art）又被称为环境设计（Enviromental Design），是一个尚在发展的学科，目前还没有形成完整的理论体系。著名环境艺术理论家多贝尔（Richard P.Dober）：环境艺术"作为一种艺术，它比建筑艺术更巨大，比规划更广泛，比工程更富有感情。这是一个重实效的艺术，早已被传统所瞩目的艺术。环境艺术的实践与人影响其周围环境功能的能力，赋予环境视觉次序的能力，以及提高人类居住环境质量和装饰水平的努力是紧密地联系在一起的。"

我曾称建筑艺术是"全频道的体验的艺术，需要考虑给人们眼、耳、鼻、舌、身、心各个信息通道的感受"。也是认为建筑艺术是环境艺术的意思。

这里说的"旷"、"奥"和"四谋"正是环境艺术面临的空间环境艺术课题，也是创造"诗化建筑"要解决的问题，所以我认为可以把它们联系起来研究，不仅是艺术手法问题，也是研究对象和环境艺术基本理论要解决的问题。

四、何陋之有+与古为新的启示

"何陋之有"是中华民族优秀建筑文化传统的精华，也是现代民主社会公民发自内心的呼唤！

"与古为新"应是作为当代中国城乡建设建筑转轨的建筑现代化必由之路。

笔者在"品读"之二中特别谈到冯先生的设计哲学，初步简要地设计到冯先生留给我们的文化遗产的核心内容，但由于研究的功力不到位，远远未能达到应有的高度和深度，需要进一步研讨。比如，我们对冯先生出于"何陋"二字的提升并没有引起人们的足够重视，对于"与古为新"的研讨也尚停留在"建筑作品研究"的层次，处于研讨起始期，这大概是必然的现象。

笔者认为，"何陋之有+与古为新的启示"似乎应是"冯氏建筑文化遗产"中的重中之重的内容。其丰厚的内涵不是本篇小文能够容下的，这里只是把问题提出来，请更多的同道参与探讨。

《陋室铭》所传达的中国古人的建筑观念与获"普列茨克奖"的日本建筑师伊东丰雄的建筑观毫无二致。

伊东建筑观的核心是：实行"三不"对策，即在设计思路和设计手法上，不随派逐流；不依从"极简主义"；"不追随参数化设计"。追求"三性"——建筑的临时性、功能的模糊性与自然的融合性。

刘禹锡的《陋室铭》也体现了这"三性"。难能可贵的是，伊东丰雄用通俗易懂的语言，把环境生态建筑学观念具体化为对"三性"的追求。这也是中日建筑文化观念1100多年来"英雄所见略同"的历史回响，也是世界建筑界共认的先进的建筑理念。其实在伊东之前为王澍的颁奖时已经显示出这是全世界建筑的发展趋势。

"与古为新"体现什么精神呢？

冯先生解读"与古为新"四个字："为"是"成为"，不是"为了"，为了是不对的，它是很自然的。与古前面还有个主词（Subject）是"今"啊，是"今"与"古"为"新"，也就是说今的东西与古的东西在一起成为新的，这样的意思就对了。同时他强调"与古为新，前提就是尊古。尊重古人的东西，要存真，保存原来的东西。"

显然，"与古为新"是尊古的精神，又是为新的精神、创新的精神，古今共生共荣的精神。其所以重要，是因为今日之"新"，明日之"新"都是从"古（旧）"中逐渐分化和生长出来的。

因此，应当把"与古为新"作为当代中国城乡建设建筑转轨的建筑现代化必由之路对待，建议进行深入系统的科学研究，从理论和实践两方面解决；为什么要"与古为新"？怎么实现"与古为新"？评价"与古为新"标准是什么……等一系列问题。

——原载《华中建筑》2015年第11期

冯纪忠的与古为新和当代中国建筑

——品读《冯纪忠研究系列丛书》之四

一、建筑文化领域的众多首创

粗略统计，冯纪忠先生从业60多年来，在建筑文化领域曾先后开创了许多中国当代建筑的第一：

①作"中国戏剧"演讲（1941年）；②作"中国文字"演讲（1941年）；③提出有机发展规划设计思想（1949年）；④在规划设计中引用模型分析法（1950年）；⑤翻译引进《室内声学入门》（1954年）；⑥推动建立声学实验室（1955年）；⑦提出教学思想上有收有放的"花瓶式教学模式"（1956年）；⑧成立城市规划专业（1952年）；⑨讲《苏联建筑》（1959年）；⑩提出"建筑空间组合原理"，开"原理"课、主编"原理"教材（1960年）；⑪在建筑院校建立蔡元培式"八国联军"的教师队伍（1956年）；⑫第一个按诗的生成理念生成建筑构思（1952年）；⑬第一个翻译引进设计方法论（1980年）；⑭国内首次运用大薄壳屋顶（1951年）；⑮首创风景园林专业（1979年）；⑯在建筑设计中首次引用安徽民居的马头墙（1950年）；⑰完成第一个成街规划设计（1950年）；⑱办有规划师的建筑事务所（1947年）；⑲首次提出公民建筑价值判断标准（2009年）；⑳提出与古为新的设计理念（1978年）㉑中国现代风景园林设计实践的精品（1978年）；……

在如此众多的开创性的"第一"贡献中，笔者认为，特别值得重视的是，与古为新的设计理念的提出与其相应的公民建筑设计理念与实践，对于当代中国建筑今后的教育改革和城市建筑理论与实践的深化和提升有着十分重要的参考价值和战略意义。

二、与古为新是城市建筑现代化的必由之路

按冯先生说法，他做方塔园规划设计时，首先要贯彻的就是"与古为新"的精神，因为"与古为新"乃是城市建筑现代化的必由之路。正如赵冰教授所言，"这是

一条克尼西在维也纳工科大学开创的如今已被广泛认同的现代之路"。

"与古为新"是一种什么精神，什么样的现代主义之路呢？

冯先生解读"与古为新"四个字："为"是"成为"，不是"为了"，为了是不对的，它是很自然的。与古前面还有个主词（Subject）是"今"啊，是"今"与"古"为"新"，也就是说今的东西与古的东西在一起成为新的，这样的意思就对了。同时他强调"与古为新，前提就是尊古。尊重古人的东西，要存真，保存原来的东西。"

我理解，所谓"尊重古人的东西"，就是要尊重堪称"古典的东西"，因为"古典"在时间上"古老"，在品质上是"典范"，经过多年的历史考验，有着被人们公认的历史价值和现实意义。所以，古典学成为现代科学的重要组成部分，古建文物和古代城市的保护和重建已经成为专门的学问和技术。"与古为新"既是尊古的需要，更是现代化建设的需要。如最近复建的上海白马咖啡馆这个70年前犹太难民日常集聚的场所，既有恢复犹太人上海记忆的意义，也有传承弘扬人道主义精神的作用。

需要仔细斟酌的是，"与古为新"这四个字中包含"今、古、新、旧"四个关键字。我们许多错误的观念就来源于对这四个字的错误认知：认为今＝新＝好，并且认为古＝旧＝坏，结论成为"破旧立新"，不加分析地批判所谓"厚古薄今"，盲目地主张"厚今薄古"，实际上通过破"四旧"立"四新"变成了一个"没有历史文化的国家"，这真是十分可怕的后果。

诗圣杜甫云：不薄今人爱古人，清词丽句必为邻，窃攀屈宋宜方驾，恐与齐梁作后尘。我们将步何人的"后尘"确实当深思。

所以关键是要认清"古"和"旧"的实质，因此冯先生举重若轻地提出"与古为新"问题，实际上这有着"拨乱反正"重大意义。

"古"和"旧"是具有5000年历史的中国的现实，必须正视而且必须实事求是的认真调查研究选择处理好一切与"古、旧"有关历史环境、历史制度、历史习惯、历史观念等等问题。冯先生强调"设计要因势利导、因地制宜"，而"古"与"旧"常常便是冯先生强调的"势"与"地"，由此可见"与古为新"时"古"与"旧"的奠基作用。如，北京为何斜街多？据考证，古代的北京曾是水乡泽国，到处是河流、湖泊及各类蓄水坑。为了取水方便，在兴建大都城时几乎全保留下来。天长日久，当这些河湖干涸后，就变成弯斜的街巷了。这些斜街也是"因势利导"的结果。

三、与古为新实例

"与古为新"的理论与实践有着久远的历史。据有关专家研究，"和中国中唐时期的复古派一样，西方的古典研究传统背后曾经有极强的立法意图。在文艺复兴时期，对古典的热爱本质上意味着对现世生活、对新的思想与制度的热爱。到18、19世纪，古典学者如温克尔曼、歌德、施勒格尔等依然致力于复古开新的进程"。"与古为新"的提倡，正是为促进"复古开新的进程。"

这里列举一些"与古为新"的实例供同好者参考。

（1）并立式：上海方塔园与何陋轩规划与建筑——不设主轴线、不搞对称，不同时代建筑各自功能独立。

（2）联立式：北京饭店新楼与老楼相连——颜色、线条、凸窗装饰等类似老楼又有微差，新楼主体高度控制又有与老楼的对比之处。

（3）延伸式：天安门观礼台——高度、颜色、形式简洁大方，甘作配角，给人有与天安门同时建成的错觉，总体上"似有若无"。

（4）呼应式：天安门广场的人民英雄纪念碑——碑体造型、用材，位置、平台、汉白玉栏杆等民族传统意味甚浓，庄严肃穆，建时得体"小中见大"，现有"大中见小"之憾。

（5）符号式：多年多处重复使用的方法——做大屋顶、斗栱，贴琉璃瓦、加汉白玉栏杆等。

（6）重建式：北京永定门城楼、湖北武汉黄鹤楼、上海白马咖啡馆等——作为标志和记忆。

（7）新建式：北京民族文化宫——1959年国庆工程，属"复古开新"的成功之作。

（8）原址原状式：西安古城墙、古城楼等。

（9）写意式：上海方塔园北门入口、北京中国美术馆——敦煌壁画岩洞入口古建形式借鉴而成。

（10）综合式、总体规划式：以上（1）~（9）主要是单体建筑或某个项目的实例，而综合式、总体规划式这类做法是最为重要的实现与古为新的方式。因为规划是城乡建设的龙头，是指导城乡建设方向、决定城乡结构的先决条件。

冯纪忠先生在参与南京市和上海市规划时认真深入的现状调查已经体现有与古为新的思路。他还强调"作调查实际就是为公民服务"。

20世纪50年代初，年轻的周干峙规划师在吴良镛教授和苏联专家穆欣指导下完成的西安市首轮规划兼顾历史和地形，保留棋盘式格局，旧城作为行政中心，又增加了广场体系，为后来的"与古为新"奠定了良好的基础。正如西安市城市规划委员会总规划师韩骥两次强调的：周部长的西安市首轮规划起大作用了，只要省市换新领导，我就把周部长的文章送上去，他们一看就知道西安是怎么回事，西安宝贵在哪儿，怎么保护西安，才有了今日的西安。

与西安城市规划不同的是古都北京20世纪50年代初，决策时既未接受梁思成、陈占祥建议的"梁陈方案"，也没有接受华揽洪先生保护古城、民居、文物建筑的规划思想，终于造成不可挽回的损失。当然未能"与古为新"成为我国城市千篇一律的始作俑者。由此可见"与古为新"思想对科学决策的重要性。

另外，属于此类"与古为新"做法的还有很多值得重视的实例，如吴良镛院士关于京津唐大都市区的设想和北京菊儿胡同楼房四合院试点，冯纪忠先生关于上海新里弄的试验探索，钱学森关于21世纪中国建设山水城市的构想以及建立建筑科学大部门的呼吁……值得纳入新一轮中国城镇化决策的参考思路。

四、如何实现与古为新

如何实现与古为新？

这是一个涉及整个中国今后城镇化发展战略的大问题，实践起来是非常复杂的系统工程。

目前极其需要列入"十三五"规划，进行深入细致的调查研究，从决策制度上保证城镇规划建设的科学性、法治性，落实到实践中去。如邹德慈院士最近接受凤凰台"前行者"专栏采访城市问题时所指出的，"所有的城市病都是人的错误"，要使科学的城市规划"有力量、有能量"促进城镇建设的科学性和合理性，改变规划决策的随意性。建筑界的情况同样如此。邹院士一语道破了建筑学目前在中国的困境。

鉴于此，我感觉有两个问题要面对：

一是建筑理论的思维空间视野要扩大——不能只是在建筑范围内打转转，要从大科学的角度观察建筑问题，所谓走出建筑学；

二是走出建筑界——建筑是全社会、全民族和全体公民的建筑，需要建筑界内外的共识与合力才能改变中国建筑的落后面貌。只靠建筑界的自治自为是不可能再创辉煌的，丑陋建筑多年来不绝如缕地出现也说明这个问题。

　　"让当代中国公民能够诗意栖居"是冯先生一生建筑事业的奋斗目标，这也应是纪念冯纪忠先生百年诞辰学术研讨的中心议题。《冯纪忠先生百年诞辰研究系列丛书》的出版和一系列学术研讨会为此奠定了很好的基础。该系列丛书的内容特别是实现冯先生规划设计公民建筑以及"与古为新"的思路，是中国建筑再创辉煌的路子，不能只在建筑界内热，应当得到全社会和城市建筑的决策层更多的认同和支持才有希望。

——原载《华中建筑》2015年第12期

关注建筑审丑

自2010年建筑畅言网首次举办丑陋建筑评选活动开始，2015年已经是第六届了，每年都从许多丑陋建筑中评出最突出的前十名，所谓"十大丑陋建筑"。我认为几年过去了，需要认真总结与思考一下：丑陋建筑为何会屡评、屡禁不止？我们的建筑业、建筑学、建筑管理、房地产开发体制和机制到底出了什么问题？行政管理者、投资人和专业人士各自应当承担什么责任？如何改进我们的工作，才能逐年减少这一丑陋现象发生和繁衍……

首先谈谈丑陋建筑的危害。我称"丑陋建筑"是"五丑建筑"，丑在思想，丑在建筑意识，丑在职业道德，丑在专业素养，丑在投机行为。即没有纳税人是衣食父母的思想，没有公民建筑意识，没有岗位责任感，没有必要的素养，没有老老实实做人的底线。

有此"五丑"其社会危害也就可想而知：这种以丑为美、"指鹿为马"的谎言行为大大败坏了社会风气，毒化了科学的建筑理念，违反相应的建筑规则，助长了投机取巧的行为，强化了为个人利益的争斗意识，即斗高、斗阔、斗奇、斗怪、斗绝，以至不择手段。

丑陋建筑产生的根源首先是人的问题。习近平总书记曾批示："城市建筑贪大、媚洋、求怪等乱象由来已久，且有愈演愈烈之势，是典型的缺乏文化自信的表现，也折射出一些领导干部扭曲的政绩观，要下决心整治。"这正是六年来我们持续进行丑陋建筑评选的目的。

显然，整治必须从领导人抓起。但是，不能不看到，丑陋建筑的频频出现投资者、策划者、设计者、施工者、包括使用者、接受者也有不可推卸的责任，这本是整个社会环境促成的现象。

所谓相当数量的人是"精致的利己主义者"。不断造出这么多丑陋建筑的人是有罪或有责任的，起码他们是缺乏"公民建筑"意识的人。

正如公民建筑大师冯纪忠先生所言："所有的建筑都是公民建筑，在如今人们所处的时代里，公民建筑才是真正的建筑。如果我们不是为公民服务，不能体现公民的

利益，就不是真正的建筑。"所以说，所谓"丑陋建筑"首先就丑在这一点上。丑陋
建筑是丑陋之人的具体反映。

　　策划、投资、设计、施工、容忍丑陋建筑也属于一种变相的腐败现象和行为。不
能只靠民间评选的社会舆论提出问题，还必须像目前反腐败那样，绝不手软地落实到
思想上、组织上和法制上。使其不敢腐和不能腐。

　　国际建筑大师诺曼·福斯特先生，近半个世纪以来作品无数，誉满全球，1999年
荣获第21届普列茨克建筑大奖，其他奖项无数，从无丑陋建筑产生。关键在于有正确
的建筑哲学思想和贯彻这一指导思想的建筑同仁。最近，我看到诺曼·福斯特事务所
自供的建筑哲学很受启发。Foster+Partners一直以来都遵循着一个理念：无论是在工
作场所、家居或是公众地方，环境质素都是直接影响生活的质素。按此理念，我们确
信建筑应当从人的生理及精神需求出发，同时亦取决于建筑所在地的自然环境、文化
及气候。同样的，卓越的设计及其成功的实施均是我们处事的核心。

——原载《北京观察》2016年第1期

北戴河拾零

提起北戴河人们往往就会想到一个"海"字——游海泳、吃海鲜、看海景、逛海滨、买海产……而这次我既没有海泳、海吃，也没有海逛、海花，多是到海滨散步和到秦皇岛、山海关、北戴河各处走走看看，名副其实地是所谓"自由行"。

以往几次都是随旅游团或集体一起来，那好处是不用费心，什么东西都安排好，坏处就是跟当地的民俗，跟当地的语言之间，永远隔着几十个同伴，号称是去了外地、外国，既没有讲过外语，也听不到当地的乡音。虽然多次来过北戴河却一点记忆都没有，常常竟然东西南北也分不清。

这次自由行才算对北戴河有了些切肤之感，这大概便是"下马观花"的好处。能够真正体会到北戴河决不仅仅是那几个"海"字的魅力，它是个名副其实的大花园，70%是森林和绿化，联峰山最高处也不过一百几十米，是山河海皆备又宜居的山水城市，而且它历史悠久，有秦皇行宫遗址，20多个国家建的别墅，称其"百年胜地"绝非过誉之词。所以笔者也才敢写这篇"拾零"。

一、比翼双飞的火车站

现在到北戴河很方便，每天不知道有多少次直达北戴河的列车。我乘T5687次列车中午就到了北戴河。出站看到如海鸥比翼双飞的火车站站舍就让我眼睛一亮，频频回望，决定一定要再专门来看看这座已成为该风景区地标的好建筑。

另外，记得，1981年铁道部曾开会推荐当时尚为天津大学研究生的崔恺（现为工程院士）和李琳设计的秦皇岛车站和北戴河车站方案，这也是我想再次细看该站的一个原因。

当时对其方案的评语是：站前广场分区明确，流线简洁，采用两个异型刚架，造型轻巧新颖，车站体型和空间别开生面。

这个2011年新完成的火车站，虽然并非出自研究生崔恺之手，但颇似有几分受了崔方案的启发。设计者在这些评语基础上作了更大幅度的改进，使其有了国际先进水平。

该站候车大厅面积6800多平方米，分上下两层，不仅外观靓丽，站内设计更是处处彰显人性化和现代化特色。站前广场5万平方米，平坦开阔，2万平方米绿化，候车室整洁、舒适，售票处设有7台自动售票机，进出有无障升降梯，供行动不便的旅客使用。现有上下列车158列，不愧为国际水平的风景城市的大门，让人过目难忘。

二、一个顶俩的车站公厕

公厕是一个城市文明水平的重要标志。如今不少城市都在开展公共厕所文明卫生创建活动以全面提升公厕硬件和软件环境。

北戴河车站的公厕从设计到使用管理就有值得借鉴的经验。

首先是该公厕设计成通过式厕所，即既有通站前广场的门又有面对街道的门，因此它"一个顶俩"，既便于车站过往人使用，也兼顾街面上的人应急，由于是通过式厕所，对于广场的人和街道上的人都很方便——均不需要绕道找厕所或绕道进出车站广场。

另外，其厕所管理上十分注意做使用厕所人的细微思想工作，如厕所内部贴的宣传用语是"大环境、小环境、干净才有好心情"，户外电子屏幕上显示着"您给环境一分整洁，环境给您十分温馨"，很有人情味，又有旅游区的特点。这样的厕所给人方便、给人好心情，又节约了建设投资、管理开支，一举几得。

三、北戴河的几个"全国第一"

这次北戴河之行让我长了不少见识，原来北戴河有那么深的历史和文化内涵。我粗略地统计它有几个在全国数一数二的特点。

（1）有历史悠久的秦皇行宫遗址——目前尚未正式开放。

（2）中国最早向世界开放的地区——1898年，清光绪帝御批北戴河为避暑地，允许中外人士杂居。至此洋味洋派风行，异域情调流转。1898年，作为北戴河闻名世界的初次定格，是对北戴河成为东西方文化交流的平台的身份的确认。

（3）近代最早开始城市规划的地方——1919年公益会制定了北戴河街区道路规划，保字系列道路渐次修建，规定南起海边，北接东西6条道路以"保"字命名。

（4）中国最早的旅游区火车站——北戴河海滨火车站建成于1917年，是海滨设铁路唯一车站。站内设旅客站台2座，货物站台1座，建筑有站长办公用房、职工宿舍、铁路官房等。该铁路是我国第一条铁路旅游支线。

（5）外国别墅众多的地方——据1949年北戴河人民政府统计，截至1948年11月北戴河解放，北戴河共建有中外别墅719幢，其中外国人别墅483幢，涉及美国、英国、法国，日本、苏联、意大利、比利时、希腊、奥地利、瑞典、加拿大、丹麦、西班牙、瑞士、爱尔兰、挪威、波兰、印度、韩国等20个国家。

（6）20世纪80年代的仿生建筑——碧螺塔，中国当代建筑文化沙龙设计，执笔人：肖默、刘托（中国艺术研究院建筑艺术研究所先后所长、高级建筑师）。

——原载《建筑》2015年第20期

影响世界的德国发明（50例）的启迪

　　人类的发明创造成果极其丰富，在人类世代繁衍更替的发展中，每一代人都为后人留下了许多发明创造成果，而历代相承的发明成果，积聚成为巨大的物质财富，造就了灿烂的现代文明。今天，我们重新温习这些人类的神奇杰作，以激励我们创造更多的美好和神奇。

　　近年来，国内各界的"创新"呼声不断，而且一浪高过一浪，但是到底如何创新，创新什么，创新到底是为了什么？当看到影响世界的德国发明（50例）之后，不禁百感交集，感慨万千，是否应该从中得到一些启迪？

　　首先，我们将这50例发明可以进行下分类，大致可以分为四类：

　　第一社会类3项：宗教改革（1517年）、社会保障（1883—1891年）、现代高速公路（1932年）。

　　第二科学类8项：相对论（1905年）、核裂变（1938年）、细菌学（1876年）、阿司匹林（1897年）、真空（1650年）、伦琴射线（X射线1895年）、电子显微镜（1938年）、顺势疗法（1797年）。

　　第三技术类22项：电波手表（1991年）、磁悬浮列车（1934年）、芯片（1969年）、直升机（1936年）、喷气发动机（1936年）、连动双电梯（2002年）、火花塞（1902年）、录音磁带（1928年）、纸浆（1843年）、冷冻机（1879年）、摩托车（1885年）、35毫米相机（1925年）、滑翔机（1894年）、计算机（1941年）、汽车（1886年）、留声机（1887年）、直流电机（1866年）、扫描仪（1951年）、有轨电车（1881年）、柴油机（1890年）、现代实用火箭、导弹（20世纪40年代）、无氟冰箱（1993年）。

　　第四生活类16项：安全气囊（1971年）、MP3播放格式（1987年）、保温瓶（1903年）、袋泡茶（1929年）、换鞋钉的足球鞋（1953年）、飞行棋（1905年）、口琴（1821年）、咖啡滤纸（1908年）、牛仔裤（1873年）、小熊糖（1922年）、膨胀螺栓（1958年）、咖喱香肠（1949年）、牙膏（1907年）、自行车（1817年）、奶嘴（1949年）、明信片（1865年）。

　　从这50例四大类的发明中，首先感受到的是，让人不能不佩服德国人的创新精神。500多年来，从1517年的宗教改革到1993年的无氟冰箱，这50项发明使全球亿万个人和几个时代受益无穷，这些发明对人类作出了十分伟大的贡献。这些智慧的结晶推动了人类社会的进步。在敬佩的同时我们确实应当从中学习到一些东西。而我们常常从不深问是谁为我们创造了这些福利？而且很懒惰，享受这些成果演变成了很自然的事情。可能由于得来全不费功夫，便不去想本身能够、应当为世界贡献点什么？

回顾历史让我们汗颜，中国是"四大发明"的原创国家，后来确实有点靠吃"面包屑"过日子的味道了。我们曾经是茶叶大国、自行车大国、摩托车大国、美食大国……而像袋泡茶、保温瓶、自行车、咖喱香肠、奶嘴等都是德国人发明。我们国人不知有什么感想？而且问题更大的是，我们享用和复制多年这些发明，在这些方面竟少有改进和专利发明。其实，中国人在生活中的这类小发明，应当讲决不在少数，问题是我们的观念和理念是否同步创新了？可能更多的是不愿意与人共享，保守在家族小范围内甚至失传多年无法追补。

借此，真的应该深思，我们创新能力迟迟得不到提高的原因到底在哪里？否则就很难有创新的新局面。以不断创新的技术，丰富的产品和先进的设计，拓展我们中国化的创新理念。创新人才的培养是一个系统的工程，不仅仅只是学校的任务，我们应该更加重视从小培养青少年的创新能力和创新思维习惯，积极创设各种青少年创新实践的平台和机会，着重提升青少年的创造力。引导青少年从设计产品到制造产品，让中国制造，从青少年开始，让我们在世界各地少些Made in China……在全国青少年中形成一股潮流，创新发明必须与世界同步，必须均衡发展，共享创造力成果，建设一个美丽的中国，实现美丽的中国梦！

带着青春的激情去创新，去感悟创新，大胆创新，体验创新。在创新中寻找快乐，在大智慧中，用智慧的火花点燃创新的活力。

有些时候发现问题比解决问题更重要，创新是阳光旅程，探求无止境，科技创新用创新成果去论证思想的价值，发明让生活更美好，追求"更好"的创新之路。

创新来源于责任，创新来自于生活的点点滴滴，青春为梦而舞蹈，创新是一种跨越时空的永恒智慧，创新从心开始，从日不落的梦想、兴趣和坚持出发，在追求科学的道路上挑战、创新。

生活，是我独特而宝贵的创新源泉，需要我们的创新，创新。

——原载《鞍山科普》2015年

跋：再谈建立建筑科学大部门的问题

——从建筑界的学科建设谈开去

近日，马云提出的"四个不"问题给我不小的启发。确实，在许多时候或许多问题上我们存在着"四个不"的现象，即看不见，看不起，看不懂，跟不上。

以建筑界为例，去年程泰宁院士建议和主持召开的南京建筑会议上指出的建筑界、建筑设计、城市建设中的许多问题，就有不少属于"四个不"的问题。这些问题的产生，很重要的原因便是城市口、规划口、园林口、建筑口不遵守建筑科学的发展规律、不承认学科建设理论的指导作用的结果。

搞建筑的不管城市、不管住宅，搞城市的不管古建筑和城市的保护，搞园林的不管城市和自然生态……各行其是！不仅自己水平上不去，城市乡村的整体水平更难提高。

这些缺乏彼此合作的意识和运作已使我们尝到了苦头，如今我国竟然建成了可以住下34亿人口的住宅！这是个什么概念？这是多大数量的资源、土地、能源、财力物力的浪费？而其对环境的污染和对自然生态、城市生态平衡的破坏程度更是不可估量！

因此，我要再一次强调建筑学科理论的建设问题。

从我国的建筑学会谈起。

现在的建筑学会在一定意义上，几乎成为"建筑师的学会"或"建筑设计学会"。完整的建筑学科理论建设的问题几乎是无人问津。

而建筑学会建立的初衷并不是这样。我国的建筑学会在梁思成等前辈倡议和引导下已经成立60多年了。成立一开始便涵盖了建筑学的三大基础学科——城市规划学、园林学、建筑学。但是从19世纪80年代初开始一个又一个都分出去了，先后成立了城市科学研究会、城市规划学会、园林学会等一级学会和一级学科。与此同时，原有完整的建筑学会本身不断地萎缩。

1996年6月，钱学森先生提出了建立建筑科学大部门的问题，钱老高屋建瓴，从现代科学技术体系整体的全局高度看待建筑科学大部门的地位和作用提出的这一重要命题，在国内建筑界却长期呼应平平（详见《钱学森论建筑科学》（第二版）中国建筑工业出版社2014年11月出版）。有些同行朋友似乎以为钱老不懂建筑是在讲外行话，这恐怕是由于未细致调查的误解。这种误解十分误事，我们已经失去19年宝贵时间。明年是钱学森这一重要命题提出的20周年纪念，我们难道还继续对此不予响应吗？

另一老前辈冯纪忠先生在美国、德国等都很有影响，而在他自己的祖国则长期被忽略了。今年，2015年是冯纪忠先生诞辰100周年，集建筑学家、城市规划学家、园林学家、建筑教育学家、建筑理论家于一身的冯先生主张走"与古为新"的建筑现代化道路，这也是非常重要的命题，需要建筑界内外更多人士的参与普及。今年只剩下一个多月了，我们自己的大师，自己先进的学术思想理论不宣传，只盯着用西方国外的理论和办法解决中国的问题是行不通的。

学科理论建设是为学科定性质、定体系、定内容、定思路、定方向、定标准、定原则、定底线（八定）的大问题。它属于具有综合性、战略性和长远性的学科和行业建设。我们不能因为眼前的经济效益、政绩效果不明显、学术评价难度大就不抓紧。

建筑学科理论建设问题的重要性和迫切性必须重视和落实到行动上，如果仍然采取"四个不"的态度和做法，最终我们整个学科和行业及所有专业人员都将为此付出沉重的代价，会后患无穷，悔之晚矣。

——原载《华中建筑》2016年第1期